STADT IN DER GESCHICHTE
Band 18

Stadt in der Geschichte

Veröffentlichungen
des Südwestdeutschen Arbeitskreises
für Stadtgeschichtsforschung

Band 18

Begründet von
Erich Maschke und Jürgen Sydow

Jan Thorbecke Verlag Sigmaringen
1993

Wald, Garten und Park
Vom Funktionswandel der Natur für die Stadt

28. Arbeitstagung in Nagold
1989

Herausgegeben von
Bernhard Kirchgässner und Joachim B. Schultis

Jan Thorbecke Verlag Sigmaringen
1993

Die Deutsche Bibliothek – CIP-Einheitsaufnahme

Wald, Garten und Park: vom Funktionswandel der Natur für die Stadt; in Nagold 1989 / hrsg. von Bernhard Kirchgässner und Joachim B. Schultis. – Sigmaringen: Thorbecke, 1993
(Stadt in der Geschichte; Bd. 18) (… Arbeitstagung / Südwestdeutscher Arbeitskreis für Stadtgeschichtsforschung; 28)
ISBN 3-7995-6418-7

NE: Kirchgässner, Bernhard [Hrsg.]; 1. GT; Südwestdeutscher Arbeitskreis für Stadtgeschichtsforschung: … Arbeitstagung

Dieses Buch ist aus säurefreiem Papier hergestellt und entspricht den Frankfurter Forderungen zur Verwendung alterungsbeständiger Papiere für die Buchherstellung.

Gesamtherstellung: M. Liehners Hofbuchdruckerei GmbH & Co. Verlagsanstalt, Sigmaringen
Printed in Germany · ISBN 3-7995-6418-7

Inhaltsübersicht

Vorwort

Wald, Garten und Park haben im Kontext städtischer Entwicklung sehr unterschiedliche Wertungen erfahren: Von der Existenzgrundlage, die Wald und Holz für die mittelalterliche Stadt bedeuteten, über die Parkgestaltung aus herrschaftlichem Wollen in der frühen Neuzeit bis zur »Grünen Lunge«, die naturgebliebene Inseln in unseren Großstädten darstellen, wandelte sich das Verhältnis der Menschen zur unmittelbar umgebenden Natur. Ein solches Thema bot sich deshalb an, als die Gastfreundschaft der Stadt Nagold dem Südwestdeutschen Arbeitskreis für Stadtgeschichtsforschung die Möglichkeit einer derartigen Tagung eröffnete. Kompetenten Referenten wie auch den engagiert diskutierenden Teilnehmern ist der Arbeitskreis deshalb zu Dank verpflichtet.

Der Stadt, dem Stadtoberhaupt und seinen Mitarbeitern wie auch den städtischen Dienststellen, schließlich auch den Bürgern der ganzen Kommune gilt ein weiteres Danken. Von den ersten Vorbesprechungen an über die konkrete Planung und Durchführung wie schließlich in der Mithilfe bei der Erstellung des Diskussionsprotokolls haben Nagold und die Nagolder tatkräftig geholfen, daß nunmehr ein wichtiges Stück Stadtgeschichtsforschung den Freunden der Stadtgeschichte zur Verfügung gestellt werden kann. Ein namhafter Druckkostenzuschuß, den wir durch Vermittlung der Stadt von der Volksbank Oberes Nagoldtal e.G. und der Kreissparkasse Calw erhalten haben, erleichterte darüberhinaus Planung und Drucklegung wesentlich. Finanzielle Unterstützung haben wir aber auch vom Ministerium für Wissenschaft und Kunst Baden-Württemberg sowie vom Badischen Sparkassen- und Giroverband erhalten. Schließlich soll all derjenigen Städte dankbar gedacht werden, deren kontinuierliche Förderung unsere Arbeit ermöglicht. Herr Dipl.-Volksw. Matthias Stuhlinger hat sich sodann der Mühe der Register-Erstellung unterzogen, wofür ebenfalls aufrichtiger Dank gesagt sein soll.

So ist es dem Erstunterzeichneten eine gern erfüllte Pflicht, der Freunde und Gönner in der gastgebenden Stadt wie in unserem ganzen Bundesland in aufrichtiger Verbundenheit zu gedenken. Darüberhinaus mag dieser Band, der ja in seiner notwendigen Begrenzung auf konkrete Fragestellungen nur einen Ausschnitt aus dem gewaltig angewachsenen Gebiet urbaner Ökologie aufgreifen konnte, wiederum Denkanstöße für Forschung und Diskussion geben in einer Zeit, die sich immer stärker der Erhaltung unserer Natur und ihrer Quellen verpflichtet weiß.

Bernhard Kirchgässner *Joachim B. Schultis*

Nagold – Tor zum Schwarzwald

VON JOACHIM B. SCHULTIS

Die Stadt Nagold, wie sie uns noch auf dem Merian-Stich aus dem Jahre 1643[1] gegenübertritt, war früher eine mauerbewehrte Insel der Zivilisation im Meer der Natur. Heute müssen wir die Zerstörung der an die mittelalterliche Stadt angrenzenden Landschaft beklagen und haben wenig Hoffnung, daß diese Schäden wieder gutzumachen sind. Die Faszination des ökonomischen Wachstumsprozesses ließ den Naturverbrauch in der Nachkriegsepoche Rekordmarken erreichen. Wie Ekzeme wuchern Neubaugebiete, Industrie- und Militäranlagen, Straßen und Stromtrassen. Am Beispiel der Stadt Nagold, die sich als »Tor zum Schwarzwald« versteht, möchte der Verfasser die jahrtausendalte Überprägung und Umwandlung der Naturlandschaft des Nagolder Raumes aufzeigen.

Die naturräumlichen Grundzüge der Nagolder Gäulandschaft

Der naturräumlichen Gliederung Deutschlands zufolge[2] liegt die Stadt Nagold im wesentlichen im Bereich des Heckengäus. Nur ganz im Südosten haben die Stadtteile Vollmaringen und Hochdorf noch Anteil am Korngäu. Das ist der Teil des Oberen Gäus, wo der Obere Muschelkalk von der Lettenkohle und einer sich darüber breitenden dichten Lößdecke verhüllt wird. Strenggenommen gehören jedoch die unteren Talhänge an der Nagold, paradoxerweise also die tiefstgelegenen Gemarkungsteile der Stadt Nagold ganz im Norden, bereits zum Schwarzwald, da hier der Obere Buntsandstein und im Bereich der Stadtteile Emmingen und Pfrondorf sogar das Hauptkonglomerat des Mittleren Buntsandsteins bloßgelegt ist. Die Muschelkalk-Talschichtstufe der Nagold quert die vom Gäu her nach Westen in den Schwarzwald verlaufende Reliefabsenkung. Der Schwarzwald ist hier, stratigraphisch bedingt, dem Nagolder Schlehen- und Heckengäu eingeschachtelt. Nur in diesem Sinn kann man die Nagolder Land-

1 Lucas Heinrich WÜTHRICH (Hg.), Neuausgabe von Topographia Sveviae das ist Beschreib- und aigentliche Abcontrafeitung der fürnembste Stätt und Plätz in Ober und Nider Schwaben Herzogthum Würtenberg Marggraffschaft Baden und andern zu dem Hochlöbl. Schwäbischen Craiße gehörigen Landschafften und Orten. An Tag gegeben undt verlegt durch Matthaeum Merian. Franckfurt am Mayn. MDCXLIII. Kassel 1960, Stich zwischen S. 136 und 137.

2 Friedrich HUTTENLOCHER und Hansjörg DONGUS, Die naturräumlichen Einheiten auf Blatt 170: Stuttgart. Geographische Landesaufnahme 1:200000. Naturräumliche Gliederung Deutschlands. Bundesanstalt für Landeskunde und Raumforschung (Hg.), Bad Godesberg 1967, S. 30–33. – Friedrich HUTTENLOCHER, Die naturräumlichen Einheiten auf Blatt 178: Sigmaringen. Geographische Landesaufnahme 1:200000. Naturräumliche Gliederung Deutschlands. Bundesanstalt für Landeskunde (Hg.), Remagen 1959, S. 51–53.

schaft als einen Verzahnungsbereich zwischen dem Gäu und dem Schwarzwald auffassen. In der naturräumlichen Gliederung Deutschlands wird dieser Sachverhalt nicht berücksichtigt. Auch die vom Buntsandstein gebildeten Areale der Nagolder Gemarkung werden hier dem Heckengäu zugeordnet[3].

Vom Relief her ist das Nagolder Heckengäu durch die plötzliche Laufänderung der Nagold geprägt, die hier aus ihrem konsequent nordwest-südost orientierten Oberlauf in einen subsequenten, nach Norden zur Enz und damit zum Neckar gerichteten Lauf umschwenkt. Das Nagoldknie spiegelt somit eines der wesentlichen Charakteristika in der Entwicklung des südwestdeutschen Gewässernetzes im Verlauf des Pliozäns (5–2,5 Mio. Jahre vor heute) und Pleistozäns (seit 2,5 Mio. Jahren) wider. Georg Wagner[4] sah die Entstehung des heutigen Entwässerungsnetzes im südwestdeutschen Schichtstufenland als eine Folge des Kampfes zwischen dem rhenanischen und danubischen Einzugssystem. So soll es im Verlauf des Pliozäns durch die Anzapfung eines rechten Nebenflusses der Enz zur Umleitung der oberen Nagold zum Neckar und damit zum Rhein gekommen sein. Die Anzapfung der Nagold zur Enz hin erfolgte nach Wagner[5] mindestens 160 m über ihrer heutigen Alluvialebene. Neben der pliozänen Anzapfung der Nagold sah Wagner die Entwicklung der Reliefverhältnisse im Nagolder Heckengäu maßgeblich geprägt durch die Rückwanderung der Schichtstufen[6]. Während des Pleistozäns hat sich die Nagold im Bereich ihres markanten Knies um mindestens 90 m in den Gesteinsuntergrund eingetieft[7]. Durch eine gegenläufige Prallhangerniedrigung der Nagold wurde der im Verlauf der Günzeiszeit noch bestehende Sporn zwischen dem Schloßberg und ›Teufels Hirnschale‹ durchbrochen und ›Teufels Hirnschale‹ so zu einem Umlaufberg[8].

Das Klima ist in Nagold lagebedingt weder ausgesprochen maritim noch extrem kontinental. Das spiegelt sich unter anderem in der Amplitude zwischen dem kältesten und wärmsten Monat von 17,4° C wider beziehungsweise dem mittleren Niederschlag von 786,2 mm[9]. Der Januar weist in Nagold mit –0,6° C als einziger Monat des Jahres ein Mittel von unter 0° C auf. Auf Sommertage, an denen die Maximaltemperaturen 25° C überschreiten, trifft man in Nagold mit 7,4, 11,6 und 9,7 Tagen am häufigsten im Juni, Juli und August. Die heißen Tage, mit Höchstwerten von mehr als 30°, sind in Nagold dagegen wesentlich seltener. In nennenswerter Häufigkeit treten sie mit 2,9 und 2,5 Tagen nur im Hochsommer, also im Juli und August, auf.

3 Christian Hannss, Die naturräumlichen Grundzüge der Nagolder Gäulandschaft, in: Stadt Nagold (Hg.), 1200 Jahre Nagold, Konstanz 1985, S. 20.
4 Georg Wagner, Danubische und rheinische Abtragung im Neckar- und Tauberland, in: Berichte zur Deutschen Landeskunde 31, Bad Godesberg 1963, 1, S. 9f.
5 Georg Wagner, Erd- und landschaftsgeschichtliche Probleme der Nagolder Landschaft, in: Jahreshefte des Vereins für vaterländische Naturkunde in Württemberg, 108, Stuttgart 1953, S. 45.
6 Hannss (wie Anm. 3), S. 22.
7 M. Schmidt, Geologische Karte von Baden-Württemberg 1:25000. Erläuterungen zu Blatt 7418 Nagold. Geologisches Landesamt Baden-Württemberg (Hg.), unveränderte Ausgabe der 2. Auflage von 1920, Stuttgart 1967, S. 43 ff.
8 Georg Wagner, Aus der Erd- und Landschaftsgeschichte, in: Georg Wagner (Hg.), Nagolder Heimatbuch, Öhringen 1925, S. 60 ff.
9 Hannss (wie Anm. 3), S. 24, Tab. 1: Klima von Nagold (392 m) und Abfluß der Nagold am städtischen Pegel (388 m).

Die wärmsten Monate, nämlich Juni, Juli und August, sind gleichzeitig auch die regenreichsten, und zwar deshalb, weil dann die aufsteigenden Luftbewegungen am intensivsten sind und dies verstärkt zur Entstehung konvektiver Niederschläge führt. Die vergleichsweise hohen Sommertemperaturen bewirken zudem, daß infolge der dadurch bedingten intensiven Evapotranspiration zur Zeit des sommerlichen Niederschlagsmaximums der Abfluß der Fließgewässer seine niedrigsten Werte erreicht. Am höchsten ist der Mittlere Nagoldabfluß (MQ) mit 9,2 m^3/sec am Nagolder Pegel im Februar. In diesem Monat findet bei niedriger Evapotranspiration zumeist die Hauptschneeschmelze statt. Bezüglich des Niederschlags wird im Februar mit 64 mm jedoch nur annähernd das monatliche Durchschnittsmittel von 65,5 mm erreicht.

Die Schneedecke erreicht in Nagold meist nur bescheidene Ausmaße. Das liegt an den relativ hohen Wintertemperaturen und den jeweils nur rund zwei Drittel des feuchtesten Sommermonates ausmachenden monatlichen Winterniederschlägen.

Die vor- und frühgeschichtliche Besiedlung des Nagolder Beckens

Spuren des Menschen im Nagolder Raum[10] lassen sich erstmals aus der jüngeren Steinzeit nachweisen, während der erstmalig die Landwirtschaft die Lebensgrundlage bildete. An den Hängen des von der Ruine Hohennagold gekrönten Schloßberges wurden einige Artefakte gefunden, die darauf schließen lassen, daß in jener Zeit, also etwa im 4. und 3. Jahrtausend v. Chr., hierher Menschen kamen und sich vielleicht auch, wenigstens zeitweise, hier aufhielten.

Daß aus der älteren und mittleren Steinzeit, als sich der Mensch seinen Lebensunterhalt durch Jagen, Fischen und Sammeln verschaffte, keine Funde im Nagolder Becken bekannt sind, ist leicht zu erklären. Sollten sich hier je Rastplätze dieser nicht seßhaften Bevölkerung befunden haben, sind ihre Überreste sicher durch Überschwemmungen und Flußbettverlagerungen während früherer Jahrtausende sowie durch spätere Siedlungstätigkeit vernichtet worden. Auf der angrenzenden Mindersbacher Gemarkung wurden hoch über dem Nagoldtal an zwei Stellen winzige Steingeräte (Mikrolithen) gefunden, die die Anwesenheit von Menschen der mittleren Steinzeit in unserem Raum bezeugen.

Auf dem Plateau der Hohennagold wurden Zeugnisse der Hügelgräberbronzezeit (um 1400 v. Chr.) gefunden. Gleiches gilt für die folgende Periode, die Urnenfelderzeit (1200–750 v. Chr.). Umfangreiche Siedlungsreste wurden an den Hängen des Schloßberges und im heutigen Wohngebiet ›Bächlen‹ entdeckt. Während die eigentlichen Wohnplätze der bislang angesprochenen Epochen nicht aufgefunden und untersucht werden konnten, ist dies für die nun folgende Hallstattzeit (750–450 v. Chr.) möglich. Wegebauarbeiten in den Hängen des Schloßberges und eine kleinere Ausgrabung im Jahr 1973 vermittelten ein anschauliches Bild der Hangbesiedlung am Schloßberg. Aus Scherbenfunden ließ sich ablesen, daß sie in die Übergangsphase von der Hallstatt zur La-Tène-Zeit, also von der älteren zur jüngeren keltischen Zeit, gehören.

10 Zuletzt zusammenfassend Rolf-Heiner Behrends, Die vor- und frühgeschichtliche Besiedlung des Nagolder Beckens, in: Landkreis Calw (Hg.), Der Landkreis Calw. Ein Jahrbuch 1986, Bad Liebenzell 1986, S. 41–52.

Ähnliches Material stammt auch von der Kuppe des Schloßberges, wo wir für diese Zeit sicher eine Befestigung mit einer Mauer annehmen dürfen; sie bestand aus einem Balkenwerk, welches mit Stein verkleidet und mit einem Erde-Stein-Gemisch verfüllt war. Vermutlich war sie der Sitz des Herrn über das Nagolder Becken und die nähere Umgebung, während seine Untertanen die Berghänge und das Tal besiedelten. Der ursprünglich von der mäandrierenden Nagold umflossene ›Krautbühl‹ ist nach Größe, Form und Lage sicher der Grabhügel eines bedeutenden Mannes der späten Hallstatt- oder frühen La-Tène-Zeit (zwischen 500 und 450 v. Chr.)[11]. Der Bezug von Burg und Grab ist in gleicher Weise auch von anderen Orten im mittleren Neckarraum oder an der oberen Donau bekannt. Neben der Besiedlung der Schloßberghänge gab es aus der Hallstattzeit auch Siedlungsspuren an anderen Stellen der Nagolder Gemarkung.

Was bewog die Menschen, in der Hallstattzeit plötzlich in der Region um Nagold herum in größerer Zahl zu siedeln und gar befestigte Plätze anzulegen? Rolf-Heiner Behrends[12] vermutet, daß die Eisenerzvorkommen des Schwarzwalds Grund für eine verstärkte Siedlungstätigkeit waren, da das Eisen in der Hallstattzeit erstmalig als Rohstoff für die Anfertigung von Geräten und Waffen wirkliche wirtschaftliche Bedeutung gewinnt.

Nach der Frühlatènezeit tritt in der archäologischen Überlieferung ein Bruch ein. Bis zum Erscheinen der Römer zu Beginn des 2. Jahrhunderts n. Chr. fehlen im Nagolder Becken jegliche Funde, die auf eine Siedlungstätigkeit schließen lassen. In der römischen Zeit (ca. 120–260 n. Chr.) ändert sich das Bild grundlegend. Mindestens zwei römische Gutshöfe *(villae rusticae)* konnten bisher im Nagolder Becken nachgewiesen werden[13]. Daneben gibt es eine ganze Reihe weiterer Fundstellen, die auf intensive Siedlungstätigkeit schließen lassen. Zwei Funde sind von besonderer Bedeutung: ein zu einer Jupitergigantensäule gehörender Viergötterstein und ein im Stadtteil Pfrondorf gefundener Gesichtshelm eines Reiters.

Nach dem Ende der römischen Herrschaft, das mit dem Ansturm der Alamannen 260 n. Chr. gekommen war, fehlen im Nagolder Becken abermals für etwa 200 Jahre Anzeichen menschlicher Siedlungstätigkeit. Erst gegen Ende des 5. Jahrhunderts wird ein Gräberfeld angelegt, das man beim ehemaligen Lehrerseminar (heute: Aufbaugymnasium) fand[14]. Im Laufe des 6. Jahrhunderts fand eine Verlagerung der zugehörigen Siedlungsplätze statt, denn aus dem 7. Jahrhundert sind von drei anderen Stellen Gräber bekanntgeworden. Der Friedhof von »Ur-Nagold« befand sich vermutlich in der Kanalstraße und am nahegelegenen Ostufer der Nagold. Nähere Untersuchungen stehen noch aus.

Seit dem Beginn des 8. Jahrhunderts wurden diese Grabfelder nicht mehr benutzt, da es in dieser Zeit üblich wurde, bei der dem hl. Remigius geweihten Kirche (Orts-

11 Siegwalt Schiek, Der Kraut- oder Heidenbühl, ein frühkeltischer Fürstengrabhügel bei Nagold, Lkr. Calw. Kulturdenkmale in Baden-Württemberg, Kleine Führer 32, Stuttgart 1977. – Kurt Bittel (Hg.), Die Kelten in Baden-Württemberg, Stuttgart 1981, S. 432 f.

12 Behrends (wie Anm. 10), S. 47.

13 Philipp Filtzinger (Hg.), Die Römer in Baden-Württemberg, Stuttgart [3]1986, S. 454 f.

14 Rainer Christlein, Die Alamannen. Archäologie eines lebendigen Volkes, Stuttgart 1978, S. 158.

kirche) zu bestatten[15]. Sofern die Funde richtig gedeutet werden, befand sich an dieser Stelle auch der fränkische Königshof *(villa nagaltuna)*, in dem Graf Gerold (der Jüngere) am 3. Mai 786 eine Schenkung an das Kloster St. Gallen vollzog[16].

Hans Peter Köpf[17] geht davon aus, daß die Alamannen den Namen Nagolds als »Nagaldunum« von der gallo-römischen Bevölkerung übernommen haben. Dabei bezeichnet der Namensbestandteil »Dunum«, wie es die Römer schreiben, oder auf Keltisch »Dunon« – dem deutschen Wort Zaun, dem englischen Town verwandt – ursprünglich die Einfriedigung, früh schon den eingefriedigten Raum, die befestigte Siedlung; man übersetzt es mit »Burg«. »Nagoldburg« bedeutet somit der Name »Nagaldunum« oder »Nagaldunon«, wie er ursprünglich lautete. Eine befestigte Siedlung, auf die er sich bezieht, kann in Nagold natürlich nur auf dem Schloßberg gesucht werden. Der Sitz der Nagolder Hallstattfürsten »Nagaldunon« führt über die Schreibweise »Nagalta«, »Nagelt«, »Nagolt«, »Nagoldt« zur heutigen Schreibweise »Nagold«.

Die mittelalterliche Besiedlung

Hans Jänichen[18] hat mehrfach darauf hingewiesen, daß bei alten Herrschaftsmittelpunkten oft eine Reihe von Orten liegt, deren Namen mit den Bestimmungswörtern -dorf oder -hausen gebildet wurden. Köpf[19] hat dies am Beispiel des Nagolder Stadtteils Iselshausen näher untersucht. Iselshausen gehört zu einem Ring von »-hausen-Orten« um den alten alamannischen Fürstensitz Nagold mit dem doppelten Zentrum, der Burg auf dem Schloßberg und dem Hof an der Stelle, vielleicht sogar in den Gebäuden eines römischen Gutshofes bei der Remigiuskirche.

Dieser Ring von »-hausen-Orten« ergänzt einen älteren Kranz von »-dorf-Orten«, der sich von Pfrondorf über Hochdorf bis nach Rohrdorf bei Eutingen erstreckt. Die »-dorf- und -hausen-Orte« verdanken ihre Entstehung dem Sicherheitsbedürfnis eines großen alamannischen Herren, der sein Herrschaftszentrum Nagold zu schützen bestrebt war. Dieser Herr war wahrscheinlich der alamannische Herzog selbst, dessen Nachkommen sich später, in der Zeit Karls des Großen, als Besitzer und Herren von Nagold feststellen lassen: Imma, die Urenkelin des mächtigen, 709 gestorbenen Herzogs Gottfried, die einen fränkischen Großen namens Gerold geheiratet hatte, und ihr Sohn Graf Gerold (der Jüngere), der nach der Absetzung des rebellischen Baiernherzogs Tassilo als Statthalter in Baiern eingesetzt wurde und 799 im Kampf gegen die

15 Volker ROESER, St. Remigius in Nagold. Die Grabung 1961 bis 1964. Ergebnis und landesgeschichtliche Bedeutung, in: Volker ROESER und Horst Gottfried RATHKE, St. Remigius in Nagold. Forschungen und Berichte der Archäologie des Mittelalters in Baden-Württemberg, 9, Tübingen 1986, S. 44 ff.

16 Wirtembergisches Urkundenbuch (WUB), Bd. I, 1849, Nr. 33, S. 34 f.

17 Hans Peter KÖPF, Nagold – ein Name erzählt seine lange Geschichte, in: 1200 Jahre Nagold 786–1986. Sonderbeilage der Tageszeitung Schwarzwälder Bote, Mai 1986, S. (17).

18 Hans JÄNICHEN, Burgfelden, ein Herrschaftssitz des 7. Jahrhunderts, in: ZWLG 11, 1952, S. 52 ff. – Hans JÄNICHEN, Dorf und Zimmern am oberen Neckar, in: Alemannisches Jahrbuch 1954, Lahr 1954, S. 146.

19 Hans Peter KÖPF, Aus der Gründungszeit von Iselshausen. Was der Ortsname erkennen läßt, in: 900 Jahre Iselshausen, Nagold 1981, S. 32–41.

Awaren fiel. Ihre Tochter Hildegard war die zweite Frau Karls des Großen und wurde die Stammutter des karolingischen Königsgeschlechts.

Vermutlich verfügte der zentrale Ort *villa nagaltuna* als Königshof über einen als Primitivmarkt zu bezeichnenden Markt. Parallelen bestehen zu Rottenburg am Neckar, wo nach Jürgen Sydow[20] ein solcher Primitivmarkt um die heutige Friedhofskirche Sülchen gewesen ist. Die Martinskirche in Sülchen und die Remigiuskirche waren beide Pfarrkirchen der mittelalterlichen Städte Rottenburg und Nagold, die nahegelegenen hallstattzeitlichen Grabhügel ›Birtenlê‹ und ›Krautbühl‹ sind als Gerichtsplätze des frühen Mittelalters nachgewiesen. Nach Sülchen wie auch nach Nagold sind die frühmittelalterlichen Amtsbezirke zur Verwaltung des Königsguts, eben der Sülch- und Nagoldgau, benannt worden. Mit weiteren Orten, wie zum Beispiel Cannstatt, knüpfen sie an römerzeitliche Reste an.

Deutlich muß jedoch hervorgehoben werden, daß der Königshof wie auch das Dorf Nagold nicht im Bereich der mittelalterlichen Stadt Nagold lagen. Wir müssen daher nach den Gründen fragen, die zur Neuanlage einer städtischen Siedlung führten. Allgemein geht man davon aus, daß wirtschaftliche, politische und militärische Überlegungen als Gründungsmotive der Stadtherren anzusehen sind. Im Falle von Nagold dürfte von Bedeutung sein, daß die vorgeschichtliche und frühmittelalterliche Fliehburg vermutlich zu Beginn des 11. Jahrhunderts als hochmittelalterlicher Herrschaftssitz der Nagoldgaugrafen ausgebaut wurde. Auch nach der Verlegung des Herrschaftszentrums nach Tübingen durch den Grafen Hugo um 1078 dürfte die Burg zur Sicherung des östlichen Herrschaftsgebiets und insbesondere der Bulacher Silbergruben weiterhin von besonderer Bedeutung gewesen sein[21].

Betrachtet man den mittelalterlichen Stadtgrundriß[22], so läßt sich unschwer feststellen, daß die vom Ammertal über Nagold und den Kniebispaß ins Rheintal führende Straße sowie die zur Burg Hohennagold führende Nagoldfurt ausschlaggebend für die Anlage der Stadt gewesen sein dürften. Die wirtschaftlichen Möglichkeiten für Gerber, Müller, Fischer und die auch für Nagold in späterer Zeit bedeutsame Tuchweberei und Holzflößerei dürften mitbestimmend gewesen sein. Über diese ganze Bewegung der Vorphase zur mittelalterlichen Stadtgründung wie auch über den eigentlichen Gründungsvorgang gibt es keine schriftlichen Quellen.

Vermutlich war es Pfalzgraf Rudolf I. von Tübingen, der zu Beginn des 13. Jahrhunderts zur Sicherung seines Herrschaftsbereichs im nördlichen Schwarzwald die Stadt Nagold anlegen ließ[23]. Der Stadtwerdungsprozeß wurde von den Grafen von Hohenberg – über eine Heirat waren sie um 1240 in den Besitz von Nagold gekommen – weitergeführt und gegen Ende des 13. Jahrhunderts zum Abschluß gebracht. Bereits im

20 Jürgen Sydow, Fragen zum Marktproblem aus südwestdeutscher Sicht, in: Franz Quarthal und Wilfried Setzler (Hg.), Stadtverfassung, Verfassungsstaat, Pressepolitik. Festschrift für Eberhard Naujoks zum 65. Geburtstag, Sigmaringen 1980, S. 39.

21 Joachim Bernhard Schultis, Die Pfalzgrafen von Tübingen – Stadtgründer von Nagold?, in: Tübinger Blätter 67, Tübingen 1980, S. 16f.

22 Joachim Bernhard Schultis, Die Geschichte der Stadt (Nagold), in: Tübingen und das Obere Gäu. Tübingen, Rottenburg, Nagold, Herrenberg. Führer zu archäologischen Denkmälern in Deutschland, Stuttgart 1983, S. 169ff.

23 Schultis (wie Anm. 22), S. 18.

Jahr 1363 sahen sich die Grafen von Hohenberg gezwungen, Burg und Stadt Nagold samt dazugehörigen Amtsorten an die Grafen Eberhard und Ulrich von Wirtemberg zu verkaufen[24]. Mit diesem Anfall an Württemberg setzt die zweite Hälfte der geschichtlichen Zeit Nagolds ein. Als altwürttembergische Amtsstadt ist Nagold am stärksten geprägt.

Die zentralörtliche Bedeutung Nagolds

Die Funktionen einer Amtsstadt (seit 1812 Oberamtsstadt) hat Nagold bis zur Aufhebung des Oberamtsbezirks Nagold im Jahr 1938 erfüllt. Am 1. Oktober 1939 wurde die Gemeinde Iselshausen in die Stadt Nagold eingegliedert; in den siebziger Jahren folgten die Gemeinden Pfrondorf (1. Januar 1971), Gündringen, Mindersbach, Schietingen und Vollmaringen (alle 1. Dezember 1971), Hochdorf (1. Januar 1973) und Emmingen (1. Oktober 1974). Für die vereinbarte Verwaltungsgemeinschaft mit der Stadt Haiterbach und den Gemeinden Ebhausen und Rohrdorf nimmt die Stadt Nagold seit dem 1. Januar 1975 wesentliche Verwaltungsaufgaben für mehr als 30000 Menschen wahr. Die Erhebung zur »Großen Kreisstadt« zum 1. Januar 1981 und die im Landesentwicklungsplan ausgewiesene Funktion als »Mittelzentrum« bestätigen ihre althergebrachte Zentralität.

Die entscheidenden Ereignisse, die den Lauf der Geschichte Nagolds bestimmt haben, ragen durch ihre Auswirkungen weit in die Gegenwart unserer Zeit hinein: die Erhebung zur Stadt und damit die Erlangung des Marktrechtes; die Herausbildung eines strebsamen, Handel und Gewerbe treibenden Bürgertums; die Erlangung der Würde und Funktion einer Amtsstadt, als die sie durch Jahrhunderte Mittelpunkt von Verwaltung und Kultur des oberen Nagoldtales und von Teilen des oberen Gäus ist; die frühe Mechanisierung des Handwerks im Zeitalter der industriellen Revolution; die durch den Pietismus beeinflußte wirtschaftliche Entwicklung im 18. und 19. Jahrhundert; schließlich der außergewöhnliche Aufschwung nach dem Zweiten Weltkrieg[25].

Unser Wald in seiner heutigen Ausprägung

Durch die Gemeindereform und die Eingliederung der bereits genannten Stadtteile vergrößerte sich die Stadt Nagold nicht nur der Einwohnerzahl nach, sondern auch flächenmäßig. Nach der jüngsten Flächenerhebung des Statistischen Landesamtes Baden-Württemberg (1989) sind 14,3 vH (904 ha) als Siedlungs- und Verkehrsfläche – der ehemals ummauerte Stadtkern hatte eine Fläche von 5,5–6 ha –, 46,1 vH (2909 ha) als landwirtschaftlich genutzte Fläche und 36,9 vh (2330 ha) als Waldfläche ausgewiesen[26]. Rund 2000 ha Waldfläche befinden sich im städtischen Eigentum. Die Stadt

24 Hauptstaatsarchiv Stuttgart, A 602, Nr. 10932.

25 Joachim Bernhard SCHULTIS, Die Große Kreisstadt Nagold. Mittelzentrum und »Tor zum Schwarzwald«, in: Herbert ZERR (Hg.), Der Kreis Calw, Stuttgart ^{2}1986, S. 258 ff.

26 Die Ergebnisse der Flächenerhebung 1989 geben den aktuellen Stand des Liegenschaftskatasters zum 31. 12. 1988 wieder. Statistisches Landesamt Baden-Württemberg: Landesinformationssystem Baden-Württemberg (LIS): Flächenerhebung 1989.

Nagold gehört damit zu den waldreichen Gemeinden des Landes Baden-Württemberg. Welche Veränderungen der Bewaldungsanteil seit etwa 1600 zu verzeichnen hat, dokumentiert die folgende nach Angaben von Jochen Löffler gezeichnete Karte[27]. Der Schloßberg und die Talhänge östlich der Nagold waren im Bereich der Kernstadt weitgehend unbewaldet. Einer im Stadtarchiv verwahrten Abschrift des ›Nagolder Wald Vogtey Lägerbuchs‹ von 1685 über die *Wäld- und Höltzer*, die der *Gemeine Statt Nagold* gehören, ist durch Berechnungen zu entnehmen, daß die Waldungen etwa 1720 Morgen umfaßten[28]. Dies entspricht 542 ha. Wenn wir diese Fläche mit dem Bewaldungsanteil der Kernstadt (ohne Iselshausen) vergleichen, stellen wir fest, daß vor dem Zweiten Weltkrieg 53,4 vH, im 17. Jahrhundert jedoch nur 22,5 vH der Gemarkungsfläche bewaldet waren[29].

Nach Burkhard Frenzel[30] ist die postglaziale Waldentwicklung ganz wesentlich dadurch beeinflußt worden, daß die Lichthölzer (Birke, Kiefer, Weide) sukzessive durch Licht-Halbschatthölzer (Hasel-Eiche), Halbschatthölzer (Ulme, Erle, Fichte, Esche) und schließlich durch Schatthölzer (Buche, Tanne) abgelöst worden sind[31]. Erst vor 1400 Jahren haben sich dann auch in unserem Bereich Tannen-Buchen-Wälder durchgesetzt. Nach G. Baron dürfte sich die Fichte erst vor 900 Jahren nach forstwirtschaftlichen Eingriffen stärker ausgebreitet haben[32]. Durch die forstlichen Maßnahmen ist es insbesondere in den letzten Jahrhunderten zu einer immer stärkeren Diskrepanz zwischen der natürlichen potentiellen und der realen Vegetation gekommen. Ohne menschliche Einflußnahme wären im Nagolder Heckengäu Buche, Tanne und Eiche die von Natur aus am weitesten verbreiteten Gehölzarten[33]. Tatsächlich erreichten diese 1981[34] auf der Nagolder Gemarkung jedoch nur einen Gesamtanteil von 39 vH, wobei 28 vH auf die Tanne, 10 vH auf die Buche und nur 1 vH auf die Eiche entfielen. Wichtigste Baumart mit 44 vH ist auch in den Nagolder Wäldern heute die Fichte. Die Kiefer erreichte 1981 11 vH und die Douglasie 4 vH.

Ende des 19. Jahrhunderts war der Unterschied zwischen der natürlichen potentiellen und der realen Vegetation, bedingt durch die Waldweide, noch größer als heute. Damals erreichten in Nagolder Wäldern (ohne Pfrondorf) besipielsweise die Fichte mit 56 vH und die Kiefer mit 18 vH wesentlich höhere Anteile als heute, während die Tanne

27 Für die Darstellung der Siedlungsflächen wurden die Urkarten der Flurkarten im Maßstab 1:2500, für die bewaldeten Flächen die Kartierungen des Leiters des Staatl. Forstamtes Nagold, Forstdirektor Jochen LÖFFLER, und 1989 mittels Orthoprojektion gewonnener Luftbildkarten herangezogen.

28 Stadtarchiv Nagold, vorläufige Signatur: A 330. Eine Unterscheidung nach Baumarten ist nur teilweise möglich.

29 Forsterhebung 1937, Waldflächen-Übersicht. Stadtarchiv Nagold, vorläufige Signatur: A 336.

30 Burkhard FRENZEL, Landschaftsgeschichte und Landschaftsökologie des Kreises Freudenstadt, in: Gerhard MAUER (Hg.), Der Kreis Freudenstadt, Stuttgart 1978, S. 64 f.

31 HANNSS (wie Anm. 3), S. 41, Anm. 53: Lichthölzer benötigen beim Keimen viel, Schatthölzer wenig Licht.

32 G. BARON, Die postwürmzeitliche Waldentwicklung des Schwarzwaldes, Tübingen 1982 (unveröffentlicht), S. 60 zit. nach HANNSS (wie Anm. 3), S. 31, Anm. 58.

33 HANNSS (wie Anm. 3), S. 31.

34 Allgemeiner Teil zum Forsteinrichtungswerk 1982–1991 über den Stadtwald Nagold. Stand: 1. Oktober 1981. S. 11 f.

Große Kreisstadt Nagold - Stadtentwicklung

Bebauung (1836 - 1990) und bewaldete Flächen (17. Jh. - 1990)

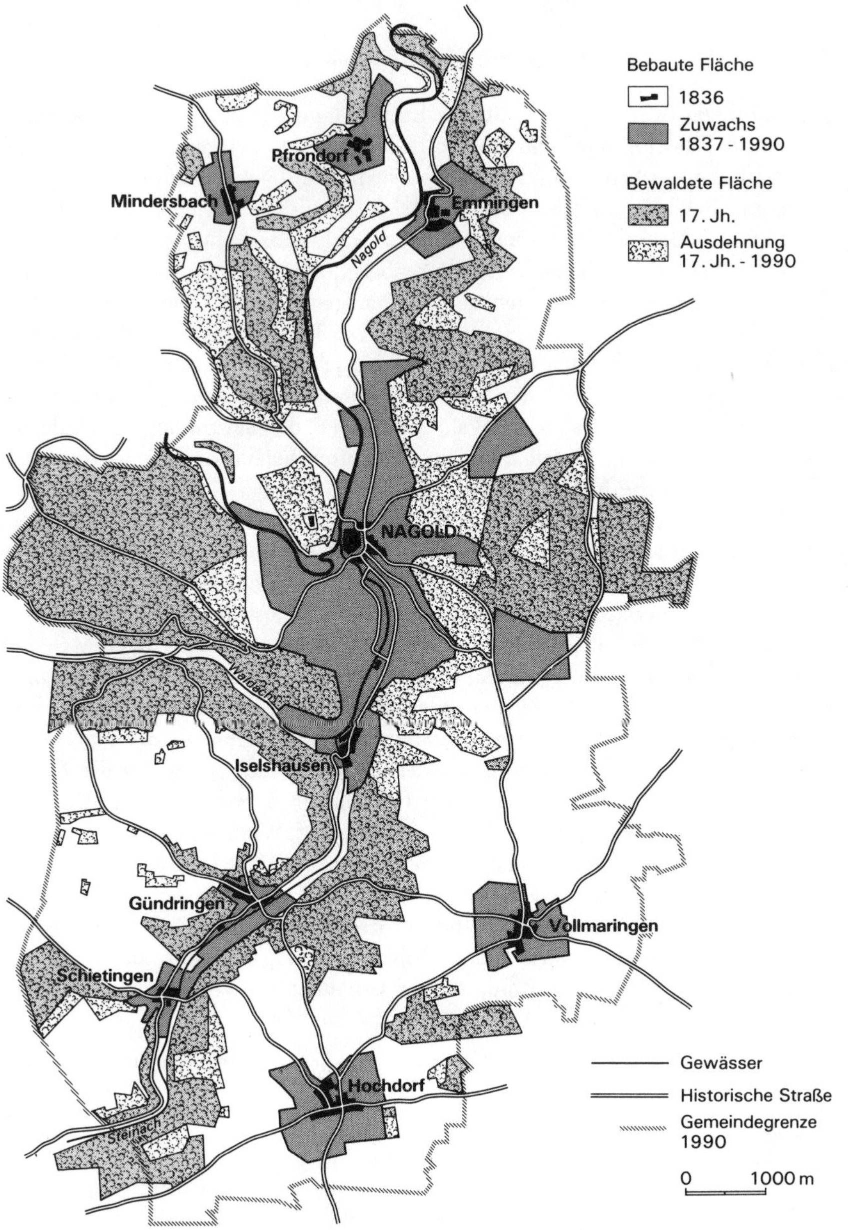

Entwurf: J. Löffler und J. B. Schultis, Nagold Kartographie: A. Bengsch, Rottenburg

und Buche es zu jener Zeit auf nur 19 vH beziehungsweise 6 vH brachten. Betrachtet man die Standorte der heute in den Nagolder Wäldern wachsenden Baumarten, so ergibt sich, daß sie zumeist dort gepflanzt wurden, wo sie gemäß ihrer pflanzenökologischen Eigenheiten die besten Wuchsbedingungen finden.

Der Wald: Wirtschaftliche Grundlage der Stadt Nagold

Wie wichtig der Wald für die städtische Entwicklung war und welche Bedeutung er als »Nährwald« und Energie- und Rohstofflieferant hatte, belegen einige Aussagen in der Beschreibung des Oberamts Nagold aus dem Jahr 1862: »Der Holzertrag reicht nicht nur zur Befriedigung des Bedürfnisses der Bezirksbewohner, sondern erlaubt noch einen sehr beträchtlichen Verkauf nach Außen. Das Brennholz geht hauptsächlich nach Stuttgart und in die Gegend von Herrenberg, das Langholz nach Mannheim«[35]. An anderer Stelle werden die Nebennutzungen genannt: »1. Die Gewinnung der Eichen- und Fichtenrinde; 2. Das Harzsammeln, ...; 3. die Waldstreu, ... ist wegen des verhältnismäßig unbedeutenden Stroherzeugnisses sehr gesucht und wird nicht selten zum Nachtheil des Waldes, welcher eine Hauptnahrungsquelle der Einwohner bildet, gewonnen. 4. Die Gräserei, ...; 5. die Waldweide, ...; 6. die Gewinnung des Nadelholzsamens ist bei eintretenden Samenjahren von namhafter Bedeutung und sichert mancher Familie eine erkleckliche Nebeneinnahme ...«[36].

Von dieser frühen wirtschaftlichen Abhängigkeit vom Wald führt eine Spur zu den heute noch bedeutenden Baumschulen in Nagold und zur baden-württembergischen Staatsklenge in der Calwer Straße, die forstliches Saatgut aus hochwertigen Waldbeständen gewinnt. Unerläßlich war der Wald für den Hausbau; denn selbst noch im Spätmittelalter waren Steinhäuser selten. Nur ein Gebäude des ehemaligen Maierhofes in Nagold wird seit alters als »Steinhaus«[37] bezeichnet. Mächtige Eichen- oder Tannenstämme wurden für die aus dem Ständerbohlenhaus entwickelten alamannischen Fachwerkbauten gebraucht. Dendrochronologische Untersuchungen des 1756 bis 1758 aufgestockten und barockisierten Rathauses ergaben, daß die Stämme für die Achtecksäulen der Fachwerkkonstruktion zwischen 1495 und 1515 geschlagen wurden[38].

Viele Handwerker waren direkt vom Wald abhängig. Wir können sie gar nicht alle aufzählen, denn die Vielfalt der Waldnutzung ermöglichte erst handwerkliche Vielfalt, vom Wagner, der Eichenholz verarbeitete, über den Drechsler, der aus Buchsbaum Trinkgefäße und Dosen herstellte, bis hin zu dem meist armen Seiler, der den Bast abgeschälter Baumrinden verwertete. Die Möbelherstellung stand bis zum 18. Jahrhundert keineswegs so im Vordergrund, wie es von heutigen Verhältnissen ausgehend

35 Königlich statistisch-topographisches Bureau (Hg.), Beschreibung des Oberamts Nagold, Stuttgart 1862, S. 65.

36 Ebd., S. 63f.

37 Vermutlich ältestes erhaltenes Wohnhaus Nagolds. Im 13. bis 14. Jahrhundert wahrscheinlich Sitz eines Dienstmannengeschlechtes. Spätestens seit dem 17. Jahrhundert unter bürgerlichen Familien aufgeteilt. 1986 bis 1987 grundlegende Außen- und Innenrenovierung.

38 Die Jahrringanalyse wurde 1981 von Dr. B. Becker vom Institut für Botanik der Universität Hohenheim durchgeführt.

anzunehmen wäre. Die Wohnungen, selbst die der Wohlhabenden, waren nur sparsam möbliert. Vererbt wurde das teure Interieur, das keinem raschen Modewandel unterworfen war. Nach der Beschreibung des Oberamts Nagold waren 1862 in der 2429 Einwohner zählenden Stadt Nagold zwölf Schreinermeister mit sieben Gehilfen tätig[39]. Das Verzeichnis der Gewerbebetriebe nach der Volkszählung 1939 enthält 30 Bau- und Möbelschreinereien und eine Möbelfabrik[40]. Vor diesem handwerklichen Hintergrund konnte mit der Firma Häfele KG ein Unternehmen wachsen, das heute durch Entwicklung und Vertrieb von Möbelbeschlägen weltweite Geschäftsbeziehungen unterhält[41].

Ein holzverarbeitender Beruf ist in seiner Bedeutung gar nicht zu überschätzen: der des Küblers und Küfers. Ohne die Verarbeitung des Taugenholzes, wie das meist von Eichen stammende Faßholz genannt wurde, wäre die Ausweitung des Transportwesens im Spätmittelalter und die Lagerung von Lebensmitteln und Getränken nicht möglich gewesen[42]. 1862 waren in Nagold sechs Kübler- und Küfermeister mit vier Gehilfen tätig[43].

Selbst Handwerke, die auf den ersten Blick nichts mit dem Wald zu tun haben, sind doch indirekt von ihm abhängig. Zum Beispiel der Schuhmacher: Sein Arbeitsgerät, der sprichwörtliche Leisten, ist aus Holz, und seine Schusterzwecken stammen von der Hainbuche, deren Hartholz für viele technische Zwecke verwendet wurde. Vor allem aber ist das Leder, das nicht nur die Schuhmacher, sondern auch die Sattler brauchen, vom Wald abhängig. Die rötlichbraune Färbung des von den Rotgerbern hergestellten Produkts stammt von der Eichenlohrinde, die als Gerbrinde von jungen Stockausschlägen im Niederwaldbetrieb gewonnen und in Lohmühlen zermahlen wurde. Im Unterschied zu den meist kapitalkräftigeren Rotgerbern waren die Weißgerber, die mit dem leichter zu transportierenden Alaun arbeiteten, nicht von Eichenwäldern standortabhängig. 1862 lassen sich in Nagold 23 Schuhmachermeister mit elf Gehilfen und elf Rot- und Weißgerbermeister mit vier Gehilfen nachweisen[44].

Die bereits mehrfach zitierte Beschreibung von 1862 enthält auch eine Aussage über die Versorgung der Nagolder Bevölkerung mit Brennholz. »Auch besitzt die Gemeinde 3800 Morgen Waldungen, die meist aus Nadelhölzern und etwa ⅓ aus gemischten Hölzern bestehen; sie werden nach einem entworfenen Nutzungsplane von einem besonders aufgestellten Waldmeister bewirthschaftet und ertragen jährlich 2000 Klafter Holz und 100000 Stück Wellen[45]. Hievon erhält jeder Bürger 1 Klafter und 100 Stück

39 Königlich statistisch-topographisches Bureau (wie Anm. 35), S. 108.
40 Stadtverwaltung Nagold, Registratur-Nr. 9512.
41 Häfele KG, Beschlagtechnik und Möbelzubehör, 1000 Mitarbeiter, 338 Mio. DM Jahresumsatz (1989).
42 Ernst Schubert, Der Wald: Wirtschaftliche Grundlage der spätmittelalterlichen Stadt, in: Bernd Herrmann (Hg.), Mensch und Umwelt im Mittelalter, Stuttgart 1960, S. 260.
43 Königlich statistisch-topographisches Bureau (wie Anm. 35), S. 108.
44 Ebd., S. 108.
45 Das Regierungs-Blatt für das Königreich Württemberg Nr. 10 vom 11. Mai 1871, S. 117ff. enthält die »Verhältnißzahlen für die Umrechnung der im Königreich Württemberg bisher giltigen Landesmaaße und Gewichte in die durch die Maaß- und Gewichtsordnung vom 17. August 1868 festgestellten neuen Maaße und Gewichte«: »1 Klafter Holz, getheilt in 16 Ecklein (= 6. 6. 4.) = 144 Kubikfuß = 3,386041037940 Kubikmeter. 1 Reisigwelle 1 Fuß dick, 4 Fuß lang = 3,1416 Kubikfuß. 1 Fuß = 28,649029091 Centimeter.«

Wellen; der Rest wird theils als Langholz, theils als Brennholz verkauft und von dem Erlös bezieht jeder Bürger 4 fl. und überdieß fließt noch in die Gemeindekasse jährlich 15–16,000 fl.«[46]. – Die regelmäßige Brennholz- oder Holzkohlenzufuhr war für viele Handwerke, für Schmiede, Brauer, Bäcker usw., existenznotwendig.

Bauholz, Werkholz, Brennholz: Wie die heutige Wirtschaft vom Öl, so war die des Mittelalters und der Neuzeit abhängig vom Wald, der sowohl Grundstofflieferant als auch wichtiger Energieträger war. Die Gefahr bedenkenlosen Ausnutzens der Ressourcen drohte auch in früherer Zeit. Folgender Hinweis im vergangenen Jahrhundert unterstreicht dies: »Holzersparende Anstalten, wie öffentliche Back- und Waschhäuser, zweckmäßige Feuerungseinrichtungen ec. sind noch nicht in der wünschenswerthen Anzahl vorhanden; ebenso könnte der Reichthum an Bau- und Werksteinen noch manches Stück Bauholz ersparen«[47].

Raubbau und Waldschutz

Als Zeit der Waldverwüstung ist die Epoche vom Spätmittelalter bis ins 18. Jahrhundert charakterisiert worden. Für das Herzogtum Württemberg trifft dies nach meiner Kenntnis nicht zu. Mit den im 16. Jahrhundert von den württembergischen Herzögen erlassenen Forstordnungen und Forstgesetzen waren die Voraussetzungen für eine geordnete Waldwirtschaft unter Berücksichtigung der Nachhaltigkeit in sämtlichen Wäldern geschaffen[48]. Hauptsächlichstes Ziel war nicht nur die geregelte Nutzung der vorhandenen Bestände, sondern auch die Sorge dafür, daß auch zukünftig Holz in ausreichendem Maße für alle zur Verfügung stand. Darüber hinaus zielten die Gesetze darauf ab, durch pflegliche Behandlung der Bestände eine Naturverjüngung zu ermöglichen und zusätzlich durch Aufforstungen einen Ausgleich für den ständig größer werdenen Holzbedarf der anwachsenden Bevölkerung und der gewerblichen Unternehmungen zu schaffen.

Auslösendes Moment für die von den württembergischen Landesherren erlassenen Forstordnungen waren sowohl die landesväterliche Fürsorge für die Untertanen angesichts des schlechten Zustandes der meisten Wälder und eines drohenden Holzmangels, als auch in starkem Maße kommerzielle Überlegungen, die den Wald und seine Holzvorräte immer mehr als einen Wirtschaftsfaktor und zudem als eine beständige Einnahmequelle für den Landesherren erscheinen ließen, die es vor Übergriffen zu schützen und für die Zukunft zu erhalten galt. Daß trotz Forstordnungen, Forsterlassen und einer für die damalige Zeit beispielhaft geregelten Forstorganisation das Erreichte weit hinter den Zielvorstellungen zurückblieb, zeigen die Ergebnisse der Waldbesichtigungen, die Berichte der Forstmeister und die häufige Wiederholung

46 Königlich statistisch-topographisches Bureau (wie Anm. 35), S. 110.

47 Ebd., S. 65.

48 Dorothea HAUFF, Zur Geschichte der Forstgesetzgebung und Forstorganisation des Herzogtums Württemberg im 16. Jahrhundert, in: Schriftenreihe der Landesforstverwaltung Baden-Württemberg, 47, Stuttgart 1977, S. 1–149. – Rudolf KIESS, Die Rolle der Forsten im Aufbau des württembergischen Territoriums bis ins 16. Jahrhundert. Veröffentlichungen der Kommission für geschichtliche Landeskunde in Baden-Württemberg, Reihe B: Forschungen, 2, Stuttgart 1958.

dieser Anordnungen. Selbst wenn die Untertanen gewillt gewesen wären, allen Anordnungen nachzukommen, hätten die wirtschaftlichen Gegebenheiten dies kaum erlaubt. Das Nagolder Stadtarchiv verwahrt Akten aus der Zeit von 1709 bis 1713, die über den unerlaubten Ackerbau der Nagolder Bürger in den abgebrannten Wäldern auf dem »Lemberg« und »Eisberg« berichten[49]. Die durch Brandstiftung abgebrannten Flächen wurden ausgestockt, ausgereutet und mit Gerste und Rüben bebaut. In der »Waldhack-Affaire« wird wegen der großen Armut der Bevölkerung eine einmalige Strafreduzierung zugestanden.

Oberforstmeister Graf Sponeck aus Altensteig geht in seinen »Bemerkungen ueber die Nagolder Statt-Waldungen, in Hinsicht auf Wirthschafft, Polizei und Cultur derselben« Ende des 18. Jahrhunderts unter anderem auf die Schädigung der Waldungen durch das *befahren mit den Schaafen* ein[50]. Keine Aussage macht er allerdings über den – sehr wahrscheinlich hohen – Wildbestand, der das Aufkommen des Jungwuchses mit verhinderte. Positiv war im 19. Jahrhundert die Erholung der Waldgebiete. Der Oberamtsbeschreibung von 1862 ist folgende Feststellung zu entnehmen: »Die Waldungen, besonders die dem Staat gehörigen, sind im Allgemeinen in gutem Zustande, während die Gemeindewaldungen und noch mehr die Privatwaldungen, wegen der an sie gemachten unverhältnißmäßigen Anforderungen, namentlich auch durch Streurechen, häufig in minder gutem Zustande sich befinden. Indessen wird auch von Seiten der Gemeinden für die Emporbringung der Waldungen, mittelst geregelter Wirthschaft und künstlicher Aufforstung Vieles gethan«[51].

Holzhandel

Fasziniert verfolgen heutzutage große Zuschauermassen zwischen Altensteig und Ebhausen an der Monhardter Wasserstube die spektakuläre Fahrt eines Floßes. Allzuleicht wird dabei vergessen, daß bis zum Ende des vergangenen Jahrhunderts Flöße zum Erscheinungsbild der Nagold gehörten. Die Floßbarmachung der Nagold erfolgte wahrscheinlich im Jahr 1623[52]. Da anfänglich infolge des besseren Verdienstes nur Langholz geflößt wurde, blieb in den Wäldern eine große Menge Brennholz liegen und vermoderte. Zur Verwertung dieses Holzes führte man später die Scheitholzflößerei ein, die auf Enz und Nagold von 1747 bis 1850 dauerte[53]. Die Brennholzflößerei hatte für das Land große wirtschaftliche Bedeutung. Die »Holzgärten« bei Vaihingen, Bissingen und Bietigheim versorgten mit ihren riesigen Holzvorräten die Hofhaltung in Ludwigsburg, die Kasernen in Stuttgart, Asperg und Ludwigsburg, die Porzellanfabrik Ludwigsburg, das Waisenhaus in Stuttgart, die Saline Jagstfeld und unzählige Haushal-

49 Stadtarchiv Nagold, vorläufige Signatur: A 344.
50 Stadtarchiv Nagold, vorläufige Signatur: A 333.
51 Königlich statistisch-topographisches Bureau (wie Anm. 35), S. 63.
52 Otto BÜRK, Die Geographie der Flößerei im nordöstlichen Schwarzwald (Enz-Nagold-Gebiet). Tübinger geographische und geologische Abhandlungen, Reihe I, 28, Öhringen 1939, S. 49.
53 Friedrich KÜHBACH, Flößerei im Enz-Nagoldgebiet, in: Friedrich KÜHBACH u. a., Aus der Geschichte Altensteigs und seiner Stadtteile, Stuttgart 1987, S. 108.

tungen in den Städten[54]. Auch in Nagold gab es einen Holzgarten. In ihm wurden jährlich 800–1200 Klafter Brennholz geflößt, vorwiegend aus dem Altensteiger Forst[55]. Mit Fuhrwerken kamen die Scheiter dann zum Beispiel ins waldarme Gäu oder nach Stuttgart. Die Aufhebung des Holzgartens erfolgte 1851[56]. Holzkohle und Kohle nahmen an Bedeutung zu, die wassergebundenen Betriebe klagten zunehmend über Beschädigung ihrer Triebwerke.

Der so berühmt gewordene Stammholzhandel mit Holland begann erstmals im Jahre 1691. Die Auslandsflößerei nahm dann in den folgenden Jahren immer mehr zu, insbesondere seit 1713, nachdem die erste Holländerkompanie gegründet worden war. Ende des 18. Jahrhunderts war die Holzausfuhr aus dem Enz-Nagoldgebiet so umfangreich, daß die Holländer das eingeführte Holz gar nicht verarbeiten konnten und deshalb einen Teil davon nach England weiterverkauften[57].

In der zweiten Hälfte des 19. Jahrhunderts erlitt die Flößerei einen schweren Rückschlag. Ausländisches Holz, besonders aus Skandinavien und Nordamerika, wurde mit Dampfschiffen nach Holland verfrachtet. Mit dem Aufkommen des Eisenbahnverkehrs gelangte zusätzliches Schiffs- und Bauholz aus Bayern, Österreich und Ungarn nach Holland. Eine Umstellung in der Holzgewinnung und -verarbeitung erwies sich als notwendig und begünstigte das Entstehen von Schreinereien und Möbelfabriken im Nagoldtal[58].

Die bereits zitierten Bemerkungen Graf Sponecks über die »Nagolder Statt-Waldungen«, aber auch Klagen der Bürgerschaft gegen den Magistrat wegen Mißwirtschaft in den städtischen Waldungen weisen auf den übermäßigen Holzverkauf hin. Bürger beklagen sich vor allem darüber, daß ein übermäßiger Holzverkauf an Auswärtige stattfindet, ohne daß dagegen die Bürgersteuer erleichtert würde. Die Käufer bestimmten, welche Stämme eingeschlagen wurden, ohne Rücksicht auf den Standort. Graf Sponeck geht in seinem Bericht auf diesen Raubbau ein[59]. Auch heute heißt es vorsichtig umgehen mit den knapp gewordenen Gütern des Waldes. Gleichrangig stehen neben der Nutzholzerzeugung die Schutz- und Erholungsfunktionen des Waldes. Gefahren durch eine übertriebene Holznutzung drohen den Wäldern der Stadt Nagold nicht mehr. Dafür sind sie den Belastungen der Technik und der Zivilisation ausgesetzt[60].

54 Rudolf KIESS, Bemerkungen zur Holzversorgung von Städten, in: Jürgen SYDOW (Hg.), Städtische Versorgung und Entsorgung im Wandel der Geschichte. Stadt in der Geschichte. Veröffentlichungen des Südwestdeutschen Arbeitskreises für Stadtgeschichtsforschung 8, Sigmaringen 1981, S. 88f.

55 Königlich statistisch-topographisches Bureau (wie Anm. 35), S. 111.

56 Ebd., S. 111.

57 KÜHBACH (wie Anm. 53), S. 109f.

58 BÜRK (wie Anm. 52), S. 50, und KÜHBACH (wie Anm. 53), S. 110.

59 Stadtarchiv Nagold, vorläufige Signatur: A 333.

60 o. V., Waldschadensinventur Baden-Württemberg 1989. Deutliche Verschlechterung bei Buche und Eiche, in: Allgemeine Forstzeitschrift für Waldwirtschaft und Umweltvorsorge (AFZ), 44, München (9. 12.) 1989, 49, S. 1297.

Schlußbemerkungen

Der Geograph Josef Schmithüsen beschäftigte sich bei seiner Antrittsvorlesung am 6. Mai 1963 mit der Frage »Was ist eine Landschaft?«. Er formulierte es folgendermaßen: »Kulturlandschaften sind historisch geprägte Gebilde, in denen die Lebensformen und Ideen früherer Gesellschaften auch in der Gegenwart noch in vielfältiger Weise wirkende Realität sind«[61]. Wie der Ökologe das Schneckenhaus nicht außer Betracht lassen kann, wenn er die Lebensweise der Schnecke verstehen will, so wird man eine menschliche Gesellschaft nicht begreifen, wenn man sie nicht auch in ihrer Landschaft sieht. Das Nagolder Heckengäu prägte die Menschen unseres Raumes. »Fleiß, Sparsamkeit und Religiosität« – die Oberamtsbeschreibung aus dem Jahr 1862 vermerkt dies – zeichneten die Bewohner Nagolds und seiner Stadtteile aus[62].

61 Josef SCHMITHÜSEN, Was ist eine Landschaft. Erdkundliches Wissen. Schriftenreihe für Forschung und Praxis, 9, Wiesbaden 1964, S. 17.
62 Königlich statistisch-topographisches Bureau (wie Anm. 35), S. 107.

Wald und Stadt im Mittelalter
Aspekte einer historischen Ökologie

VON SÖNKE LORENZ

Mir war die Aufgabe zugedacht, »Beziehungen zwischen Wald und Stadt« im Spätmittelalter am Beispiel von Württemberg nachzugehen. Es zeigte sich bald, daß dieses komplexe Thema als Vortrag kaum ohne eine allgemeine Betrachtung der mannigfaltigen Beziehungen zwischen dem, was wir heute als Umwelt bezeichnen, und jenem differenzierten menschlichen Gemeinwesen, für das wir bei teilweise extremen Unterschieden den Begriff Stadt verwenden, darzustellen ist. So nehmen denn Überlegungen relativ grundsätzlicher Art einen breiteren Raum ein als ursprünglich vorgesehen, während sich die Bezüge zum Territorium Württembergs in den Hintergrund verlagerten. Ausgehend von Fragestellungen, wie sie jetzt von der historischen Ökologie formuliert werden, zum Teil aber auch seit langem schon von der Geschichtswissenschaft aufgegriffen worden sind, möchte ich versuchen, die wichtigsten Aspekte des Themas zu beleuchten. Das heißt aber nur allzuoft – leider – Desiderate zu beschreiben, die das Beziehungsgeflecht Wald und Mensch beziehungsweise Wald und Stadt zu einem langfristigen, interdisziplinären Forschungsvorhaben erheben.

»Durch geheime Bande knüpft die Natur das Schicksal der Sterblichen an das der Wälder«[1]. Mit diesen Worten kennzeichnete noch 1828 der Tübinger Forstwissenschaftler Wilhelm Widenmann in nicht zeituntypischer mystischer Verklärung zutreffend das Verhältnis, das zwischen Wald und Mensch zu den Zeiten bestand, als fossile und atomare Brennstoffe noch nicht das energetische Fundament der Gesellschaft bildeten. Ohne den Wald und seine vielfältige Nutzung war in Mittel- und Nordeuropa der Kampf ums Überleben nicht zu gewinnen. Insbesondere bildete der Rohstoff und Energieträger Holz – wie wohl kaum eine zweite Ressource – die Grundfeste im Fundament der materiellen Produktion vorindustrieller mitteleuropäischer Gesellschaften[2]. Es war als weitaus wichtigster und vielseitigster Werkstoff im täglichen Leben allgegenwärtig. Wo es an Holz mangelte, konnten sich die Menschen nicht mehr hinreichend wärmen, konnten sie keine Häuser und Werkstätten bauen, keine Gerätschaften und Werkzeuge herstellen, keine Metalle abbauen und schmelzen, kein Salz

1 Wilhelm WIDENMANN, Untersuchungen über die Veränderungen, die durch die Ausrottung der Wälder in dem physischen Zustand der Länder entstehen, Tübingen 1828, Widmung; dieser Hinweis und die folgende kurze Zusammenfassung bei: Rolf-Jürgen GLEITSMANN, Und immer wieder starben die Wälder: Ökosystem Wald, Waldnutzung und Energiewirtschaft in der Geschichte (Manuskript), S. 2.

2 Vgl. Rolf-Jürgen GLEITSMANN, Rohstoffmangel und Lösungsstrategien: Das Problem vorindustrieller Holzknappheit, in: Freimut DUVE (Hg.), Technologie und Politik, Demokratische und autoritäre Technik, Beiträge zu einer anderen Technikgeschichte, Reinbeck bei Hamburg 1980, S. 104–154.

sieden, kein Brot backen und kein Bier mehr brauen. Wo Holz knapp wurde, drohten die Gewerbe zu stocken, die Bergwerke zu verfallen und die Bevölkerung ins Elend zu geraten. Kurzum: ohne Holz keine Prosperität. Karl Lamprecht hat das einmal so ausgedrückt: »Die Wirtschaftsgeschichte des ganzen Mittelalters ist zum überwiegenden Teil die Geschichte des Waldes«[3].

Holz war indessen nie das einzige Waldprodukt von Bedeutung. Im wörtlichen Sinne lebenswichtig war der Beitrag, den der Wald zur Agrarproduktion leisten mußte. In seiner Funktion als Nährwald hatte er die oft kärglichen Erträge aus Acker- und Feldwirtschaft zu ergänzen. In diesem Sinne war der Wald immer auch integraler Bestandteil der Agrarproduktion und damit Existenzgrundlage der Bauern und Ackerbürger[4]. Die Waldweide der Rinder-, Schaf- und Ziegenherden bleibt hier zu nennen, insbesondere auch die Schweinemast. Im herbstlichen Wald sollten sich die Tiere an den nährstoffreichen Bucheckern und Eicheln das Fett und Fleisch anfressen, auf dessen Verzehr die Menschen so sehr angewiesen waren, um die dunkle und kalte Winterzeit zu überstehen. Im Kampf um ihr tägliches Brot richteten die Menschen damals ihren Blick also nicht nur erwartungsvoll auf die Äcker und Getreidefelder, sondern ebenso auf den Fruchtansatz von Buche und Eiche. Noch im Mittelalter und in der Frühen Neuzeit bemaß man den Wert eines Waldes häufig weniger nach den Holzvorräten, die er enthielt, als nach den Schweinen, die zur Mast hineingetrieben werden konnten. Stand es gut um Eichel und Buchecker, rieb sich nicht nur der Bauer, sondern auch der Inhaber der Waldnutzungsrechte die Hände; denn in guten Mastjahren wurden gegen ein Stückgeld Zigtausende von Schweinen in den Wald getrieben. Zehntausend Gulden »Dechselgeld« war dann der Gewinn, den beispielsweise der Bischof von Speyer aus seinem 60 Quadratkilometer großen Lushard-Wald bei Bruchsal ziehen konnte[5].

So wird es verständlich, daß diese Seite der Wechselbeziehung Wald – Mensch seit langem das Interesse historisch arbeitender Wissenschaften findet und häufig in orts- und regionalgeschichtlichen Arbeiten zur Darstellung gelangt. Rudolf Kieß konnte 1979 in einem nicht zuletzt dank eigener Forschungen eindringlichen Vortrag ›Zur Holzversorgung von Städten‹ vor diesem Arbeitskreis eine totale Abhängigkeit aufzeigen[6]. Beispielhaft sei hier jene Quelle zitiert, die heute auf etwa 1220 datiert wird und in der von zwei Wäldern bei der Stadt Pfullendorf die Rede ist, *sine quibus civitas stare non potest*, ohne welche die Stadt nicht bestehen kann[7]. Jüngst hat Ernst Schubert dieses Thema noch vertieft in einem Beitrag mit dem das Ergebnis charakterisierenden

3 Helga JACOB, Die Bedeutung des Forstregals für den Landesausbau im Hochmittelalter. Studien zur Geschichte der Kolonisation im mitteldeutschen Osten, Diss. phil. FU Berlin 1957, S. 1.

4 Vgl. Wilhelm ABEL, Geschichte der deutschen Landwirtschaft vom frühen Mittelalter bis zum 19. Jahrhundert, 3. neubearbeitete Auflage, Stuttgart 1978; M. ENDRES, Die Waldnutzung vom 13. bis Ende des 18. Jahrhunderts, Tübingen 1888.

5 R. PLOCHMANN, Mensch und Wald, in: Horst STERN u. a. (Hg.), Rettet den Wald, München 1983, S. 187.

6 Rudolf KIESS, Bemerkungen zur Holzversorgung von Städten, in: Städtische Versorgung und Entsorgung im Wandel der Geschichte, hg. von Jürgen SYDOW (Stadt in der Geschichte, Bd. 8), Sigmaringen 1981, S. 77–98.

7 Ebd., S. 79 – die Quelle: WUB 3, S. 483 f.

Titel: ›Der Wald: wirtschaftliche Grundlage der spätmittelalterlichen Stadt‹[8]. Wenn wir also auf diesem Gebiet mittlerweile ein Fundament besitzen, um die Abhängigkeit des Menschen und seiner Gemeinwesen vom Walde mindestens der Qualität nach beurteilen beziehungsweise einschätzen zu können, so bleibt doch im Einzelfall noch viel zu tun.

Grundsätzlich wird dabei sehr oft ein Problem nicht zu umgehen sein, dem auch noch in anderer Hinsicht für die Beziehung Wald – Stadt Bedeutung zukommt; es kann nämlich kaum gelingen, tiefergehende Erkenntnisse zu gewinnen, wenn nicht der Wald in viel stärkerem Maße, als das oft geschieht, in die Untersuchung miteinbezogen beziehungsweise sogar zum Ausgangspunkt der Betrachtung gemacht wird[9]. Ich möchte das Problem kurz an zwei Beispielen aus Württemberg verdeutlichen. Von Altensteig, im 14. Jahrhundert als Stadt bezeugt, ist dank einer gründlichen Dissertation bekannt[10], daß die Stadt sich mit etlichen anderen Siedlungen dörflichen Charakters die Waldnutzung in einem Raum teilen mußte, der noch bis weit in das 18. Jahrhundert hinein als Kirchspiel Altensteig begegnet. Die Struktur dieses auf Altensteig-Dorf als ursprünglichen Ausgangspunkt eines Rodungsvorstoßes in den Nordschwarzwald ausgerichteten Waldbezirks bestand bereits mehrere Jahrhunderte vor dem Aufstieg des Burgweilers Altensteig zur Stadt. Ähnliches gilt für Dornstetten, das etwa um die Mitte des 13. Jahrhunderts zur Stadt erhoben wurde[11]. Die Nutzungsberechtigung dieser Siedlung an den Waldungen eines ehemaligen Königshofes reicht aber in viel frühere Zeiten zurück, vermutlich sogar bis in das 8. Jahrhundert[12]. Erst im ausgehenden 15. Jahrhundert, bei der eigenmächtigen und von der Herrschaft lediglich geduldeten Aufteilung der Wälder dieses riesigen Forstes unter die nutzungsberechtigten Siedlungen, erhielt auch die Stadt Dornstetten einen eigenen Anteil[13]. Vergleichbare Verhältnisse dürfte auch die Betrachtung einer Reihe von weiteren Städten am Rande des Nordschwarzwaldes ergeben, wie beispielsweise Wildberg, Neubulach, Nagold und

8 Ernst SCHUBERT, Der Wald: wirtschaftliche Grundlage der spätmittelalterlichen Stadt, in: Mensch und Umwelt im Mittelalter, hg. von Bernd HERRMANN, Darmstadt 1986, S. 257–274.

9 SCHUBERT (wie Anm. 8), S. 257f., bedauert, wie wenig in der thematisch breit gefächerten modernen Stadtgeschichtsforschung dem Wald Beachtung geschenkt worden ist und fügt hinzu, daß die neuere Forschung nicht mehr allein auf die Verhältnisse innerhalb der Stadtmauern blicken, sondern urbane Entwicklungen auch aus den engen Verflechtungen von Stadt und Umland zu verstehen beginnen solle.

10 Hans-Joachim KERN, Das Kirchspiel Altensteig. Ein Beitrag zur Geschichte der bäuerlichen Waldgenossenschaften (Schriften zur südwestdeutschen Landeskunde 7), Stuttgart 1966.

11 Vgl. Gerhard WEIN, König, Adel und freie Bauern zwischen Neckar und Schwarzwald. Gedanken zur älteren Geschichte des Kreises Freudenstadt und der Stadt Dornstetten (Freudenstädter Beiträge 5), Freudenstadt 1985, S. 41f.

12 Vgl. Sönke LORENZ, Das Waldgeding Dornstetten – Relikt eines alten Königsforstes? Zu einem Paradebeispiel der deutschen Verfassungsgeschichte; erscheint in: Zeitschrift für Württembergische Landesgeschichte; vgl. DERS., St. Martin in Dornstetten. Die Besiedlung des Nordschwarzwaldes im Lichte der mittelalterlichen Pfarrorganisation, in: Von wandernden Kelten zu Displaced Persons. Migration in Antike, Mittelalter und Neuzeit. Für den Arbeitskreis Historische Migrationsforschung hg. von Andreas GESTRICH u. a. (Stuttgarter Beiträge zur Historischen Migrationsforschung, Bd. 2) (erscheint 1992 im Lit-Verlag, Münster/Hamburg).

13 Vgl. Sönke LORENZ, Vom Königsforst zum Luftkurort, in: Sönke LORENZ und Axel KUHN, Vom Königsforst zum Luftkurort (erscheint 1992 im Wegra-Verlag, Stuttgart).

Haiterbach. Bei der großen Abhängigkeit des Menschen vom Wald liegt es auf der Hand, daß in der Regel schon lange bevor die Städte als typisch hoch- und spätmittelalterliches Phänomen Verbreitung fanden, Strukturen von Regelungen der Waldnutzung bestanden. In diese bestehenden Strukturen mußte die Stadt eingepaßt werden, wenn sie überhaupt lebensfähig sein sollte. So sieht sich denn der Historiker, wenn er an einem konkreten Beispiel das Beziehungsgeflecht von Wald und Stadt untersuchen will, in der Regel vor die Aufgabe gestellt, solch älteren Strukturen nachzugehen. Das heißt aber nichts anderes, als die Geschichte des Waldes viel stärker in den Mittelpunkt der Betrachtung zu stellen, denn nur eine eingehende Kenntnis seiner Gegebenheiten verhilft auch zu wesentlichen Einsichten in jene Prozesse, von denen das Werden und Wachsen mittelalterlicher Städte begleitet war.

Gleichwohl meine ich, das Interesse am Wald sollte noch weiter gehen und überdies seine Vegetationsgeschichte miteinbeziehen. Scheint es doch nötig zu wissen, – auch, aber eben nicht nur allein mit Blick auf die komplizierten Lebensverhältnisse in den Städten, welche Bäume, Sträucher und Kräuter denn überhaupt anzutreffen waren, ob sie seit unvordenklichen oder erst seit menschlich faßbaren Zeiten zur Umwelt gehörten und, im Falle ihrer Verdrängung oder Vernichtung durch anthropogene Einflüsse, – wann und warum dies geschehen mußte. Stand also beispielsweise zu einem bestimmten Zeitpunkt noch die Weißtanne, oder war dieser für die Zeidlerei, die Waldbienenwirtschaft, so wichtige Baum bereits abgeholzt? Dies war eine Maßnahme, die dem Gewinn von Honig, dem einzigen, überaus geschätzten und kostbaren Süßstoff des Mittelalters, erhebliche Einbußen bringen mußte. Oder – ein anderes Beispiel – war das Umland einer Stadt bereits devastiert, der Boden versauert und von Heidekraut- und Heidelbeerfluren bedeckt, so daß erste, irreversible Umweltschäden zu konstatieren bleiben?

Damit komme ich zu einem Bereich interdisziplinärer Zusammenarbeit, für den die Paläobotanik bereits erstaunliche Ergebnisse bereitgestellt hat. Dies wird sich demjenigen sofort erschließen, der in der ›Waldgeschichte Mitteleuropas‹ von Franz Firbas auch nur zu blättern beginnt[14]. Mittlerweile konnten die Methoden dieser Wissenschaft so verfeinert und Ergebnisse erzielt werden, die auch die Geschichtswissenschaft in gesteigertem Maße tangieren. Ich möchte kurz ein beeindruckendes Beispiel vorstellen. Es betrifft das Obere Murgtal im Nordschwarzwald, wo noch im 12. Jahrhundert die *habitatores* der *villa* Dornstetten ihre Rinder weideten und wo 1082 angeblich im finstersten Urwald Hirsauer Mönche mit der Errichtung von Kloster Reichenbach begannen[15]. Burkhard Frenzel, Paläobotaniker an der Universität Hohenheim, konnte jedoch zeigen, daß seit etwa 600 v. Chr. der Mensch in diesem Raum zu siedeln begonnen hatte und sich die Siedlungstätigkeit bis ins Hochmittelalter fortsetzte.

14 Franz FIRBAS, Spät- und nacheiszeitliche Waldgeschichte Mitteleuropas nördlich der Alpen, Bd. 1, 2, Jena 1949, 1952.

15 Vgl. Sönke LORENZ, Hirsaus Priorate im Hochmittelalter, in: Hirsau, St. Peter und Paul 1091–1991, (Forschungen und Berichte der Archäologie des Mittelalters in Baden-Württemberg 1012), Teil 2, bearbeitet von Klaus SCHREINER, Stuttgart 1991, S. 335–393; hier: S. 328f.

Westlich der Murg blieben die Höhen bis gegen 1200 mit Buchen und Tannen bedeckt, von der Fichte, die heute das Bild bestimmt, fehlte jede Spur[16].

Nun muß allerdings der Historiker die Vegetationsgeschichte nicht der Paläobotanik überlassen, war doch von Interdisziplinarität die Rede; das verbieten nicht nur unser Interesse und unsere andersartigen Fragestellungen, sondern auch gewisse technische Schwierigkeiten der paläobotanischen Methoden, nicht zuletzt der Pollenanalyse. Die Methoden eignen sich nur für bestimmte Standorte und Untersuchungszeiträume. So mußte Burkhard Frenzel seine Untersuchungen im Nordschwarzwald mit der Wende vom 12. zum 13. Jahrhundert abschließen, weil für die jüngere Zeit die Bohrprofile noch keine exakte naturwissenschaftliche Analyse erlauben. Auch aus diesem Grund bleiben also historische Forschungen zur Vegetationsgeschichte unerläßlich. Ein schönes Beispiel, wie sich die beiden Wissenschaften ergänzen können, bietet im Zusammenhang mit Frenzels Arbeiten die Untersuchung von Hausburg über ›Die Ausbreitung der Fichte‹ im Nordschwarzwald. Mit Hilfe ausgedehnter archivalischer Studien gelangte Hausburg zu dem bemerkenswerten Ergebnis, daß sich die Fichte mittelbar durch anthropogene Waldzerstörungen seit dem Spätmittelalter im Nordschwarzwald festsetzen konnte[17].

Eine vertiefte Kenntnis der Vegetationsgeschichte, das dürfte bereits deutlich geworden sein, ist unerläßlich, wenn es jene Phänomene zu betrachten gilt, die man heute als Umweltschäden beziehungsweise -zerstörung zu bezeichnen pflegt. Es konnte kaum ausbleiben, daß der so außerordentlich lebenswichtige Wald durch die anthropogene Nutzung verändert und schließlich gar gefährdet wurde. Aber hatten denn unsere Altvorderen überhaupt eine andere Wahl? Und sollen wir sie deswegen tadeln? Schwierige Fragen – nicht nur, weil auch wir im Urteil kommender Generationen keinen leichten Stand haben dürften –, sondern vor allem, weil sich nur schwer entscheiden läßt, ob und wieweit den Menschen des Mittelalters und der Frühen Neuzeit, den Fürsten, Adligen, Bürgern und Bauern, die Folgen ihres Tun und Lassens überhaupt bewußt waren. Sicher, bereits um 1300 fielen einem Dominikaner in Colmar gewisse Umweltveränderungen auf, und er sah bereits die Folgen übermäßiger Rodung, wenn er notierte, daß früher die Bäche und Flüsse nicht so groß waren wie jetzt, weil die Wurzeln der Bäume die Feuchtigkeit von Schnee und Regen längere Zeit in den Bergen zurückhielten[18]. Aber stand dieser kritische Geist mit seiner Beobachtung nicht allein? Wurde er überhaupt zur Kenntnis genommen? Kurz, es wird nicht leichtfallen, Versäumnisse in der Vergangenheit in ihren zeitverhafteten Denkweisen, Bedingungen und Auswirkungen offenzulegen. Hier bietet sich der Forschung ein weites Feld – auch und gerade der Stadtgeschichtsschreibung. Sind doch die frühesten faßbaren Maßnah-

16 Burkhard FRENZEL, Landschaftsgeschichtliche Wurzeln und Gründung des Klosters Reichenbach und ihre Resultate, in: Kloster Reichenbach 1082–1982, Baiersbronn 1982, S. 10–24.

17 H. HAUSBURG, Die Ausbreitung der Fichte im Hornisgrinde-Kniebis-Murg-Gebiet des Nordschwarzwaldes bis etwa 1800, in: Mitteilungen des Vereins für forstliche Standortskunde und Forstpflanzenzüchtung 17 (1967), S. 3–22.

18 Die Zustände des Elsasses im Beginn des 13. Jahrhunderts, in: Die Geschichtsschreiber der deutschen Vorzeit, 2. Gesamtausgabe, Bd. 76, Leipzig 1897, S. 133f.; zitiert bei SCHUBERT (wie Anm. 8), S. 263.

men zum Schutz und zur Wiederaufforstung der Wälder in der Regel mit dem Namen von Städten verbunden, allen voran mit dem der Reichsstadt Nürnberg.

Gerhard Pfeiffer konnte 1972 in einem bahnbrechenden Aufsatz über ›Wasser und Wald als Faktoren der städtischen Entwicklung in Franken‹[19] unter anderem zeigen, daß Nürnberg seit seiner ältesten Waldordnung von 1294 konsequent die umliegenden Reichswälder gegen Raubbau zu schützen begonnen hatte. 1359 wird erstmals für den Erfurter Stadtwald von einer geregelten Schlageinteilung berichtet[20]. Von solchen Ordnungen, oft schon verbunden mit natürlicher und künstlicher Verjüngung der Bestände, ist in der Folgezeit an vielen Orten zu hören. Die Mittelwaldwirtschaft entsteht. Die Städte und nicht erst die territorialstaatlichen Forstordnungen des 16. Jahrhunderts gestalteten die Hege bestimmter Waldteile zum Instrument forstlicher Verjüngungspolitik aus. Bedingt durch einen berechneten Hiebsatz mittels Kleinflächenschlägen, gehörte der Zürcher Sihlwald seit dem Beginn des 15. Jahrhunderts zu den bestgepflegten und ertragreichsten Wäldern in Europa[21]. Aber diese Waldschutzmaßnahmen verraten noch etwas anderes: Holz war knapp geworden; der Wald war nicht mehr Ressource von unbegrenztem Ausmaß wie noch im Hochmittelalter. Als Faustregel mag gelten: Je größer und damit holzabhängiger eine Stadt war, um so früher entwickelte sie Waldschutzmaßnahmen. Die nicht leicht zugängliche Überlieferung dieser Maßnahmen, in einer Vielzahl von Einzelverordnungen zersplittert, hat dazu geführt, so Ernst Schubert, »allein in den territorialstaatlichen Forstordnungen seit dem 16. Jahrhundert die Grundlagen der modernen Forstwirtschaft zu suchen. Aber der frühneuzeitliche Fürstenstaat hat von den Städten des Mittelalters erst gelernt, hat die hier erprobten Maßnahmen dann in seinen Forstgesetzen gebündelt«[22].

Der Holzmangel im Spätmittelalter führte nicht nur zu einer besseren Hege des Waldes, sondern, das wurde schon angedeutet, auch zu planmäßigen Aufforstungen. Im ausgehenden 14. Jahrhundert begegnet häufiger eine obrigkeitliche Anordnung, wie sie – möglicherweise erstmals – 1343 für Dortmund bezeugt ist: Haus- und Hofbesitzer werden zum Anbau von Laubholzbäumen verpflichtet, wobei die Wildlinge ausgegraben und an die gewünschten Stellen verpflanzt werden[23]. Die Bemühungen um planmäßige Aufforstung und künstliche Verjüngung erfahren seit 1369 entscheidende Impulse, als Peter Stromer im Nürnberger Reichswald die künstliche Tannensaat erstmals erfolgreich erprobte[24]. Auch bei Laubbäumen gelangen alsbald Versuche künstlicher Nachzucht. Obwohl die älteste Nachricht über die Eichelsaat erst aus dem

19 Gerhard Pfeiffer, Wasser und Wald als Faktoren der städtischen Entwicklung in Franken, in: Jahrbuch für fränkische Landesforschung 32 (1972), S. 151–170, hier S. 161 ff.

20 Albert Hauser, Wald und Feld in der alten Schweiz. Beiträge zur schweizerischen Agrar- und Forstgeschichte, Zürich und München 1972, S. 45.

21 Ebd; siehe jetzt auch: Margrit Irniger, Der Sihlwald und sein Umland. Waldnutzung, Viehzucht und Ackerbau im Albisgebiet von 1400–1600. (Mitt. der Antiq. Ges. in Zürich, 58) Zürich 1991.

22 Schubert (wie Anm. 8), S. 265.

23 Ebd., S. 266.

24 L. Sporhan und Wolfgang von Stromer, Die Nadelholz-Saat in den Nürnberger Reichswäldern zwischen 1369–1600, in: Zeitschrift für Agrargeschichte und Agrarsoziologie 17 (1969), S. 79 ff.

Jahre 1398 stammt, stand die Eiche alsbald an der Spitze, noch vor der Buche. Nadelhölzer wurden nur auf schlechteren, für den Laubholzanbau ungeeigneten Böden angesät. Auch wenn die künstliche Nachzucht bei großen regionalen Unterschieden im wesentlichen erst seit dem 16. Jahrhundert allgemeinere Verbreitung fand, auch wenn noch lange Eichenheisterpflanzungen bezeugt sind und im Siegerland sich die Haubergwirtschaft zu einem einzigartigen System entwickelte, so war die künstliche Verjüngung doch bereits im Spätmittelalter in ihrer Bedeutung für die Forstwirtschaft erkannt und genutzt worden. Schon um 1400 bestand in Nürnberg eine Waldsamenhandlung. Die Reichsstadt blieb der bedeutendste Waldsamenlieferant in Europa. Als Experten wurden überall Nürnberger Waldsäer herangezogen, und Johannes Cochlaeus rühmt 1512 in seiner ›Brevis Germaniae Descriptio‹ die Nürnberger, weil sie die Kunst des Säens von Bäumen ersonnen hätten. Soweit einige Bemerkungen zu den Leistungen mittelalterlicher Städte im Bereich von Wald- und Umweltschutz[25].

Ohne die problematische Frage nach den Versäumnissen und Lösungsstrategien sowie den Verantwortlichkeiten früherer Generationen für die Umwelt noch einmal konkret aufzugreifen, möchte ich statt dessen im folgenden versuchen, kurz jene Wissenschaft zu beschreiben, die wohl am ehesten geeignet scheint, die aufgeworfenen Fragen einer umfassenden Antwort zuzuführen: die Ökologie. Sie bietet einen Rahmen für die Beziehungen zwischen Natur und Wald einerseits sowie jenem komplexen menschlichen Gemeinwesen Stadt andererseits. Dieser aus unserem Leben nicht mehr wegzudenkende Begriff geht zurück auf den Biologen Ernst Haeckel (1834–1919), der 1866 die »Lehre vom Naturhaushalt« begründete[26]. Haeckel verstand unter Ökologie »die gesamte Wissenschaft von den Beziehungen des Organismus zur umgebenden Außenwelt«, wozu er im weiteren Sinne »alle Existenzbedingungen« rechnete oder – nach einer Formulierung von 1870 – »alle diejenigen verwickelten Wechselbeziehungen, welche Darwin (1809–1882) als die Bedingungen des Kampfes ums Dasein bezeichnete«[27]. Haeckel postulierte die Lehre von den Wechselbeziehungen zwischen Lebewesen und Umwelt bei dem Versuch, die Darwinsche Lehre gegen zunächst große Widerstände seitens der Nicht-Biologen in der Öffentlichkeit zu verbreiten. In der Folgezeit, insbesondere aber nach dem Zweiten Weltkrieg, nahm die Ökologie einen zunächst rein wissenschaftlichen weltweiten Aufschwung, der sich in den siebziger Jahren bis in zahlreiche Nachbardisziplinen hinein fortsetzte und nunmehr, im Zusam-

25 Ausführlich: SCHUBERT (wie Anm. 8), S. 263–266.

26 Zum Folgenden Paul LEIDINGER, Begriff und Fragestellungen der Historischen Ökologie in Geschichtswissenschaft und Geschichtsunterricht. Einführung in das Tagungsthema, in: Paul LEIDINGER (Hg.), Historische Ökologie und ökologisches Lernen im historisch-politischen Unterricht (Geschichte, Politik und ihre Didaktik, Sonderheft 5), Paderborn 1986, S. 9–20. Siehe jetzt auch Paul LEIDINGER, Von der historischen Umweltforschung zur Historischen Ökologie. Ein Literaturbericht, in: Westfäl. Forschungen 41 (1991), S. 495–516.

27 Vgl. Ernst HAECKEL, Generelle Morphologie der Organismen, Bd. II: Allgemeine Entwicklungsgeschichte der Organismen, Berlin 1866, S. 286 ff.; dazu Engelbert SCHRAMM, Ökologie-Lesebuch. Ausgewählte Texte zur Entwicklung ökologischen Denkens. Vom Beginn der Neuzeit bis zum »Club of Rome« (1971), Frankfurt a. M. 1984, S. 149 ff.; Karl Heinz KREEB, Ökologie und menschliche Umwelt. Geschichte – Bedeutung – Zukunftsaspekte, Stuttgart und New York 1979, S. 67 ff.

menhang mit Umweltkrisen und Umweltschutz, auch geisteswissenschaftliche Bereiche und die Öffentlichkeit erfaßte.

Ein Zentralbegriff der Ökologie ist der des Ökosystems[28]. Er wurde 1935 von A. G. Tansley für das funktionelle Beziehungsgefüge der Lebewesen untereinander und mit ihrem Lebensraum eingeführt, um den Systemcharakter dieses Gefüges zu betonen. Eine äquivalente, ältere Bezeichnung lautet beispielsweise Mikrokosmos. Auch die Erde in ihrer Gesamtheit ist als ein Ökosystem zu verstehen[29]. Natürliche Einflüsse und der Mensch haben im Laufe vieler Jahrhunderte darauf eingewirkt und es verändert. Je mehr dabei die Menschen an Zahl zunahmen und in ihrer Technik und der Zivilisierung ihrer Lebensverhältnisse fortschritten, um so mehr Ansprüche richteten sie an ihre Umwelt. Dadurch und durch unerwartete Veränderungen in den natürlichen Bedingungen der Lebenswelt wurden vielfach ökologische Krisen ausgelöst, die in ihren Auswirkungen die Lebensverhältnisse der Menschen beeinträchtigten oder gar ihre Existenz gefährdeten. Waren solche Krisen in vorindustrieller Zeit im wesentlichen nur lokale und regionale Erscheinungen, die dennoch zum Teil bis heute sichtbare Spuren – etwa im Schwarzwald durch früheren Waldraubbau – hinterließen, so treten die mit der Industrialisierung seit dem 19. Jahrhundert einsetzenden Schädigungen der Umwelt in ihrer globalen und existenzbedrohenden Auswirkung für Mensch und Natur heute mit aller Konsequenz in das Bewußtsein der Gegenwart. Dies kennzeichnet die ökologische Krise unserer Zeit.

Diese kurze Skizzierung der Ökologieproblematik macht deutlich, daß zur Umwelt wesentlich ihre historische Dimension gehört. Ihr wendet sich neuerdings die Historische Ökologie zu[30]. Sie fragt nach dem Verhältnis des Menschen zu seiner jeweiligen Umwelt in der Vergangenheit. Es geht dabei nicht einfach um die Nachzeichnung früherer Lebensverhältnisse, sondern um die Bewußtmachung des gesamten Lebenszusammenhangs, in dem die Menschen zu ihrer Umwelt gestanden haben, wie sie beharrend und verändernd darauf einwirkten, welche Folgen ihr Wirken über ihre Zeit hinaus im Positiven wie Negativen hatte, welche Korrekturen ihres Handelns schon von ihnen selbst bewerkstelligt wurden oder welche Versäumnisse sie späteren Generationen als Existenzlast hinterließen, ob sie Lasten eingetretener Schäden gesellschaftlich gerecht verteilten oder ob schichtenspezifisch einseitige und staatlich reglementierte Lösungen getroffen wurden. Vor allem Fragen nach den jeweiligen energetischen Grundlagen und Nutzungen sowie nach den gesellschaftlichen Formationen und dem technologischen Standard einer Zeit gewinnen dabei an Bedeutung. Als Beispiel sei hier nur auf die Arbeiten von Rolf-Jürgen Gleitsmann verwiesen, die zeigen, was die historische Ökologie zu leisten vermag. Ein besonderer Schwerpunkt der Forschung liegt natürlicherweise auf den mit der Industrialisierung eingetretenen Lebensverhältnissen, die einen wesentlichen Teil der gegenwärtigen Umweltproblematik darstellen. Daneben muß aber gerade die Geschichte des Waldes, also sowohl die seiner natürlichen Entwicklung als auch die seiner Nutzung durch den Menschen, als ein For-

28 Vgl. beispielsweise W. TISCHLER, Art. »Ökosystem«, in: Historisches Wörterbuch der Philosophie VI, Sp. 1173.

29 LEIDINGER (wie Anm. 26), S. 9f.

30 Ebd., S. 10.

schungsanliegen ersten Ranges bezeichnet werden. Um es festzuhalten: Der Alarmruf »der Wald stirbt« bewegt nicht bloß heute die Gemüter, sondern hat auch schon im Mittelalter und in der Frühen Neuzeit Erscheinungen charakterisiert, die den Menschen unter den Fingernägeln brannten.

Die Historische Ökologie ist jedoch nicht nur auf die anthropogenen Veränderungen im Verhältnis des Menschen zur Natur ausgerichtet, sondern muß auch die Veränderungen in der Natur in ihrer Auswirkung auf die menschliche Lebenswelt – wie klimatische Bedingungen und Wechsel, Naturkatastrophen und anderes – in ihre Betrachtung einbeziehen. Völkerwanderungen, Hungerkrisen und Seuchen, oft verbunden mit deren Siedlungswüstungen und anderem sind dabei auf ihre ökologischen Ursachen zu untersuchen.

So läßt sich die ökologische Krise, die im ausgehenden 13. und im 14. Jahrhundert faßbar wird – man denke an die erwähnten Waldschutzmaßnahmen der Städte –, wie folgt beschreiben und erklären: Im ursprünglich dichtbewaldeten Mitteleuropa setzte im 10. Jahrhundert eine Rodungsperiode von bisher nicht gekannten Ausmaßen ein. Die Bevölkerungszahlen wiesen einen zügigen Aufwärtstrend aus. Zwischen den Jahren 1000 und 1340 verdreifachte sich die Zahl der Einwohner Mitteleuropas annähernd und stieg von vier Millionen auf etwa 11,5 Millionen an[31]. Infolgedessen mußten immer mehr Grenzertragsböden unter den Pflug genommen und bis dahin nicht genutzte Flächen für die Agrarproduktion gewonnen werden. Aus dem Wald wurde Acker- und Weideland; als man den Höhepunkt der Bevölkerungsentwicklung erreicht hatte, war aus der ursprünglich von Wald mit eingestreuten Siedlungskammern bedeckten mitteleuropäischen Landschaft eine solche aus landwirtschaftlichen Fluren mit Waldinseln dazwischen geworden.

Bei anhaltendem Bevölkerungswachstum und für den Getreideanbau günstigen klimatischen Verhältnissen[32] wurde im 13. Jahrhundert ein Zustand erreicht, bei dem die Waldflächen auf etwa ein Drittel der nutzbaren Bodenareale zurückgedrängt erscheinen. Der Wald hatte während dieser Zeit eine Fläche von 10 Millionen Hektar, das heißt 100000 Quadratkilometer, eingebüßt. Das Verhältnis von bewaldeter zu unbewaldeter Fläche erreichte einen Zustand, der unserer heutigen Situation in etwa entspricht. Das betrifft freilich nur die Fläche, die Qualität der Böden hat sich bis heute jedoch entscheidend zum Nachteil verändert.

Bei anhaltendem Druck auf das Ökosystem Wald verschlechterte sich im weiteren Verlauf des 13. und frühen 14. Jahrhunderts die Versorgung der Gesellschaft mit der Zentralressource Wald/Holz zunehmend. Der Mangel wurde immer spürbarer. Agrarproduktion und Waldnutzung schienen an den durch die Natur vorgegebenen Grenzen angelangt zu sein. Noch mehr Menschen konnten unter den herrschenden Rahmenbedingungen nicht mehr ernährt und versorgt werden. Die Lebensbedingungen verschlechterten sich von Jahr zu Jahr. Eine ökologische Krise zeichnete sich ab. »Man

31 J. C. Russel, Die Bevölkerung Europas 500 bis 1500, in: Europäische Wirtschaftsgeschichte, Bd. 1, hg. von C. Cipolla und K. Borchardt, Stuttgart und New York 1978, S. 13–44, hier S. 21–24; vgl. zudem Bevölkerungsgeschichte Europas, hg. von C. Cipolla und K. Borchardt, München 1971.

32 Jean Gimpel, Die industrielle Revolution des Mittelalters, Zürich und München 1980, S. 52f.

war«, so Rolf Peter Sieferle, »bei der gegebenen technischen Ausstattung an die Grenzen des natürlichen Ökosystems gestoßen; die Übernutzung von Boden und Vegetation machte sich in einer generellen Krise geltend«[33]. Einer weiteren Zuspitzung der ökologischen Krise stellten sich – so merkwürdig das im ersten Augenblick auch klingen mag – die um das Jahr 1300 einsetzende Klimaverschlechterung[34] sowie die Pestkatastrophen des 14. Jahrhunderts in den Weg[35]. Diese beiden Geißeln der Menschheit lösten die ökologische Krise auf ihre Weise. Das Elend scheint in den Jahren zwischen 1315 und 1319 seinen Anfang genommen zu haben. Die Menschen erlagen massenhaft den Hungersnöten und Krankheiten. Doch dies war nur der Anfang des allgemeinen Sterbens. Der Klimaumschwung, der in Mitteleuropa zu einem Absinken der Jahresdurchschnittstemperatur um zwei Grad Celsius geführt hatte, nahm Grenzertragsböden aus der Produktion, senkte die Hektarerträge für Getreide, verkürzte die nutzbaren Ernteperioden und bewirkte folglich, daß das große Hungersterben anhielt. Als sich dann zwischen 1347 und 1383 die Pestepidemien in vier Wellen über Europa ergossen und Millionen von Menschen dahinrafften, war das ökologische Gleichgewicht auf Kosten des Störenfrieds Mensch und seiner sozialen Ordnung wiederhergestellt. Innerhalb kurzer Zeit verringerte sich die Bevölkerung durchschnittlich auf die Hälfte, verödeten Dörfer und Städte und brachen die blühenden Gewerbe zusammen. Große Flächen Kulturlands bedeckte bald wieder der Wald.

Die Schilderung der Krise des 14. Jahrhunderts macht deutlich, daß sich der Historischen Ökologie ein weites Feld der geschichtlichen Untersuchung eröffnet, wobei sie jeweils die Gesamtheit des Beziehungsgefüges zwischen Mensch und Natur zu erfassen versucht und damit eine ganzheitliche Betrachtung der Umweltverhältnisse anstrebt. In dieser Zielsetzung kann die Historische Ökologie als ein neuer Zweig der Geschichtswissenschaft verstanden werden, der auf interdisziplinäre Zusammenarbeit vor allem mit den Natur- und Technikwissenschaften, aber auch mit der Medizin und anderen Humanwissenschaften angewiesen ist. Gerade die globalen Auswirkungen von Umweltproblemen in unserer Zeit machen es notwendig, die in der geschichtlichen Entwicklung liegenden Ursachen aufzuzeigen. Sie lassen daher der Historischen Ökologie eine wachsende Bedeutung zukommen, vielleicht nicht immer im Sinne konkreter Handlungsanweisungen, aber im Sinne einer für die Lösung heutiger Probleme notwendigen umfassenden Reflexion.

33 Rolf Dieter SIEFERLE, Der unterirdische Wald, München 1982, S. 117.

34 Pierre ALEXANDRE, Le climat en Europe au Moyen Age. Contribution à l'histoire des variations climatiques de 1000 à 1425, d'après les sources narratives de l'Europe occidentale (Recherches d'histoire et de sciences sociales, 24), Paris 1987.

35 Neithart BULST, Der schwarze Tod. Demographische, wirtschaftliche und kulturgeschichtliche Aspekte der Pestkatastrophe von 1347–1352, in: Saeculum 30 (1979), S. 45–67.

Nürnberger Gartenkultur im Barockzeitalter

von Gerhard Hirschmann

Um eine Vorstellung von der Nürnberger Gartenkultur im Barockzeitalter, das heißt etwa in der Zeit von 1650 bis 1750, vermitteln zu können, möchte ich zu Beginn einige zum Verständnis notwendige Voraussetzungen ansprechen.

Die räumliche Situation[1]

Die Reichsstadt Nürnberg hat seit der Fertigstellung der letzten, noch heute größtenteils erhaltenen Stadtbefestigung um 1450 ihre Ausdehnung bis zu Beginn des 19. Jahrhunderts unverändert beibehalten. Die Altstadt wird durch die von Osten nach Westen fließende Pegnitz in zwei etwa gleich große Hälften geteilt, die nach den beiden Stadtpfarrkirchen St. Sebald und St. Lorenz mit Sebalder und Lorenzer Stadtseite benannt wurden. Am Nordufer des Flusses neigt sich das Gelände nach Süden, während am Südufer das Gelände entsprechend gegen Norden zu abfiel. Die nördliche Sebalder Stadthälfte wird von der Kaiserburg bekrönt. Unterhalb der Burg lagen die »curien« königlicher oder burggräflicher Ministerialen, aus deren Kreis ein gewichtiger Teil der ratsfähigen Geschlechter hervorging. Dadurch entwickelte sich die Sebalder Stadtseite zum bedeutenderen und vornehmeren der beiden Stadtteile.

Der Verkehr von und zu der Stadt lief durch fünf Tore, von denen seit der Mitte des 16. Jahrhunderts vier durch eine runde Ummantelung besonders bewehrt waren. Im Osten lag das Laufertor, durch das die Straße über Lauf und Amberg nach Böhmen führte, an der Südostecke das Frauentor. Von ihm aus verlief ein Straßenzug über Neumarkt nach Regensburg und Wien. Das Spittlertor im Südwesten der Stadtmauer war der Durchlaß für die Straße nach Schwabach, Donauwörth und Augsburg. An der Westseite der Stadt endlich befanden sich zwei weitere Tore, das Neutor, durch das der Verkehr seinen Weg nach Fürth, Würzburg und Frankfurt am Main nahm, und – unterhalb der Burg gelegen – das Tiergärtnertor mit der nach Norden führenden Straße über Erlangen, Bamberg nach Thüringen und Sachsen.

Außerhalb der Stadtmauer gab es nur zwei Siedlungen: im Osten den Markt Wöhrd und im Südwesten vor dem Spittlertor das Dorf Gostenhof. Die ursprünglich um die beiden Pfarrkirchen gelegenen Kirchhöfe waren mit Genehmigung Kaiser Maximi-

1 Die topographische Situation verdeutlicht am besten der ›Geometrische Grundriß der Stadt Nürnberg von 1793‹ (Beilage zu: Historischer Atlas von Bayern, Teil Franken, Heft 4 Nürnberg-Fürth, von Hanns Hubert Hofmann), München 1954.

lians I. im Jahre 1519[2] vor die Stadtmauern verlegt worden. Für die Bewohner der Sebalder Stadtseite dienten seitdem der Johannisfriedhof vor dem Neutor an der Straße nach Fürth und für die Lorenzer Stadtseite der Rochusfriedhof nächst dem Spittlertor als Begräbnisstätten.

Im weiteren Umkreis der Stadt lagen auf dem im Laufe des Mittelalters gerodeten Reichsboden im Norden mehrere Dörfer, im Süden dagegen überwiegend Einzelhöfe. Der durch diese Besiedlung etwas zurückgedrängte Reichswald umgab daran anschließend die Stadt in einem großen, nach Westen offenen Halbkreis. Wie die beiden Stadthälften war dieser Wald nach den beiden Pfarrkirchen benannt: als Sebalder Wald im Norden und im Osten bis zur Pegnitz reichend; von hier ab südlich den ganzen Raum umfassend bis zur Rednitz im Westen als Lorenzer Wald. Seit dem Erwerb der beiden Wälder durch die Reichsstadt wurden sie durch das Waldamt Sebaldi und Waldamt Lorenzi verwaltet.

Die knapp skizzierte räumliche Situation läßt erkennen, daß es, topographisch gesehen, rings um die ganze Stadt zur Anlage von Gärten kommen konnte: Dadurch, daß der wohlhabendere Teil der Bevölkerung auf der Sebalder Seite wohnte sowie durch die Lage der Tore und den Straßenverlauf, durch die unterschiedliche Neigung des Geländes zum Fluß hin und endlich durch dessen Verlauf gewann die Anlage von Gärten vor der Stadt auf der Nordseite eine viel stärkere Bedeutung als auf der Südseite.

Die historische Entwicklung

Seit dem Ende des 12. Jahrhunderts hatten die schwäbischen Zollern das Burggrafenamt in Nürnberg inne und damit ihren Sitz neben der Kaiserburg. In geschickter Form verstanden sie es im 13. und 14. Jahrhundert, sich von hier aus ein eigenes Territorium zu schaffen. Stufen des Aufstiegs als Dynastengeschlecht waren die Verlegung der Residenz von Nürnberg nach Westen, zuerst auf die Cadolzburg und dann nach Ansbach, die Erhebung in den Reichsfürstenstand 1363 und endlich die Belehnung des Burggrafen Friedrich VI. mit der Mark Brandenburg 1415. Die Ruine der Nürnberger Burggrafenburg – sie war 1420 durch einen Überfall der Wittelsbacher zerstört worden – hatte damit für die nunmehrigen Markgrafen ihre Bedeutung verloren. Sie verkauften deshalb 1427 ihre ehemalige Burg samt dem »Amt der Vesten«, zu dem einige nördlich der Burg gelegene Dörfer und der Markt Wöhrd gehörten, zusammen mit ihren Rechten an den beiden Reichswäldern an die unterdessen zu Reichtum und Ansehen gekommene Reichsstadt, die damit von der lästigsten Konkurrenz befreit war und auf eine ungestörte Weiterentwicklung hoffen konnte[3].

Bereits wenige Jahre vor dem Erwerb der burggräflichen Besitzungen hat die Reichsstadt erstmals einen größeren Grundstückskomplex außerhalb der Stadtmauern erwerben können: Im Jahre 1419 veräußerte die Deutschordenskommende Nürnberg

2 Fritz SCHNELBÖGL, Friedhofverlegungen im 16. Jahrhundert, in: Jahrbuch für fränkische Landesforschung Bd. 74/75, S. 109–120.

3 G. SPERBER, Der Reichwald bei Nürnberg – aus der Geschichte des ältesten Kunstforstes (Mitteilungen aus der Staatsforstverwaltung Bayerns, 37. Heft), München 1968, S. 45.

zwei große, westlich der Stadt gelegene Grundstücke an den Rat[4]. Sie spielen für uns eine besondere Rolle, da auf diesen Flächen später die meisten der sogenannten Hesperiden-Gärten zu liegen kamen.

Doch wenden wir uns nochmals dem von den Markgrafen erworbenen Gebiet zu. Unklarheiten und Vorbehalte in den Kaufverträgen von 1427 über Fraisch (also hohe Gerichtsbarkeit), Jagd, Geleit, Lehenshoheit, Geleitsrecht und über das kaiserliche Landgericht wurden in den folgenden Jahrhunderten zu einer Quelle lang andauernder Streitigkeiten zwischen den Markgrafen von Ansbach-Bayreuth und der Reichsstadt Nürnberg. Eine Unzahl von Prozessen beschäftigte die Reichsgerichte[5], zum Teil bis zum Ende des Alten Reiches. Zweimal, 1449 und etwas mehr als hundert Jahre später, 1552, eskalierten diese Streitigkeiten zu kriegerischen Auseinandersetzungen: im Ersten Markgrafenkrieg mit Markgraf Albrecht Achilles und im Zweiten mit Markgraf Albrecht Alcibiades. Vor Ausbruch des erstgenannten Krieges ließ der Nürnberger Rat im weiten Umkreis um die Stadt als zusätzlichen Schutz eine Landwehr[6] errichten. Sie bestand aus Gräben und Wällen, die mit hölzernem Plankenwerk verstärkt waren. Der Raum zwischen Landwehr und Stadtmauer trug den Namen Burgfrieden, in ihm lagen die gesamten Gärten der Nürnberger Bürger.

Doch trotz der schützenden Landwehr wurden diese Gärten im Kriegsfall stark in Mitleidenschaft gezogen, da der Rat im Zweiten Markgrafenkrieg[7] im Mai 1552 innerhalb des Burgfriedens alle Gebäude und Gartenhäuser beseitigen ließ, um von der Stadtmauer aus freies Schußfeld zu haben. Auch sollte diese Maßnahme verhindern, daß sich der Feind im Vorfeld der Stadt einnisten konnte.

Erneut schwer getroffen wurden die Gärten, vornehmlich im Westen der Stadt, zwischen St. Johannis und Gostenhof, im Dreißigjährigen Krieg, als 1632 König Gustav Adolf nach Nürnberg kam, hier sein Lager aufschlug und Wallenstein ihm bei der Alten Veste zwischen Fürth und Zirndorf gegenüberlag. Die Schweden verlangten eine umfassende Verstärkung der Landwehr. Unter dem Namen »Retranchement« wurden – wieder in erster Linie westlich der Stadt – neue Befestigungswerke errichtet: »(Noch) nach dem Abzug des schwedischen Königs verlangte sein Kanzler Oxenstierna die Niederlegung aller Gartenhäuser von Gostenhof bis St. Johannis ...« Was von Gartenhäusern niederzureißen war, wurde niedergerissen[8].

4 Gerhard PFEIFFER, Die ältesten Urbare der Deutschordenskommende Nürnberg, Neustadt/Aisch 1981, S. 154, Regest der Urkunde von 1419 Februar 8.

5 Werner KOCH, Der Possessorische Fraischprozeß und der Begriff Landeshoheit, Diss. iur. (Masch.schr.) Erlangen 1950.

6 Ernst MUMMENHOFF, Die Nürnberger Landwehr, in: Aufsätze und Vorträge zur Nürnberger Geschichte, Nürnberg 1931, S. 105–127.

7 Ernst MUMMENHOFF, Altnürnberg in Krieg und Kriegsnot. 1. Der Zweite markgräfliche Krieg, Nürnberg 1916, S. 24f.

8 Ebd., 2. Aus den schlimmsten Tagen des 30jährigen Krieges, Nürnberg 1917, S. 16.

Forschungslage

Das Gartenbuch von 1680

Seit dem Ende des Dreißigjährigen Krieges wurde der Frieden vor den Mauern der Stadt nicht mehr gestört. Nun ging man daran, die Häuser wieder aufzubauen und die Gärten erneut anzulegen. Jetzt entstand das, was man als »barocke Gartenkultur« bezeichnen kann. In erster Linie gilt dies für die Gärten entlang der zum Johannisfriedhof und weiter nach Westen führenden Straße, von den Gärten nördlich der Burg an der Bucher Straße und drittens von denen östlich der Stadt an der Straße nach Lauf.

Den komplizierten Rechtsverhältnissen in diesem Gebiet, die in der Lehenabhängigkeit, im geteilten Eigentum, im häufigen Besitzerwechsel in den Gartenhäusern und ihrer Bewohnerschaft begründet waren, ist es zu verdanken, daß die Quellenlage für die Geschichte der Gärten verhältnismäßig gut ist. Die beiden reichsstädtischen Waldämter hatten die Gärten nahezu jährlich zu visitieren, um bauliche Veränderungen festzustellen. Die wertvollsten Quellen sind Beschreibungen sämtlicher um die Stadt gelegenen Gärten, die 1680 im Zusammenhang mit einer solchen Visitation[9] angefertigt werden mußten. Während der auf diese Weise für die Lorenzer Stadtseite entstandene Band leider verlorenging, hat sich der für die Sebalder Seite erhalten[10]. In ihm ist für jeden der 154 fortlaufend numerierten Gärten vermerkt, ob der Garten frei eigen oder lehenbar war. Bei letzteren handelte es sich, wie schon erwähnt, meist um markgräflich bayreuthische Lehen. Weiter sind die damaligen *Possessores* namentlich genannt, häufig auch die Vorbesitzer bis ins 15. Jahrhundert zurück. Außerdem sind die Namen der Beständner, das heißt der häufig wechselnden Mieter, angegeben.

Besonders wichtig waren die Angaben darüber, ob (und wenn ja, welche) Realrechte der einzelne Garten besaß:

1. *Waldrecht*. Mit diesem Recht war der Bezug von Bau- und Brennholz aus dem Reichswald verbunden.
2. *Feuerrecht*. Dadurch war festgelegt, ob und wie viele »Stuben« in einem Gartenhaus geheizt werden durften. Dementsprechend war der Bezug von Brennholz begrenzt. Gerade in diesem Bereich kam es immer wieder zu Übertretungen. Die Mieter versuchten, mehr Öfen aufzustellen, als ihnen erlaubt war. Um die Holzbestände

9 Staatsarchiv Nürnberg (StAN), Waldamt Sebaldi, Nr. 485, Prod. 89. Der Text des Waldherren-Verlasses lautet: *Denen beeden Waldschreibern ist anbefohlen und aufgetragen worden, bey nechst fürhabender und mit alters hergebrachter jährlicher Visitation der neuen Gebäude vor der Stadt zugleich durch den Waldhauer auf jeder Waldsseiten alle Garten-Gebäu inn – und außer der Landwehr liegend, was Lehen und Herrschaften sie auch zugethan oder frey eigen seyn mögen, abmessen zu lassen und solche samt allen Kellern spezialiter zu beschreiben und ein neues Garten-Buch darüber aufzurichten; im Fall aber ein Garten-Inhaber solche Abmeß- und Beschreibung nicht gestatten wolten, solchen gegenwärtigen Verlaß der Herren Deputirten zum Wald Herr*[lichkeiten] *ihnen fürzuzeigen mit Berichten, daß solches Werck ihnen und ihren Gärten selbsten zu Nutz gereichen thue, damit man auf künftig begebenden Fall einiger fürhabenden Veränderung, wissen möge, was jedes Orts für Gebäue gestanden seyn und sie nicht erst selbst derentwegen Zeugnus führen müsten* ... (Abschrift von 1733).

10 StAN, Rep. 76/III Waldamt Sebaldi.

der beiden Reichswälder zu schonen, unterbanden die Waldämter die Errichtung neuer Feuerstätten[11].

3. *Wasserrecht*. Das unentbehrliche Element für jeden Garten lieferten eigene Schöpf- oder Ziehbrunnen. Für die in St. Johannis gelegenen Gärten wurde im Jahre 1700 eine eigene originelle Wasserleitung[12] eingerichtet: Über ein Pumpwerk wurde das Wasser vom Fluß in einen Behälter gehoben, der im Turm des Heilig-Kreuz-Kirchlein eingebaut war. Über hundert Jahre lang wurde das Wasser von dort aus durch Rohrleitungen etwa 20 Gärten zugeführt.

Am Ende der Niederschriften über jeden einzelnen Garten steht eine knappe Beschreibung der vorhandenen Gebäude. Was diese »Gartenbeschreibung« von 1680 nicht bieten kann, ist eine anschauliche Vorstellung von der Anlage und dem Aussehen der Gärten.

Die Nürnbergischen Hesperiden von Johann Christoph Volkamer

Diese Lücke schließt in wohl einmaliger Weise ein 1708 in Nürnberg bei Johann Andreas Endters Erben erschienenes Monumentalwerk, das mitten in die Nürnberger barocke Gartenkultur hineinführt. Sein etwas langatmiger Titel lautet: ›Nürnbergische Hesperides oder gründliche Beschreibung der edlen Citronat-, Citronen- und Pomeranzen-Früchte, wie solche in selbiger und benachbarter Gegend recht mögen eingesetzt, gewartet, erhalten und fortgebracht werden ... auf das accurateste in Kupffer gestochen, in vier Theile eingetheilet und mit nützlichen Anmerckungen erkläret‹[13]. Veranlasser und Autor dieses Buches war der Nürnberger Kaufmann Johann Christoph Volkamer, auf den ich noch zurückkommen werde. Die ›Nürnbergischen Hesperiden‹, so der üblich gewordene Kurztitel des Prachtwerkes, stellen wohl den erstaunlichsten Niederschlag der Liebhaberei barocker Gartenkultur dar, die in dem Ehrgeiz gipfelte, Orangen und Zitronen auch nördlich der Alpen zum Blühen und Früchtetragen zu bringen. Diesem Vorhaben dienten in fürstlichen Gärten die Orangerien. Ihnen nachzueifern bemühte sich auch die Oberschicht der Nürnberger Bürgerschaft.

An dieser Stelle möchte ich kurz erläutern, was es mit dem Namen Hesperiden auf sich hat. Nach der griechischen Mythologie lebten in dem jenseits des Okeanos im fernen Westen gelegenen Göttergarten drei Nymphen mit Namen Aegle, Arethusa und Hesperethusa, die sogenannten Hesperiden, so benannt nach dem Namen ihres Vaters Hesperus[14]. Dort wuchsen auf Bäumen goldene Äpfel, die ein Drache bewachte. Eine der Aufgaben, die Herakles zu lösen hatte, bestand darin, diese Äpfel zu holen. Dazu tötete er den Drachen. Der Sammelname für die drei Nymphen »Hesperiden« ging auch auf die »goldenen Äpfel«, die im Mittelmeerklima gedeihenden Zitrusfrüchte Zitronen, Limonen und Pomeranzen (Orangen), über. Zu erwähnen ist noch, daß die Bezeichnung »Hesperiden« für die Südfrüchte schon vor Volkamer nachweisbar ist. So

11 SPERBER (wie Anm. 3), S. 62f.
12 NAGEL (wie Anm. 20), S. 51f.
13 Von dem Werk liegen neuerdings zwei Faksimile-Nachdrucke vor, hg. von Harri GÜNTHER. Mit einem Nachwort von Heinrich HAMANN. Edition Leipzig 1987. Lizenzausgabe München. – Schon vorher erschien der Nachdruck in Zirndorf bei Nürnberg (1978).
14 Abgeleitet vom griechischen ἡ ἑσπέρα (= der Abend, zugleich der Westen).

erschien bereits 1646 in Rom ein berühmtes Orangenbuch von Giovanni Battista Ferrari mit dem Titel ›Hesperides – sive de malorum aureorum cultura‹.

Volkamer beschreibt in seinem Werk auf 255 Folioseiten 81 verschiedene Arten der Zitronat-, Zitronen- und Pomeranzenfrüchte; jeder großformatig abgebildeten, in Kupfer gestochenen Frucht ist am unteren Rand der Seite die Abbildung eines Nürnberger Vorortes, eines Herrensitzes oder eines Gartens beigefügt. Auf diese Weise kennen wir das Aussehen von 33 Gärten aus der Zeit um 1700. Durch Volkamer und sein Werk wurde der Begriff »Hesperiden« zum Synonym für die Nürnberger Gartenkultur in der Zeit nach dem Dreißigjährigen Krieg bis zum Ende des 18. Jahrhunderts [15], und zwar speziell für die an der Südseite der Straße nach St. Johannis gelegenen Gärten. Volkamers Werk fand einen raschen Absatz; während er 1713 eine lateinische Übersetzung durch Erhard Reusch herausgeben ließ, arbeitete er selbst rastlos an dem Thema weiter, so daß 1714 ein zweiter Band erscheinen konnte. In ihm werden weitere 93 Arten von Zitrusfrüchten vorgestellt [16]; die beigegebenen Abbildungen zeigen in diesem Band jedoch durchweg Villen und Gärten aus Italien, so daß er für unsere Thematik nur ein indirektes, botanisches Interesse in Anspruch nehmen kann.

Johann Christoph Volkamer [17] war aber nicht nur ein schriftstellernder Botaniker, sondern selbst Besitzer eines ganz besonderen Gartens, der zwischen dem Spittlertorturm und Gostenhof lag und den bereits sein Großvater Johann Volkamer erworben hatte. Der Enkel und Erbe Johann Christoph, geboren am 7. Juni 1664, erhielt eine sorgfältige Erziehung und Ausbildung zum Kaufmann. Volkamer widmete sich dem Messinghandel, außerdem war er Mitbesitzer eines Hammerwerkes nahe bei Nürnberg. Im Handelsvorstand bekleidete er das Amt eines Marktadjunkten. Vornehmlich widmete er sich jedoch seinen Neigungen und wissenschaftlichen Studien, die der Nürnberger Gartenkultur und dem Ausbau seines Gartens galten.

Das Gartenwerk von Dr. Friedrich August Nagel

Zur Erforschung der Nürnberger Gartenkultur hat in den ersten Jahrzehnten unseres Jahrhunderts ein weiterer Mann Außergewöhnliches geleistet: der 1876 geborene Nürnberger Pfarrerssohn Friedrich August Nagel [18]. Er war nach einem Architekturstudium in München und der Teilnahme am Ersten Weltkrieg meist freiberuflich tätig. Lange Jahre beschäftigte er sich mit wissenschaftlichen Arbeiten über die Nürn-

15 Dorothee NEHRING, Die Hesperidengärten in Nürnbergs Stadtteil St. Johannis, in: MVGN 71 (1984), S. 212–241, mit 16 Abb., hier S. 214. In gekürzter und veränderter Fassung (ohne Fußnoten) als Einzelheft unter dem gleichen Titel erschienen in Nürnberg 1985. – Der Verfasserin, derzeit die beste Kennerin historischer Gärten, bin ich für wertvolle Anregungen aus der vorstehend genannten Arbeit zu Dank verpflichtet. Hingewiesen sei hier auch auf ihre Dissertation: Stadtparkanlagen in der ersten Hälfte des 19. Jahrhunderts. Ein Beitrag zur Kulturgeschichte der Landschaftsgartengestaltung, Hannover und Berlin 1979.

16 J[ohann] C[hristoph] V[OLKAMER], Continuation der Nürnbergischen Hesperidum, Nürnberg 1714.

17 Wilhelm SCHWEMMER, Johann Christoph Volkamer, in: Nürnberger Gestalten aus neun Jahrhunderten, Nürnberg 1950, S. 135–139.

18 Gestorben 1959. Nähere Einzelheiten über ihn bei Gerhard HIRSCHMANN, Altnürnberger Gartenkultur, Faltblatt 40/1983, zur Ausstellung des Stadtarchivs.

Abb. 1: C. W. Tuchers Garten;
aus Johann Christoph Volkamer, Nürnbergische Hesperiden, Nürnberg 1708, S. 158

Abb. 2: Herrn Martell Garten;
aus: Nürnbergische Hesperiden (wie Abb. 1) S. 160a

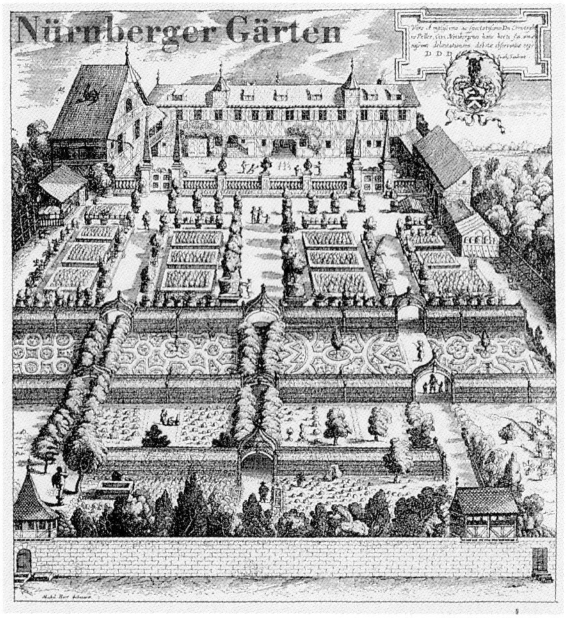

Abb. 3: Garten des Christoph Peller (Johannisstraße 9/11).
Stich von Jacob Sandrart
(Stadtgeschichtliche Museen Nürnberg)

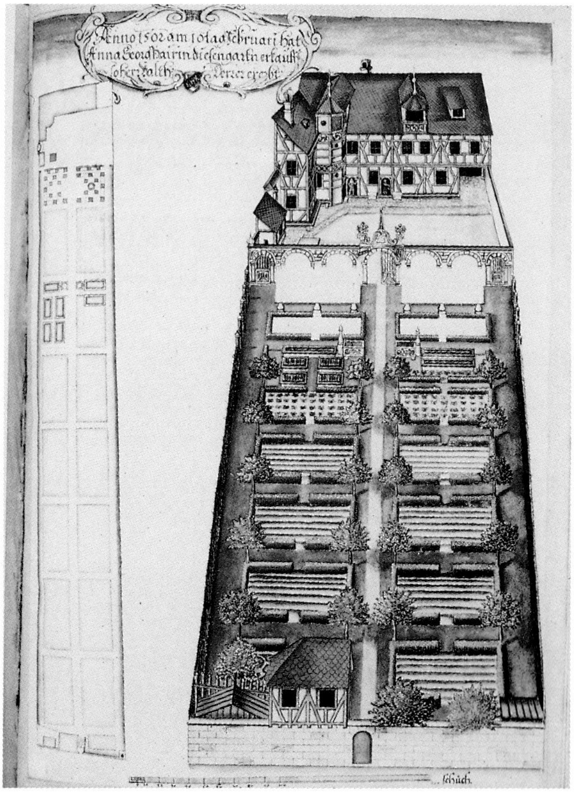

Abb. 4: Garten des Balthasar Derrer, Aquarell, Mitte 17. Jahrh. Orig. Getty-Museum, Malibu/Calif.
(Foto: Stadtarchiv Nürnberg)

Abb. 5: Garten des Dr. jur. Magnus Fetzer (Johannisstraße 13); aus: Nürnbergische Hesperiden (wie Abb. 1) S. 175

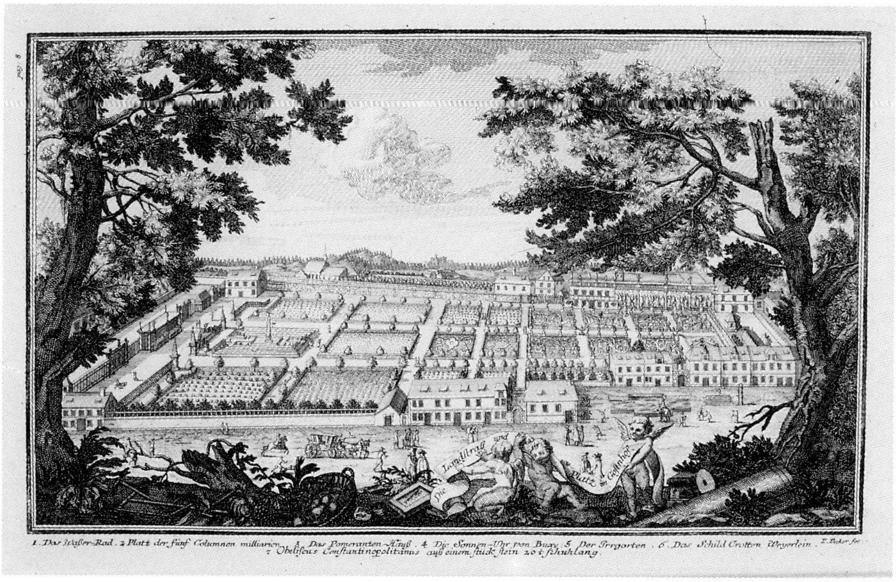

Abb. 6: Garten des Johann Christoph Volkamer; aus: Nürnbergische Hesperiden (wie Abb. 1), zwischen S. 8 und 9

Abb. 7: Schmausengarten, Kupferstich von Johann Ludwig Stahl, 1789 (Stadtgeschichtliche Museen Nürnberg)

Abb. 8: Gartenansicht (Johannisstraße 45) um 1800; aus: Pfund'sches Stammbuch (Germanisches Nationalmuseum Nürnberg)

berger Gärten, speziell mit denen der Sebalder Stadtseite. Er führte – auf der Gartenbeschreibung von 1680 fußend – die Besitz- und Baugeschichte der einzelnen Gärten katasterartig bis zum Jahre 1876 weiter[19]. Aufgrund dieser umfangreichen, detaillierten Vorarbeiten hat der vielseitig tätige Mann kurz vor Beginn des Ersten Weltkriegs eine große Veröffentlichung über die Gärten in St. Johannis und bei Wöhrd in Angriff genommen. Sie war auf vier Foliobände mit 400 Bildtafeln berechnet. Der 1914 begonnene Druck wurde wegen der Einberufung Nagels zum Militärdienst eingestellt und nach Kriegsende nicht mehr fortgesetzt. Auf diese Weise blieb sein Werk ein Torso, der lediglich 55 Textseiten und 68 Tafeln mit Abbildungen umfaßt und nur noch in ganz wenigen Exemplaren erhalten ist[20].

Nagels ungedruckte Dissertation von 1920[21] war einem Spezialthema aus dem umfangreichen Forschungsbereich der Nürnberger Gärten gewidmet, dem ihres barocken Skulpturenschmucks. In dieser Arbeit hat er am Beispiel dreier Gärten untersucht, nach welchem Programm viele dieser Gärten mit Sandsteinfiguren von symbolhafter Bedeutung – Personifizierungen der Jahreszeiten oder Weltteile, Gestalten der antiken Götterwelt und ähnliches – ausgestattet waren. Eine Ausschmückung in solcher Form war damals ja höchst beliebt. Man denke nur an die rund 400 Figuren von Adam Ferdinand Dietz im Park des Schlosses Seehof bei Bamberg[22].

Dr. Nagel kommt noch ein weiteres hohes Verdienst zu: Bereits in jungen Jahren, noch vor dem Ersten Weltkrieg, begann er damit, die »Baudenkmäler« Nürnbergs und seiner Umgebung zu photographieren, um sie im Bild der Nachwelt zu erhalten. Im Laufe von Jahrzehnten wuchs seine Photosammlung auf über 17000 Negative und Abzüge an. Sein Ziel, ein Nürnberger »Denkmalsarchiv« zu schaffen, hat er damit weitgehend erreicht, denn ein sehr großer Teil der von ihm aufgenommenen Objekte (Häuser, Höfe, Gärten, Denkmäler, Figuren und ähnliches) fiel in der seitdem vergangenen Zeit dem Abbruch, dem Umbau oder der Zerstörung im Zweiten Weltkrieg zum Opfer, während Nagels Sammlung bewahrt geblieben ist. Seine Lichtbilder wurden gerade auch für die Nürnberger Gärten und ihr Aussehen gegen Ende des 19. Jahrhunderts zu einer überaus reichhaltigen und ergiebigen historischen Quelle[23].

In einem zweiten Teil sollen nun die Nürnberger Barockgärten, ihr Aussehen und das Leben in ihnen an einigen Beispielen veranschaulicht werden; bei der Fülle des Materials beschränke ich mich zeitlich auf die Zeitspanne von 1680 – dem Jahr der Anlage des Gartenbuchs für die Sebalder Stadtseite – bis etwa zur Mitte des 18. Jahr-

19 ›Grundbuch des Sebalder Burgfriedens von 1400–1876‹. Das Manuskript befindet sich heute im Stadtarchiv Nürnberg, Nachlaß Nagel Nr. 1.

20 Friedrich August Nagel, Die Gärten des Sebalder Burgfriedens zu Nürnberg, Nürnberg 1914, 55 S. und 68 Tafeln.

21 Ders., Der bildnerische Schmuck der Nürnberger Barockgärten. Diss. Erlangen 1920 (Ausg. 1933), 93 Bl. Masch. Schr. mit 14 Photographien.

22 1708–1777. Siehe über ihn U. Thieme und F. Becker, Allgemeines Lexikon der bildenden Künstler, Bd. 9.

23 Der schriftliche und photographische Nachlaß befindet sich an drei Stellen: a) im Stadtarchiv Nürnberg; b) in den Stadtgeschichtlichen Museen Nürnberg, Graphische Sammlung; c) im Hochbauamt der Stadt Nürnberg, Abt. Bildstelle und Denkmalsarchiv; siehe Nehring (wie Anm. 15), S. 217 Anm. 23.

hunderts und räumlich auf die Gärten an der Südseite der Johannisstraße. Dabei handelt es sich um die 1419 vom Deutschen Orden erworbenen Grundstücke, die man wohl bald nach dem Ankauf in etwa gleichgroße Grundstücke parzelliert hat. Auf diese Weise entstanden 28 je etwa 20 bis 30 Meter breite und bis zu 200 Meter lange, von der Johannisstraße nach Süden bis zur Pegnitz reichende Gartenanwesen[24]. Insbesondere sie hat man mit dem Namen »Hesperidengärten« bezeichnet. Hinzu kommt, daß einige von ihnen – wenn auch in reduzierter oder erneuerter Form – bis heute erhalten geblieben sind.

Als erstes Beispiel sei das Gartenanwesen der ratsfähigen Familie Derrer vorgeführt[25]. Völlig überraschend erfuhr das Stadtarchiv vor etwa zwölf Jahren von der Existenz eines aus dem 17. Jahrhundert stammenden und in Nürnberg bisher völlig unbekannten Geschlechterbuches dieser Familie in der Handschriften-Sammlung Ludwig in Köln. Dieser Band, der unterdessen zusammen mit der ganzen Sammlung ins Paul-Getty-Museum Malibu/Cal. (USA) gelangte, enthält eine farbige Abbildung des Gartenanwesens aus der Mitte des 17. Jahrhunderts. Wir haben damit ein frühes und zugleich gutes Beispiel vom Aussehen und von der Anlage eines Hesperidengartens vor uns. Das eingeschossige Wohnhaus ist in Fachwerkbauweise errichtet. In die Ecke zwischen Haupt- und Seitengebäude (der sogenannten Abseite) ist ein Treppenturm eingefügt. Der Hof ist durch eine sogenannte »steinerne Brusthöhe« mit einem Mitteltor vom übrigen Garten abgegrenzt. Dieser ist in erster Linie ein Nutzgarten, der von einem Mittelweg durchzogen wird. Die streng symmetrisch angelegten Beete sind durch eine sorgsame Heckenbepflanzung in einzelne Quartiere abgeschlossen, an deren Ecken jeweils Obstbäume stehen.

Eine weitere Stufe der Gartenentwicklung können wir an dem Gartenanwesen der Familie Peller (Johannisstraße 9/11 und Hallerwiese 2) beobachten, da von diesem Garten eine sehr anschauliche Ansicht von 1655 existiert[26]. Der Garten war 1619 von Martin Peller (1559–1629) um 2500 fl. gekauft worden[27]. Der Käufer war der Schwiegersohn des Bartholomäus I. Viatis (1538–1624), der, aus armen Verhältnissen stammend, von Venedig nach Nürnberg gekommen war und es hier als Tuchhändler zu großem Reichtum brachte. Er ließ für seinen Schwiegersohn 1602 bis 1605 am Egidienplatz ein aufwendiges Haus erbauen, dessen künstlerisch hervorragende Renaissance-Fassade bis zu ihrer Zerstörung 1945 ein besonders kostbares Baudenkmal darstellte. – Hier liegt es auf der Hand, daß – wie beim Hausbau – auch bei der Gestaltung des

24 Wilhelm Schwemmer, Die Anwesen Johannisstraße 39 und Sulzbacher Straße 32 als Beispiel der Alt-Nürnberger Gartenkultur, in: MVGN 64 (1977), S. 183–200; hier S. 185.

25 Siehe Nehring (wie Anm. 15), S. 224.

26 Ebd., Abb. 2. Stich von Michael Herr, Nürnberg (1591–1661). Rechts oben Widmungs-Kartusche von Jacob Sandrart, die Jahreszahl 1655 handschriftlich nachgetragen (Stadtgeschichtliche Museen, Graphische Sammlung Kapsel 20, Mappe 1853). – Ein vorzüglicher Druck dieses Stiches schmückt die vordere Umschlagseite des Ausstellungskataloges der Stadtbibliothek Nr. 37/1964, »Nürnberger Gärten«, bearbeitet von Heinz Zirnbauer, Exponat 24.

27 Der Garten wurde nicht von Christoph Peller 1649 gekauft (so bei Nehring [wie Anm. 15], S. 219): Gerhard Seibold, Die Viatis und Peller. Beiträge zur Geschichte ihrer Handelsgesellschaft (= Forschungen zur internationalen Sozial- und Wirtschaftsgeschichte 12), Köln und Wien 1977, S. 281 Anm. 3 und S. 369 Anm. 2.

Gartens italienische Einflüsse wirksam wurden. Die besondere Ausgestaltung des Gartens erfolgte erst nach dem Ende des Dreißigjährigen Kriegs unter dem Erben Christoph I. Peller. Die Lage der Gebäude entspricht der Anordnung beim Derrer-Anwesen. Jedoch ist die Brusthöhe, die den Hof vom Garten trennt, sehr viel prächtiger mit einer Dockenbalustrade und Pilastern an den beiden Gartentüren versehen. Deutlich sind die Kübel- und Topfpflanzen zu erkennen, darunter sicherlich zahlreiche Zitronen- und Orangenbäumchen. Die Beete des Ziergartens zeigen florale Ornamente und sind mit Buchshecken eingerahmt. Hervorzuheben sind noch die Laubengänge, in der damaligen Zeit in Nürnberg *Drietter* genannt. Sie werden durch Spalierobstbäume gebildet.

Ausgesprochene Barockelemente zeigt der Garten der Familie Sichart[28]. Von dem ehemaligen Garten ist nur eine Zeichnung von 1754 erhalten. Auf den Anlaß zu ihrer Anfertigung werde ich noch zurückkommen. Die Gestaltung des Gartens »ist an der höfisch barocken Gartenkunst ausgerichtet, wie sie sich im ersten Viertel des 18. Jahrhunderts am Versailler Vorbild orientiert allerorts an den Adelshöfen ausbreitete«. Der Garten war terrassenförmig angelegt. Die Terrassen waren durch Treppen miteinander verbunden und durch die neu aufgekommenen sogenannten »Broderien«, das heißt Zierbeete in Arabeskenform, geschmückt. Auf den Steinbrüstungen stehen nicht weniger als 34 Hesperidenbäumchen[29]. Eine weitere Neuerung in den Barockgärten war die Schaffung zahlreicher »meist fadenstrahliger Fontänen in skulpturgeschmückten Bekken«. Diese Wasserspiele brachten ein belebendes Element in die Gärten. Die Brusthöhen wichen kunstvoll geschmiedeten Gittern. Dadurch verbanden sich Hof und Garten zu einer Einheit, die man von der doppelläufigen Treppe aus, die in den ersten Stock des Wohnhauses führte, gut überblicken konnte. – Die Besitzer dieses Gartens im 18. Jahrhundert, die Familie Sichart, gelangten als Seidenhändler und Eigentümer einer Seidenfabrik in Rovereto – also auch hier wieder die Beziehung zu Italien – zu Reichtum und Einfluß. Johann Friedrich I. erhielt 1696 ein kaiserliches Adelsprädikat als Sichart von Sichartshoff. Sein Sohn erkaufte sich vom Kurfürsten von Sachsen, dem gleichzeitigen König von Polen, den Titel eines Residenten und erbaute sich in Nürnbergs bevorzugter Wohnlage am Weinmarkt ein repräsentatives Haus[30].

Ein eindrucksvolles Bild von der Fülle der Pomeranzen- und Zitronenbäume vermittelt der Garten des Ratskonsulenten Dr. jur. Magnus Fetzer junior (1670–1720)[31]. Deutlich sind hier auch die seitlich an das Haupthaus sich anschließenden Nebengebäude zu sehen, die sogenannten Abseiten. Sie dienten als einfache Wohnungen, Stallungen und vor allem auch als »Winterungen« für die Hesperidenbäumchen.

Erwähnenswert ist weiter der Garten Johannisstraße 13, da bei ihm die Wohnanlage von 1763 samt dem kunstvoll geschmiedeten Gitter im Hof bis heute unverändert

28 Johannisstraße 15. Abb. 5 bei NEHRING (wie Anm. 15), S. 225.

29 Ebd., S. 226.

30 Gerhard HIRSCHMANN, Die Bedeutung des Konnubiums beim Aufstieg Nürnberger Bürgerfamilien zu einer wirtschaftlichen Führungsschicht im 18. und 19. Jahrhundert, in: Aus sieben Jahrhunderten Nürnberger Stadtgeschichte (Nürnberger Forschungen 25), 1988, hier: S. 144.

31 NEHRING (wie Anm. 15), Abb. 8.

erhalten geblieben ist. Der Garten selbst wurde 1964 in Annäherung an den ursprünglichen Zustand erneut angelegt und mit einem besonderen Schmuckelement der Barockgärten, Sandsteinfiguren mit antiken, allegorischen oder auch trivialen Gestaltmotiven, ausgestattet. Diese Figuren, die ursprünglich in dem Garten Johannisstraße 21 standen, sind jetzt in der Form eines concetto des sogenannten Planeten-Olymps paarweise aufgestellt[32].

Genannt werden muß auch das Anwesen Johannisstraße 39[33], da dieses erst in den siebziger Jahren ausgezeichnet restauriert wurde. Es ist eines der wenigen Beispiele, in denen das Wohnhaus noch im Zustand aus der Zeit um 1738/39 erhalten geblieben ist. Den Mittelpunkt des Hauses bildet im ersten Stock ein quadratischer Saal mit Rokokotüren, deren Füllungen Grisaillemalereien schmücken. Die Decke trägt den prächtigen Rokokostuck der Zeit aus Rocaillen-Muschelwerk und Pflanzenwerk. Im anschließenden Raum konnte man das alte, 1739 datierte Deckenfresko wieder freilegen: Justitia mit Waage, begleitet von Engelsputten. Es erinnert daran, daß im genannten Jahr der Ratskonsulent Isaak Peyer von Flaach[34] Besitzer dieses Gartenanwesens war.

Ein verhältnismäßig kleiner Garten gehörte auch zu der schon 1352/53 von der Familie von Haller gestifteten Pilgerherberge[35] Hl. Kreuz an der Straße nach St. Johannis, in deren Turm sich der bereits genannte Wasserbehälter für die Leitungen zu zahlreichen Gärten befand. Dieser Garten ist deshalb von Bedeutung, da – eine große Seltenheit – für ihn Rechnungsbelege über Pflanzen- und Blumenkäufe erhalten sind. So bezog zum Beispiel der Verwalter der Hl. Kreuzstiftung im Dezember 1654 »für mehr als 12 fl. ›Blumenwerk‹ aus Holland, darunter 200 ›Duliban‹ (Tulpen), 300 gefüllte ›Arcißen‹ (Narzissen), Buchs und anderes mehr. Ein anderes Mal sind es 250 Rosenstöcke, dann Lavendel und immer wieder Buchs. In der zweiten Hälfte des 17. Jahrhundets ließ man von Steinmetzen Kübel anfertigen für Rosmarin und – selbstverständlich – auch für Pomeranzenbäumchen«[36].

Während die bisher genannten Gärten alle in St. Johannis lagen und in Größe und Gestaltung weitgehend übereinstimmten, sind nun noch zwei Gärten außergewöhnlicher Art vorzustellen. Das Werk des Johann Christoph Volkamer wurde bereits angesprochen, auch sein Garten, der auf der Lorenzer Stadtseite lag, schon kurz erwähnt. Dieser Garten war einer der größten und am vielseitigsten ausgestatteten Ziergärten seiner Zeit[37]. 1701 legte Volkamer eine neuartige Orangerie an; ihre Pome-

32 Nehring (wie Anm. 15), S. 229. Merkur und Minerva als »Pforte der Weisheit«; Jupiter und Venus als Pforte des »großen oder des irdischen Glücks«; Apollo und Diana als »Pforte des kleinen Glücks«; Mars und Saturn als Pforte des »Unglücks«. Ausführliche Beschreibung von Haus und Garten: Fehring-Ress, Die Stadt Nürnberg, 2. Aufl. bearbeitet von Wilhelm Schwemmer (Bayerische Kunstdenkmale X), Kurzinventar, München 1977, S. 471–473.

33 Ebd., S. 473, und Wilhelm Schwemmer, Die Anwesen Johannisstraße 39 und Sulzbacher Straße 32 als Beispiele der Alt-Nürnberger Gartenkultur, in: MVGN 64 (1977), S. 183–200.

34 1698–1761. Vgl. G. A. Will, Nürnbergisches Gelehrten-Lexikon 3. Teil, 1757, S. 236 f., und 7. Teil, 1806, S. 131.

35 Helmut Frhr. Haller von Hallerstein und Ernst Eichhorn, Das Pilgrimspital zum Heiligen Kreuz vor Nürnberg (Nürnberger Forschungen 12), Nürnberg 1969.

36 Ebd., S. 25.

37 Volkamer (wie Anm. 13), Nürnbergische Hesperides, Abb. zwischen S. 8 und 9.

ranzenbäume standen in einem langen, schmalen Feld, das auf drei Seiten von Gebäuden schützend umgeben und nur nach Süden offen war[38]. Der Hortologe kultivierte nicht weniger als 28 Arten von Zitronenpflanzen, »auch der mexikanische Säulenkaktus, der Ölbaum, der Lorbeerbaum und der seltene Erdbeerbaum« standen in seinem Garten[39]. 1726 kam dort eine Aloe zum Blühen, ein solch seltenes Ereignis, daß man die Pflanze mit ihrem hohen Stengel in einem überdimensionalen Kupferstich festhielt[40]. Volkamers besonderer Stolz waren die Kopien zweier antiker Denkmale, die er hat anfertigen lassen, um sie in seinem Garten aufzustellen: erstens das berühmte Milliarium Aureum in Rom. Dieser »Goldene Meilenstein«[41] war eine von Kaiser Augustus im Jahre 20 v. Chr. auf dem Forum Romanum errichtete Säule; sodann einen Obelisken, dem Kaiser Theodosius I. im Hippodrom in Konstantinopel seinen Platz zuwies[42]. Die Hieroglyphentexte auf den vier Seiten der verkleinerten Nachbildung sind dem Original erstaunlich genau nachgebildet. Nach der Auflassung des Volkamerschen Gartens im 19. Jahrhundert verbrachte man den Obelisken auf eine Freifläche im Messinghammerwerk »Hammer« bei Laufamholz (StK Nürnberg).

Im Nordosten des Sebalder Burgfriedens lag der nach seinem Besitzer, dem Bierbrauer Johann Schmaus (1642–1717), seit 1682 Mitglied des Inneren Rats, benannte Schmausengarten[43]. Zur Zeit der Anlage des Sebalder Gartenbuchs von 1680 umfaßte dieser Garten ein Pomeranzenhaus, ferner Wohnhaus mit Gärtnerwohnung, Taubenhaus, Stadel, und Sommerlaube in Form eines Türmleins. Aus dem Jahre 1785 stammt eine anschauliche Beschreibung dieses der Öffentlichkeit zugänglichen Gartens: *Alleen, grüne Gänge, eine Einsiedelei, Säle, ein kleines Labyrinth, schöne Statuen und abscheuliche Karikaturen, ein kleiner Teich, in welchem Schwäne schwammen, ein Vogelherd, einsame Hüttchen und kleine Grotten, Gemälde von verschiedenem Gehalt und Spielereien von allerlei Art waren zu finden. Er unterhielt auch ein Paar Affen darin. Besonders war er ein Liebhaber von springendem Wasser und ließ verschiedene Fontänen in seinem Garten anlegen*[44].

Nach der Vorstellung einzelner Gärten soll die Rede nun noch auf ihre Bewohner kommen. Detaillierte Angaben über die Eigentümer und die Bewohner der Gärten lassen sich nur schwer machen. Der Grund dafür liegt in der damals üblichen Rechtsinstitution des geteilten Eigentums, an den daneben noch gültigen Lehensbindungen und endlich an der großen Fluktuation der Bewohner im Bereich des Burg-

38 SCHWEMMER (wie Anm. 17), S. 136.
39 Ebd., S. 138.
40 Stadtgeschichtliche Museen Nürnberg, Aloe Americana florens in Horto Volkameriano Norimbergae. A. MDCCXXVI. Kupferstich von Joh. Georg PUSCHER, koloriert.
41 VOLKAMER (wie Anm. 13), Nürnbergische Hesperides, S. 253–255, Abb. 255. NEHRING (wie Anm. 15), S. 213, Anm. 3.
42 Faksimile-Nachdruck, mit einer Einführung, hg. von Klaus DORNISCH, Nürnberg 1985.
43 Gerhard HIRSCHMANN, Aus der Geschichte der Nordvorstadt und ihres Vorstadtvereins (Festschrift Vorstadtverein Nürnberg-Nord 1905–1975), S. 3 f.
44 M. TRUCKENBROT, Nachrichten zur Geschichte der Stadt Nürnberg, I. Band, 1785, S. 525.

friedens. Aufgrund des Gartenbuchs von 1680 hat Nagel[45] bei den 156 Gärten der Sebalder Stadtseite festgestellt, wer das Obereigentum innehatte. Es waren:

- 41 frei lauter eigen,
- 25 hatten patrizische Eigenherren,
- 30 waren Lehen des Amtes Wöhrd,
- 38 waren Erbzinslehen des Fürstentums Brandenburg-Bayreuth,
- 22 hatten verschiedene sonstige Eigenherrschaften.

Als Besitzer *(Possessores)* oder Nutzeigentümer der Gärten sind etwa 15 ratsfähige Geschlechter (zum Beispiel Haller, Imhoff, Kreß, Peller, Pömer, Tucher) nachzuweisen. Die übrigen Gärten waren im Besitz von Angehörigen der gehobenen Mittelschicht, vornehmlich von Kaufleuten, Juristen, Ärzten und Apothekern. Diese Eigentümer bewohnten ihre Gartenanwesen überwiegend nur zeitweilig, meist in der guten Jahreszeit, oft auch nur tagsüber, da sie ja alle Wohnhäuser in der Stadt besaßen. Die Dauerbewohner der Gärten, damals als »Beständner« bezeichnet, das heißt nach heutigem Begriff Pächter oder Mieter, waren meist Gärtner. Man spricht deshalb von »Gärtnersgärten«[46].

Im Juli 1712 wurden in den Gärten der Sebalder Stadtseite als Bewohner gezählt[47]: 160 ordentlich darin wohnende Gärtner und Gärtnerswitwen, 75 Beständner und Haushaltsleute, 61 Handwerksverwandte, 56 Taglöhner, 19 Betteleute und anderes *gesind, welche sich mit Spinnen, Cartetschen, Lumpen- und Hünnersalm*[48] *sammeln nähren*, 15 *Wittweiber* und ledige Leute. Am Schluß der Statistik wird darauf hingewiesen, daß durch häufiges Aus- und Einziehen sich die Zahlen jährlich ändern.

Zusammen mit einem Ratserlaß von 1706[49], durch den eine Generalstreife gegen eine *große Menge Bettler* in den Häusern und Gärten um die Stadt herum angeordnet wurde (was von ihnen *kann atrapirt werden*, sollte ins Zuchthaus gebracht werden), gewinnt man den Eindruck, daß sich in den Gärten, sozial betrachtet, sehr unterschiedliche Gruppen aufhielten. Die Gärtner gewährten Handwerkern und Taglöhnern – meist unerlaubterweise – in Nebenräumen wohl gerne Unterschlupf, einmal um bei ihrer eigenen Arbeit billige Hilfskräfte zur Hand zu haben, andererseits um aus einer solchen Untervermietung kleine zusätzliche Einkünfte zu erzielen.

Die Eigenherren kamen, wie wir hörten, nur zeitweise in ihre Gärten und nutzten lediglich die vornehmlich im ersten Stock des Haupthauses gelegenen Repräsentationsräume. Im Sommer trieb man in den Gärten vielseitige Kurzweil. Feste wurden veranstaltet, die mit musikalischer Begleitung, aber auch mit ausgedehnten Schmausereien verbunden waren. Kinder, aber auch Erwachsene nutzten die Gärten zum Spielen. In eigens dazu errichteten Häuschen genoß man Badefreuden, manchmal auch unfreiwillig, wie ein Stammbuchblatt in humorvoller Weise zeigt[50].

45 Friedrich August NAGEL, Die Bau- und Kunstdenkmale des Sebalder Burgfriedens zu Nürnberg (1914), S. 26.
46 Siehe NEHRING (wie Anm. 15), S. 218.
47 StA Nürnberg, Reichsstadt Nürnberg, Waldamt Sebaldi Nr. 485, Prod. 89.
48 Hühnersalm = Pflanzengattung.
49 StA Nürnberg, ebd., Produkt 56.
50 Pfundt'sches Stammbuch, um 1800, Germanisches Nationalmuseum Nürnberg.

Höhepunkt des gesellschaftlichen Lebens in den Hesperidengärten war im 18. Jahrhundert ein Fest[51], das der markgräflich Ansbacher Minister und Reichshofrat Christoph Ludwig Frhr. von Seckendorff am 12. Mai 1754 im Gartenanwesen des Herrn Sichart von Sichartshoff und auf der sich daran anschließenden Hallerwiese veranstaltete. Anlaß dazu war der 42. Geburtstag des Ansbacher Markgrafen Carl Wilhelm Friedrich. In einem eigens errichteten Zelt genoß man ein Festmahl, das von einer Kapelle musikalisch umrahmt wurde. Die Trinksprüche begleiteten Böllerschüsse. Am Abend gab es am Pegnitzufer ein Feuerwerk, während der Garten illuminiert war. Im Saal des Wohnhauses vereinte ein festlicher Ball die Gesellschaft aus Angehörigen des fränkischen Landadels, aus markgräflichen Beamten, Offizieren des Fränkischen Kreises, des Nürnberger Patriziats und aus Kaufleuten. Zur Erinnerung wurde sogar eine silberne Medaille mit der Ansicht des Gartens geprägt[52].

Kurz sei an dieser Stelle an den berühmtesten Mann erinnert, der je in den Gärten der Hesperiden genächtigt hat[53]: der spätere preußische König Friedrich II. im Jahre 1730, damals noch Kronprinz, zusammen mit seinem Vater König Friedrich Wilhelm I. Die beiden befanden sich damals auf einer Reise durch Süddeutschland, bei der man auch Nürnberg berührte. Am 20. Juli traf die fürstliche Reisegesellschaft von Bamberg kommend in Nürnberg ein und bezog Quartier in dem Gartenanwesen des Kaufmanns Johann Christoph Varget (Johannisstraße 21), um zu übernachten. Dort ist es – wie andernorts auf dieser Reise – zu einer heftigen Auseinandersetzung zwischen dem König und seinem Sohn gekommen, nach der sich der Sohn in einer Dachkammer angeblich versteckt hat. Der spätere König soll dem Quartiergeber, in dankbarer Erinnerung an das Versteck, von Schloß Rheinsberg aus 35 Pomeranzenbäumchen als Geschenk übersandt haben.

Daß die Nachbarschaft des Fürstentums Bayreuth, dessen Herrschaftsanspruch nördlich von Nürnberg über Erlangen hinausreichte, immer wieder zu Spannungen mit der Reichsstadt führte, wurde bereits erwähnt. Nachdrücklich machte der 1712 zur Regierung gekommene Markgraf Georg Wilhelm seine lehenrechtlichen Ansprüche auf die nördlich der Burg gelegenen Gärten in andauernder, zeitweise gewaltsamer Form durch Eintreibung von Lehengebühren geltend[54]. Auch das Jagdrecht beanspruchte der Markgraf bis an die Mauern der Stadt. Dieses umstrittene Recht sollte 1717 eine drastische Aktion[55] in Erinnerung bringen. Bei Tagesanbruch drangen am 26. Juli einige

51 Der folgende Abschnitt nach: Gerhard Hirschmann, Das Gartenfest von 1754. Reichsritterschaft und Patriziat feiern gemeinsam in Nürnberg – St. Johannis in: Tradition und Geschichte in Frankens Mitte, Festschrift für Günther Schuhmann (95. Jahrbuch des Historischen Vereins für Mittelfranken 1990/91) S. 229–242.

52 Germanisches Nationalmuseum Nürnberg, Med. 288.

53 Gerhard Hirschmann, 750 Jahre St. Johannis, Nürnberg 1984, S. 11 f.; Hans Wagner, Das Reisejournal des Grafen Seckendorff vom 15. Juli bis zum 26. August 1730, in: Mitteilungen des österreichischen Staatsarchivs Bd. 10, 1957, besonders S. 207.

54 Nagel (wie Anm. 20), S. 52 f.

55 Ebd., S. 53.

hundert markgräfliche Soldaten durch eine der Schranken des Retranchements in den Burgfrieden zwischen Groß- und Kleinreuth ein, ließen dort eine Menge gefangener Hasen, die man in Säcken mitgebracht hatte, zusammen mit Hunden los. Quer durch die Gärten und Felder begann nun eine Hetzjagd mit Schießen, bei der es weniger darauf ankam, die Hasen zu treffen als die Gärten zu verwüsten und den Nürnbergern großen Schaden zuzufügen. Diese wandten sich an den Reichshofrat in Wien und erwirkten dort ein Poenalmandat, das den Markgrafen zu einer Zahlung von 50 Mark Gold verurteilte.

Erörtern wir abschließend noch die Fragen, aus welchen Gründen sich im 17. und 18. Jahrhundert in Nürnberg eine so außergewöhnliche Gartenkultur entwickelte und wie es in dieser Beziehung in anderen, ähnlichen Städten aussah. Die engen wirtschaftlichen Beziehungen der Reichsstadt zu Italien, insbesondere zu Venedig, spielten dabei eine große Rolle. Einiges davon klang in den vorangehenden Ausführungen schon an. Doch ist noch darauf hinzuweisen, daß in der fraglichen Zeit in Nürnberg selbst nicht wenige Italiener als Kaufleute tätig waren, ja daß – neuesten Forschungen zufolge – aufgrund der Schuldbücher des Nürnberger Banco Publico[56] um 1621/1624 italienische Kaufleute in Nürnberg eine dominierende wirtschaftliche Stellung einnahmen; einige von ihnen sind sogar unmittelbar selbst als Gartenbesitzer nachzuweisen.

Entsprechende Einflüsse kamen auch aus den Niederlanden. Bekanntlich verließen nach dem Dreißigjährigen Krieg zahlreiche Kaufleute der spanischen Niederlande aus Glaubensgründen ihre Heimat. Eine erkleckliche Zahl von ihnen ließ sich auch in Nürnberg nieder[57]. Sie waren es, die etwas von der holländischen Gartenkultur des Barock in die Stadt an der Pegnitz brachten; so griff die dortige Begeisterung für Tulpen auch auf Nürnberg über[58]. Von diesen Niederländern finden wir ebenfalls einige als Gartenbesitzer in St. Johannis. Die dortigen kleinflächigen, intimen Gärten entsprachen denjenigen in ihrer bisherigen Heimat, wo selbst hochherrschaftliche Gärten, wie der berühmte von Het Loo, viel kleiner waren als die grandiosen Vorbilder in Frankreich.

Eine besondere Ausstrahlung gewannen die im 17. Jahrhundert erscheinenden Gartenbücher, die zur Nachahmung reizten. Wenigstens sei hier das Werk von Johann Sigismund Elßholtz genannt, ›Vom Garten-Baw oder Unterricht von Gärtnerey auff das Clima der Chur-Marck Brandenburg‹ von 1684[59]. Doch hat auf diesem Gebiet auch ein Angehöriger des Nürnberger Patriziats gewirkt: Wolf Albrecht Stromer von Reichenbach (1636–1702) kommt das Verdienst zu, das Werk des Rostocker Professors Peter Lauremberg ›Hortikultura et Apparatus Plantarum‹ übersetzt zu haben. Erwei-

56 Freundliche Auskunft von Herrn Lambert F. Peters-Nürnberg aus seiner in Vorbereitung befindlichen Dissertation ›Handel und Unternehmerkräfte in Nürnberg am Anfang des 30jährigen Krieges (1621–1624)‹.

57 Hans Neidiger, Die Entstehung der evangelisch-reformierten Gemeinde in Nürnberg als rechtsgeschichtliches Problem, in: MVGN 43 (1952), S. 225–340.

58 Ernst Frhr. Stromer von Reichenbach, Unsere Ahnen in der Reichsstadt Nürnberg 1250–1806, Grünsberg bei Nürnberg 1951.

59 Reprint mit einem Nachwort von Henri Günther, Leipzig 1987. – Dr. med. Elßholtz (1623–1688) war Botaniker, seit 1657 Praefectus hortorum des Kurfürsten Friedrich Wilhelm von Brandenburg. In seinem Auftrag legte er in Berlin den Lustgarten an.

tert und vermehrt durch eigene Erfahrungen erschien dieses Buch 1671 in Nürnberg unter dem Titel ›Die edle Garten-Wissenschaft‹[60]. Schon 1682 folgte eine zweite Auflage.

Noch früher, im Jahr 1640, ist das Werk eines Mannes erschienen, dessen Geschlecht in Ulm, aber auch in Nürnberg ansässig war: die ›Architectura Recreationis‹ des Architekten Joseph Furtenbach (1591–1667)[61], der als Stadtbaumeister in Ulm tätig war. Die Entwürfe verschiedener Idealgärten in seinem Buch, das eine breite Wirkung hatte, »zeigen die Prinzipien rationaler Organisation, geometrischer, additiver Ordnung und Übersichtlichkeit im Verhältnis der einzelnen Gartenabschnitte zueinander und die Gleichrangigkeit vegetabiler und architektonischer Zierstücke als beherrschende Merkmale«[62].

Der Name Furtenbach leitet über zu der zweiten Frage, wie es mit der Gartenkultur in anderen, Nürnberg ähnlichen Städten aussah, eine Frage, die das Thema geradezu provoziert und die deshalb wenigstens angesprochen sei. Ich erbat mir dazu Hinweise von Kollegen in Augsburg, Frankfurt am Main und Ulm und kann hier nun knapp zusammenfassend den Eindruck wiedergeben, den ich aus den mir freundlicherweise zugegangenen Unterlagen gewonnen habe. In allen drei Städten gab es ebenso wie in Nürnberg wertvoll und vielseitig ausgestattete Gärten, die von den Angehörigen der jeweiligen Oberschicht zur Erholung und zu kurzweiligen Vergnügungen aufgesucht wurden und die zugleich der Repräsentation dienten. Doch war ihre Zahl in den genannten Städten erheblich geringer; sie lagen nicht in einem so geschlossenen Bereich zusammen, auch waren diese Gärten nicht so sehr auf die Züchtung südländischer Obstbäume spezialisiert.

Einzelne Gartenanwesen, zumindest in Augsburg und Ulm[63], scheinen jedoch verhältnismäßig größer als diejenigen in Nürnberg gewesen zu sein, so daß man dort von Gartengütern und von Parks spricht. Als Beispiele seien in Augsburg das Anwesen der Familie Schnurbein und das Gignoux-Gartenpalais genannt, in dem die Domherren 1745 zu Ehren von Kaiser Franz I. ein großes Festmahl mit Feuerwerk veranstalteten[64]; für Ulm sei auf den Garten des Hortologen Johann Herkules Miller (1686–1747) hingewiesen[65], den 1747 nicht weniger als 2146 teils in-, teils ausländische Pflanzen schmückten und auf den Barockgarten des Gasthofs »Zum Goldenen Hirsch«[66].

60 Eine Kurzbiographie des Autors bei Ernst Frhr. Stromer von Reichenbach (wie Anm. 58), S. 33.

61 Nähere genealogische Angaben über ihn: Genealogisches Handbuch des in Bayern immatrikulierten Adels Bd. V, 1955, S. 388; vor S. 385 Brustbild nach einem Originalgemälde im Museum der Stadt Ulm.

62 Nehring (wie Anm. 15), S. 18.

63 Gustav Guisez, Auf den Spuren von Gartengütern und Lustgärten, in: 2000 Jahre Augsburg. Das Buch zum Jubiläum, hg. von Willy Schweinburger, Augsburg 1984, S. 168–177; Albrecht Rieber, Gärten und Anlagen in Ulm, Beilage zum Geschäftsbericht 1979 der Ulmer Volksbank, Ulm 1980.

64 Ebd., S. 172f.

65 Albrecht Weyermann, Nachrichten von Gelehrten, Künstlern und anderen merkwürdigen Personen aus Ulm, Ulm 1798, S. 394f.

66 Radierung; von 1790 als Empfehlungsblatt erschienen: Stadt A Ulm Bestand F 3, Ans. 711 a.

In Frankfurt am Main[67] ist der von dem Stadtschultheißen Johann Schwind (1580–1643) angelegte Garten beim Eschenheimer Turm hervorzuheben. In ihm vermischten sich italienische und holländische Einflüsse zu einem Gartenstil von großem Reiz. Er stand dem Volkamerschen Garten in Nürnberg kaum nach. Eine in diesem Garten 1726 zur Blüte gekommene Aloe wurde auch – wie in Nürnberg – in einem Kupferstich festgehalten. Im übrigen entwickelte sich in Frankfurt am Main eine erwähnenswerte Gartenkultur beträchtlichen Ausmaßes erst nach der Schleifung der Stadtbefestigung. Nun wurden Wallgärten und Promenaden angelegt. Die Bockenheimer Landstraße wurde seitdem mehr und mehr zur bevorzugten Straße, an der reiche Bürger Villen bauten und Parks im englischen Stil anlegten[68].

Kehren wir zum Schluß nach Nürnberg zurück! Im letzten Jahrzehnt hat man sich hier mit Erfolg um die Erhaltung von Resten der Hesperidengärten im Stadtteil St. Johannis bemüht. Darüber hinaus hat man in einem Fall (Johannisstraße 47) ein altes Gartenanwesen hervorragend saniert und restauriert sowie den sich daran anschließenden Garten nach vorhandenen Vorlagen etwa in den Zustand um die Mitte des 18. Jahrhunderts versetzt: mit geometrischen, von Ligusterrabatten[69] eingefaßten Beeten, mit vier Bassins mit kleinen Fontänen, mit Pomeranzen-Bäumchen in Tonkübeln und sogar mit Steinfiguren (den Darstellungen der vier alten Kontinente und vier kleinen Putten). Dieses 1985 geschaffene Ensemble ist so gut gelungen, daß die gartengestalterische Leistung 1988 die Auszeichnung »Europa nostra« erhalten hat, denn mit ihr »ist eine Wiederbelebung Altnürnberger Gartenkunst und -kultur in einem dem historischen Vorbild nachempfundenen Stil« gelungen[70].

67 Otto DERRETH, Gärten im alten Frankfurt am Main, Frankfurt/Main 1976.

68 So z. B. Amschel Mayer von Rothschild.

69 Eigentlich müßten es Buchsrabatten sein.

70 Theo FRIEDRICH, Nürnbergs Gartenkultur in reichsstädtischer Zeit, in: Mitteilungen der Altnürnberger Landschaft, 34. Jg. Heft 1, Juli 1985, S. 73ff.; hier S. 86.

Der Münchner »Theodors-Park« (Englischer Garten)

Stadtbürgertum und nützliche Landschaftsgestaltung gegen Ende des 18. Jahrhunderts

von Richard Bauer

Die Projektierung des Englischen Gartens in München fällt ins Jahr 1789 und der Beginn der ersten Erdbewegungen auf den Monat Juli. Es war daher naheliegend, eine direkte Verbindung zu den gleichzeitigen welthistorischen Ereignissen in Paris herzustellen. Schon Theodor Dombart, der Autor der »klassischen« Monographie über den Englischen Garten[1], sieht die Entscheidung des Kurfürsten Karl Theodor für die Herstellung der inzwischen weltberühmten Parkanlage im Norden Münchens als eilfertige populistische Konsequenz akuter Revolutionsfurcht, eine Interpretation, der auch Michael Schattenhofer im Jubiläumsjahr 1989 beipflichtete[2]. Ebenso wird Adrian von Buttlar in seiner 1989 erschienenen Abhandlung über den Landschaftsgarten zu der Folgerung verleitet: »Tatsächlich war der Englische Garten in München eine indirekte Folge der Französischen Revolution«[3].

All diese dezidierten Bezugnahmen auf den Bastillesturm vom 14. Juli 1789 gehen freilich bei genauerem Quellenstudium in mehrfacher Hinsicht in die Irre. Einmal war das Münchner Gartenprojekt – wir werden darauf noch zu sprechen kommen – für Magistrat und Bürgerschaft alles andere als ein gesellschaftspolitisches Sedativ, im Gegenteil, es war in seiner Planungsphase und in den ersten beiden Jahren der Anlage eher ein kommunaler Konfliktfall[4], zum anderen ist die Gründungsgeschichte des Englischen Gartens in München Teilaspekt einer schon 1788 ins Werk gesetzten pfalzbayerischen Staats- und Gesellschaftsreform, und drittens stellt sich der Münchner Volkspark nur als besonders kräftiger Seitentrieb einer bereits am 21. Februar 1789 von Mannheim aus initiierten Gartenbaukampagne dar, die alle Residenz- und maßgeblichen Regierungsstädte des Kurstaates gleichermaßen erfassen sollte. Um dies nachvollziehen zu können, sind zunächst einige Vorinformationen nötig. Bekanntlich hatte es der in der Pfalz beliebte und allgemein als tolerant und fortschrittlich gepriesene Kurfürst Karl Theodor nach dem 1777 erfolgten Zuerwerb Bayerns nicht verstanden, seine Popularität auch bei den neuen Untertanen zu verankern[5]. Ohne Verständnis für

1 Theodor Dombart, Der Englische Garten zu München, München 1972.

2 Michael Schattenhofer, Der Englische Garten 1789–1989, in: Bavaria Antiqua (hg. von der Bayerischen Vereinsbank), S. 5.

3 Adrian von Buttlar, Der Landschaftsgarten. Gartenkunst des Klassizismus und der Romantik, Köln 1989, hier S. 197.

4 Siehe Anm. 20.

5 Vgl. im folgenden Ludwig Hammermayer, in: Spindler, Handbuch der Bayerischen Geschichte Bd. 2^2, S. 1043–1062.

die Mentalität der Altbayern und im Grunde an der ganzen Territorialerbschaft desinteressiert, suchte er in der Folge ein von Österreich vorgeschlagenes Tauschprojekt (Kurbayern gegen die österreichischen Niederlande) zu realisieren, was einerseits heftige Hintergrundaktivitäten Zweibrückens mit Beteiligung der damaligen Großmächte Preußen, Frankreich, England und Rußland auslöste, zum anderen aber bei der bayerischen Bevölkerung, insbesondere bei den Bewohnern der neuen pfalzbayerischen Residenzstadt München, helle Empörung hervorrief. Der einmal geweckte Argwohn der Altbayern begünstigte ein Klima dauernder Gereiztheit, das für Regent und Untertanen gleichermaßen quälend wurde. Weitere Probleme traten hinzu: die schlechte Wirtschaftslage in Bayern forderte eigentlich beherzte Maßnahmen gegen das überlebte Privilegiensystem der gefreiten Stände und eine Neubelebung der erstarrten kommunalen Gewerbeverfassung, was neue Ängste, Mißverständnisse, Konflikte, Kompromisse und zuletzt allseits gründlich enttäuschte Erwartungen produzierte. Bürgerlicher Starrsinn und ein von zahlreichen städtischen Gruppierungen und geheimen Privatgesellschaften gepflegtes, die Staatsautorität destabilisierendes Ideengut trieben die Regierung schließlich zu reaktionären Praktiken, von denen die Verfolgung des sogenannten Illuminatenordens einen besonderen Bekanntheitsgrad erreichte. Die zunehmende Verhärtung der Fronten nötigte im Herbst 1788 Karl Theodor sogar, sein Hoflager in seine ehemalige und noch immer heißgeliebte Residenzstadt Mannheim zurückzuverlegen, um von hier aus einen neuen Anlauf zur Bewältigung der Situation vorzubereiten. Ein solcher Anlauf war auch deshalb notwendig, weil gerade damals des flämischen Aufstands wegen das territoriale Tauschprojekt vorläufig zu den Akten gelegt werden mußte. Karl Theodor sah sich also veranlaßt, einerseits das pfalzbayerische Selbstbewußtsein nach außen neu zu begründen, andererseits den Kurstaat und insbesondere die bayerischen Landesteile durch ein neues Regierungsprogramm und durch wirkungsvolle Maßnahmen zu reformieren.

Werkzeug dieser Reform wurde der seit 1784 in kurfürstlichen Diensten stehende Benjamin Thompson, ein geborener Amerikaner, der im Unabhängigkeitskrieg der britischen Krone gegenüber loyal geblieben war, später als Unterstaatssekretär im Londoner Kolonialamt gedient hatte und als ein in allen Sparten der Naturwissenschaft und Sozialwissenschaft dilettierender weltkundiger Mann das besondere Vertrauen Karl Theodors besaß[6]. Wir wissen heute, daß dieser Benjamin Thompson, den Karl Theodor während des Reichsvikariats von 1792 zum Reichsgrafen Rumford erhob, im geheimen Auftrag Englands gegen die österreichische Bayern-Politik agierte[7] und auch mit den Zweibrückener Herzögen in Verbindung stand[8]. Insofern ist sein Engagement für eine Einführung aufgeklärter Regierungsmaximen und seine Hast bei der Realisie-

6 Zur älteren Literatur vgl. ADB 29. Wichtig J. TYNDALL, Fragmente, Braunschweig 1895, S. 109–198. Zusammenfassend Egon LAKEN, Graf Rumford. Ein Amerikaner in München, 1961. Eine neuere wissenschaftliche Biographie fehlt.

7 Auf die dubiose politische Rolle Thompsons/Rumfords weist erstmals hin Ernst F. S. HANFSTAENGL, Von Marlborough bis Mirabeau, München 1930, S. 304–306. Diesen Eindruck bestätigen die Gesandtschaftsberichte aus München im Haus-, Hof- und Staatsarchiv Wien.

8 Vgl. Eberhard WEIS, Montgelas 1759–1799, Zwischen Revolution und Reform, München 1971, S. 324, 328, 413.

rung zukunftsweisender Projekte Teil eines bislang noch nicht gewürdigten Stabilisierungsprogramms, das bereits über die Person Karl Theodors hinauszielte. Benjamin Thompson glaubte als gelernter Militär, alle notwendigen Neuansätze mit einer großangelegten Heeresreform bewältigen zu können. Dabei ging es ihm einmal durchaus um eine Neubefestigung von Schlagkraft, Disziplin und Sparsamkeit bei der Armee, um eine Verstärkung des Mannschaftsstandes und um eine Verbesserung der Organisation – wichtiger aber war ihm die grundsätzliche Neukonzeption des Soldatenstandes. Der pfalzbayerische Soldat, der nicht mehr aus Vagabunden oder Taugenichtsen rekrutiert werden durfte, sondern als ein zur Waffenehre berufener unbescholtener Untertan definiert war, sollte in erster Linie volkspädagogische Aufgaben erfüllen, wie insbesondere die tätige Förderung der Landeskultur und des Manufakturwesens. Voraussetzung solch nationaler Meliorationsbemühungen durch den Militärstand mußte freilich ein verbessertes Erscheinungsbild der Armee und der Armeeangehörigen werden.

Mit der Jahreswende 1788/89 ordnete eine wahre Dekretenflut die Details der Thompsonschen Heeresreform: Die Soldaten mußten sich des Schreibens und Lesens kundig machen, wozu man ihnen Schulbücher, Papier und Federn gratis zur Verfügung stellte. Die Offiziersanwärter hatten eine Militärakademie zu durchlaufen, wo sie nicht nur zu tüchtigen Befehlshabern, sondern auch zu nützlichen Bürgern herangebildet werden sollten. Die Pferdezucht wurde durch Verteilung gesunder und kräftiger Militärpferde an das Landvolk gehoben und in München eine Veterinäranstalt eingerichtet. Neue kleidsame Monturen wurden ausgegeben und für die technische Verbesserung der Waffen gesorgt. Mit Hilfe des Militärstandes sollten auch alle sozialen Probleme des Landes kuriert werden. Besonders beklagt wurde die öffentliche Unsicherheit durch in Horden umherziehende Landstreicher, Räuber und Bettler. Während auf dem flachen Land reguläre Kavallerie Gendarmeriefunktionen übernehmen mußte, ließ Thompson für die größeren Städte militärische Arbeitshäuser projektieren, in denen arbeitswilligen Bettlern Beschäftigung angeboten wurde, während Arbeitsunwillige dort erziehungshalber eingewiesen werden konnten. Eine neu eingeführte öffentliche Armenversorgung hatte für Arbeitsunfähige und Kranke zu sorgen; der Straßenbettel wurde dafür unter Strafe gestellt. Die von Soldaten geleiteten Arbeitshäuser hatten als ärarische Manufakturen eine qualitätvolle Produktion nachzuweisen, wobei ihnen die ausschließliche Deckung des Heeresbedarfes bei Uniformen und Ausrüstungsgegenständen übertragen wurde.

Auch in seiner Freizeit mußte der von Thompson reformierte Soldat dem Gemeinwohl dienen. Hier hatte er seine Arbeitskraft in erster Linie gärtnerischen Tätigkeiten und nützlichen öffentlichen Unternehmungen zu widmen. Als billige, überall einsetzbare und jederzeit disziplinierbare Befehlsempfänger konnten die Bauern- und Taglöhnersöhne neben dem Exerzieren auch neue Landbaumethoden kennenlernen und nach dem Ende ihrer Dienstzeit in ihren Heimatorten als Multiplikatoren wirken. *Anstatt daß die Soldaten die faulsten Menschen waren* (stellte Thompson später in seinen Schriften fest) *und vom Gartenbau und dem Ertrag eines Küchengartens wenig Kenntnis hatten, so sind sie jetzt die fleißigsten und geschicktesten Gärtner geworden und haben eine solche Vorliebe für die Pflanzenkost und vorzüglich für die Kartoffeln, die sie in großen Mengen gewinnen, daß diese nützlichen und gesunden Erzeugnisse die*

Hauptartikel ihrer täglichen Nahrung ausmachen. Diese Verbesserung verbreitete sich sehr schnell unter den Pächtern und Bauern des ganzen Landes. Fast jeder Soldat, der auf Urlaub geht, oder nach Verlauf seiner Dienstzeit in die Heimat zurückkehrt, nimmt gewiß einige Kartoffeln zum Pflanzen und einige Gartensämereyen mit nach Hause, und ich hoffe, daß in wenigen Jahren der Anbau von Kartoffeln in Bayern allgemeyn seyn wird, als in anderen Ländern[9].

Nur in diesem Zusammenhang ist das am 21. Februar 1789 in Mannheim erlassene Dekret erklärlich, das für die pfalzbayerischen Haupt- und Garnisonsstädte die Anlage sogenannter Militärgärten vorschreibt[10]. Eine Instruktion vom selben Tag verlangt, daß diese nach geometrischen Figuren zu konzipierenden und in quadratische Parzellen zu unterteilenden Gärten jeweils nahe der Stadt angelegt werden, *in einer luftigen, gesunden Gegend, und wo man von einem Stadt-Thore oder sonstigen Ausgängen der Stadt bis zum Garten eine Allee leicht anlegen kann*[11].

Neben der dem Ärar zugute kommenden Verbesserung der Versorgungslage des Militärs durch Erträgnisse an Gemüsen, Kräutern und Obst war also von Anfang an ein Aspekt der Volksgesundheit in die Planung integriert, wie auch expressis verbis die gesamte Anlage zur Verfügung stehen sollte *als ein ordentlicher Spaziergang sowohl für die Civile als Militaire*[12].

Die nur bruchstückweise erhaltenen Akten über die pfalzbayerischen Militärgärten zeigen, daß bereits seit Frühjahr 1789 neben den Nutzflächen für die Garnison eigene »Englische Gärten« angesprochen werden, ein Hinweis darauf, daß das geforderte luftig-gesunde Ambiente, die verlangte Anbindung der Anlage an die Stadt und der angeordnete Spaziergang auch für den Zivilstand von Anfang an als landschaftsgärtnerisches Sonderproblem erkannt worden waren, das entsprechend der jeweils vorgegebenen örtlichen Situation optimale Lösungen erforderte. Der in den Quellen bisweilen verwendete assoziierte Terminus *englischer resp. miltärischer Garten* charakterisiert eine Synthese soldatischer Wirtschafts- und Übungsflächen mit landschaftsbezogenen Erholungsarealen, welche die Struktur des Stadtparks andeuten – eine wirkungsvolle Verbindung, die nicht möglich geworden wäre ohne die Einschaltung des Hofgärtners Friedrich Ludwig Sckell[13]. Am 1. Juni 1789 erhielt er den Auftrag, in Zusammenhang mit dem Mannheimer Militärgarten auch einen Mannheimer Englischen Garten herzurichten, ein Auftrag, zu dem ihn ohne Zweifel seine Schwetzinger Erfolge bei der Ergänzung eines vorgegebenen formalen Grundrisses durch »natürliche« Anlagen im englischen Stil empfahlen[14]. Des Major Thompsons Interesse richtete sich dabei wahrscheinlich weniger auf das gärtnerische Zusammenspiel von Symmetrie und Regellosigkeit als vielmehr auf die ethisch-pädagogische Zweckbestimmung, derzufolge der Militärstand als Zucht- und Schulmeister der Nation die Stadtbevölkerung für das

9 Benjamin Grafen von Rumford, kleine Schriften, politischen, ökonomischen und philosophischen Inhalts, 1. Bd., Weimar 1800, S. 14.

10 Bayer. Hauptstaatsarchiv, Kriegsarchiv A XX, 5.

11 Ebd.

12 Ebd.

13 ADB 34; vgl. auch Dombart (wie Anm. 1), S. 146–164.

14 Bayer. Hauptstaatsarchiv, Kriegsarchiv A XX, 2.

allenthalben in Anwendung kommende Utilitätsprinzip gewinnen sollte, hing doch der Erfolg aller landesweiten Reformen letztendlich von der Einsicht und der Aktivierung des Bürgertums und der sich entwickelnden bürgerlichen Gesellschaft ab. Entsprechend dieser Regierungsziele resümieren 1794 die Münchner Intelligenzblätter: *So sehr man den Städtern gemeiniglich den Vorwurf zu machen pflegt, daß Kultur ihre Sache nicht sey; so sehr ist doch ihre Pflicht, Kultureinsichten zu verbreiten, weil sie es aus der Stockung so manchen Gewerbes, aus den immer mehr überhandnehmenden Hindernissen des Unterkommens, und der Beschwerlichkeit, sich bey anwachsenden Bedürfnissen zu erhalten, am meisten abnehmen und fühlen müssen, woran es fehle, und wo Heilsmittel für alle drückenden Übel zu finden seyen*[15].

Solche Formulierungen machen deutlich, daß aufgrund der Initiativen Benjamin Thompsons Landeskultur und Gartenbau im letzten Jahrzehnt der Regierung Karl Theodors als vorrangige Volksbeglückungsmaßnahmen verstanden wurden. Die Transformierung der ertragsarmen Naturlandschaft in gestaltete und dadurch »nützliche« Landschaft sollte dem Bevölkerungsdruck der Städte und der ländlichen Verelendung gegensteuern, und es darf nicht ohne Grund in diesem Zusammenhang auf die eindrucksvollen damaligen Kultivationsleistungen im Bereich des Donau- und des Isarmooses hingewiesen werden[16]. Zum anderen sollten die vom amerikanischen Günstling des Kurfürsten durchgesetzten Maßnahmen und damit auch die »Militärgärten« eine gesellschaftliche Annäherung befördern, auf die ja alle Entwicklungsstränge der Aufklärung zuliefen. Von der Militärkaste angelegte und unterhaltene Nutz- und Erholungsflächen, an denen alle Stände und Klassen partizipieren durften, waren soziale Kontaktzonen; der Gemeindienst der Arbeitssoldaten hatte Vorbildcharakter für Bürger und Landleute und erschloß die Perspektive einer in vielen Weltteilen praktizierten Egalität der Siedler und Kolonisten.

Auch der Garten kann Bestandteil der aufgeklärten Binnenkolonisation und ein wichtiges Instrument pädagogisch-philantropischer Reformpolitik sein. Gerade Christian Cay Lorenz Hirschfeld, der zweifelsohne bedeutendste Gartentheoretiker jener Zeit, akzentuiert in seinen Schriften das vom sentimentalen Idyllenkult des englischen Stils abgerückte Postulat einer durch Gartenanlagen geförderten Volksgesundheit und Volksbelehrung[17].

Thompsonsche Militärgärten mit mehr oder weniger ausgedehnten flankierenden englischen Gartenstrukturen für die Stadtbevölkerung wurden – wie schon angedeutet – in allen wichtigen Garnisonsstädten geplant, doch erfuhren nur der Mannheimer[18] und der Münchner eine nennenswerte Entwicklung.

Was München betrifft, so stieß die am 20. Juni 1789 angeordnete Herstellung des

15 Von den Mösern und Haiden in Baiern, die gegenwärtig unter der Kultur stehen, in: Münchner Intelligenzblat 8 St. vom 28. 2. 1794, S. 60.

16 Vgl. Georg von Aretin, Aktenmäßige Donaumoos Kultur-Geschichte, Mannheim 1795.

17 Vgl. Wolfgang Schepers, Hirschfelds Theorie der Gartenkunst, 1779–1785, Worms 1980.

18 Zum Mannheimer Militärgarten (Mühlau und Niedergrund) vgl. Eugenie Löffler, Vergessene Gartenkunst im pfalzbayerischen Mannheim, in: Mannheimer Geschichtsblätter 1938, S. 1–20.

Militärgartens[19], in völliger Verkennung der positiven Absichten des Initiators, auf dumpfes Unverständnis und eine krasse Ablehnung durch Magistrat und Stadtbevölkerung – ja das ganze Unternehmen wurde zur Ursache einer erneuten Animosität zwischen Hof und Stadt, welche die vordergründigen Versöhnungsszenen zwischen Fürst und Volk nach der Rückkehr des Hoflagers von Mannheim nach München am 16. Juni 1789 obsolet machten. Anlaß war die Vorgehensweise der am 1. Juli 1789 zum Erwerb der benötigten Grundstücke vor dem Schwabinger Tor einberufenen Sonderkommission. Sie übte zunächst auf die bisherigen Eigentümer großen Druck aus und scheint anfänglich Enteignungsverfahren angedroht zu haben. Ein neu aufgetauchtes juristisches Gutachten zugunsten der Bürgerschaft, das mit »Patriotische Gedanken« überschrieben ist[20], ließ den unbekannten Verfasser am 10. Juli hervorheben, *daß die Errichtung Militärischer Gerten meines Davorhaltens weder necessitas noch utilitas publica ist, sondern blos Privat Lust und Nuzen des Militaer Etats genannt werden kann*[21]. Deshalb wurde auch abschließend empfohlen, den Fall der Ständevertretung zu insinuieren, *um die Nationalrechte, dann die allgemeine Sicherheit aller Eigenthümer zu vertheidigen*. Remonstrationen des Magistrats wegen des Entganges bürgerlicher Gründe und Schmälerung des städtischen Jurisdiktionsbereiches wurden aber nicht einmal angenommen und die ganze Angelegenheit mit der für Thompson typischen Hast vorangetrieben. Interessant ist übrigens, daß die Kommission zunächst Grundstücke auf der überschwemmungssicheren Altstadtterrasse westlich der heutigen Königinstraße aufkaufte, die aber in der Folge gar nicht für die Militärgärten verwendet wurden. Dieser höherwertige Grund wurde nämlich für die Anlage einer Vorstadt reserviert und nach und nach mit Gewinn an vermögende Privatpersonen verkauft. Das von Soldaten abgeräumte und neu eingeteilte Gelände war der Ausgangsbereich der seit 1794 entstehenden und zunächst »Kolonie« (!) bezeichneten Schönfeldvorstadt, in der Villenanlagen mit schönen Gärten vorgesehen waren[22]. So bestätigte sich im nachhinein, was von dem Inneren Rat und Stadtarchivar Sutner am 11. Juli 1789 notiert worden war: *Damals ging die Sage, daß der Militärgarten zwar noch seinen Fortgang haben sollte, doch würden die vielen Grundstücke keineswegs hiezu, sondern vielmehr zu einer neu zu errichtenden Vorstadt erkauft*[23]. Sutner, ein aufmerksamer Beobachter, hielt in seinen Aufzeichnungen auch fest, wie die Soldaten der drei Münchner Regimenter, mit Gartengeräten bewaffnet und von *türkischer Musik* angefeuert, das Kulturwerk in Angriff nahmen. Die Begeisterung war bei den arbeitenden Soldaten nicht allzu groß, und schon bald *herrschte ein allgemeiner Mißmuth unter ihnen, daß sie nun fast keinen Tag für sich frey hätten und in der größten Hitze wie Tagwerker arbeiten müßten; sie bekamen*

19 Für die Frühgeschichte der Münchner Anlage ist immer noch am ergiebigsten die Darstellung von Johann MAYERHOFER, Geschichte des Münchner Englischen Gartens von seinem Beginne (13. August 1789) bis zur Errichtung der Hofgärtenintendanz (9. März 1804), in: Jahrbuch für Münchner Geschichte, 3. Jg. 1889, S. 1–52.

20 Bayer. Hauptstaatsarchiv, Kriegsarchiv A XX, 2.

21 Ebd.

22 Vgl. Hans LEHMBRUCH, Ein neues München, Buchendorf 1987, S. 339f.

23 Stadtarchiv München, Bürgermeister und Rat 1207.

täglich früh und abend eine halbe Maß Bier; doch desertierten mehrere vom Platz oder sonst weg[24].

Der Münchner Militärgarten entstand kurz darauf in den feuchten Wiesen unterhalb der heutigen Königinstraße (hier gehörte der Grund und Boden der Hofkammer und war lediglich mit Servituten belastet) und die dem Stadtpublikum dienende Erholungsanlage im englischen Stil im anschließenden sumpfigen Auwaldgelände längs der Isar. Das freundliche Dekret vom 13. August 1789, das als die Geburtsurkunde des Münchner Englischen Garten gilt, bestimmte, daß Karl Theodor gesonnen sei, *den hiesigen Hirsch-Anger zur allgemeinen Ergözung für dero Residenzstadt München erstellen zu lassen und diese schöne Anlage der Natur dem Publikum in ihren Erholungsstunden nicht länger vor zu enthalten gesonnen sey*[25]. Dementsprechend geruhte der Kurfürst, dem *Chevalier de Thompson die Herstellung dieser öffentlichen Spatziergänge und Anlegung eines allgemeinen englischen Gartens ... gnädigst* [zu] *übertragen*[26]. Das ganze Unternehmen begnügte sich also aus etatistischen Überlegungen mit einem Standort »zweiter Wahl«, und es war nicht unverständlich, wenn Pfalzgraf Karl August von Zweibrücken-Birkenfeld, der präsumtive Nachfolger Karl Theodors, die Gartenanlage in den Isarniederungen des Hirschangers eine *Eselei* nannte. Er würde sich für seine Person einen englischen Garten vorstellen, der sich vom Neuhauser und Schwabinger Tor ausgehend über Nymphenburg hinaus bis Dachau hinzöge[27].

Der Militärgarten der Garnisonsstadt München erstreckte sich auf einem 800 m langen und 200 m breiten Stück zwischen dem Schwabinger Bach und der Geländestufe entlang der heutigen Königinstraße, insgesamt also an die 40 Tagwerk, und wurde komplettiert durch ein kleines Areal in der Nähe des heutigen Hauses der Kunst, das den Eleven der kurfürstlichen Militärakademie als Übungsplatz diente. Der Garten wurde kompanieweise in regelmäßige Parzellen unterteilt – sie ähnelten unseren heutigen Schrebergärten – und war durch Wege, Maulbeerbäume und Johannisbeersträucher gegliedert. Rund 1500 Soldaten mußten das Terrain trockenlegen und dann beispielgebende Pflanzarbeit leisten.

Die zum Militärgarten führende bürgerliche Promenade begann getreu den Vorgaben der im Februar 1789 niedergelegten Instruktion beim Ausgang des Hofgartens und bestand zunächst aus einem abschüssigen Fußweg, der auf beiden Seiten mit Bäumen bepflanzt war. Dieser Weg führte in einigen Windungen über mehrere aus der Stadt ausgeleitete Kanäle und hatte einerseits die Mittelallee des Militärgartens zum Ziel, andererseits aber auch das bisherige Jagdreservat des Hirschangers, das bereits vor den Sanierungs- und Verschönerungsmaßnahmen einen dem Wiener Prater vergleichbaren landschaftsparkähnlichen Charakter besaß. Allem Anschein nach waren die aufeinanderbezogenen Bereiche in ihren Grundzügen relativ schnell konzipiert worden, wiewohl selbstverständlich erst jahre- und jahrzehntelange Arbeit und Pflege das Werk vollendeten.

Der Autor einer im Jahre 1793 erschienenen Beschreibung des damals für das

24 Ebd.
25 Bayer. Hauptstaatsarchiv, Kriegsarchiv A XX, 2.
26 Ebd.
27 Vgl. MAYRHOFER (wie Anm. 19), S. 16.

Publikum freigegebenen Englischen Gartens informiert uns nicht allein darüber, wie zügig seit 1789 die sumpfigen Gründe im Anschluß an den Militärgarten in das Kulturwerk einbezogen worden waren und daß seitdem das weitläufige Areal eine Aufforstung durch Abertausende von Bäumchen erfahren hatte – er berichtet gleichzeitig auch von einer zunehmenden Billigung der Gartenanlage durch die Bevölkerung: *Nun wallen die Stadtbewohner schaarenweise daher, sehen und bemerken überall vielsagende Bilder der Arbeitsamkeit und des Menschenfleisses und schöpfen Herzensbesserung aus dem vollen Genuß der verschönerten Natur*[28]. Freilich mußten die Befürworter der Regierungsmaßnahme viel Antipathie überwinden. 1790 wird noch von einem ausgedehnten Baumfrevel berichtet, bei dem an die 500 neugepflanzte Bäumchen vernichtet wurden. Man wußte sich nicht anders zu helfen, als dem Denunzianten des Täters die beachtliche Summe von 100 Dukaten anzubieten, ja man wollte die Summe sogar einem nur verführten Täter gegen Angabe seiner Hintermänner selbst aushändigen[29]. Im nächsten Jahr beantwortete ein Parteigänger Thompsons in der Zeitung »Der baierische Landbot« die angeblich so oft gehörte Frage, wozu der Englische Garten eigentlich nütze, mit dem sarkastischen Kompliment an die Münchner: *Ihr habt ja Gefühl für die schöne Natur, meine Mitbürger; denn es geschieht gewis nicht um der jungen Hahnen und der anderen Braten willen, daß ihr den ganzen Sommer hindurch nach Gegenden geht und fahret, die mit keiner einzigen der mannichfaltigen und durch Kunst verschönerten Parthien dieses Parks in Vergleich kommen können. Widersprecht also nicht eurem Selbstgefühle, sondern bekennt entweder, daß ihr stumpf seyd, wie Böotier, für alle Empfindungen gegen Natur und Kunst, oder hört auf zu fragen, wozu der englische Garten nütze*[30].

Die örtlichen Gegebenheiten des Münchner Hirschangers als eines vielgestaltigen und artenreichen Überschwemmungsgebietes des ungebärdigen Gebirgsflusses Isar erlaubten der Gartenanlage eine Ausdehnung, die mit der Zeit alle ursprünglichen Vorgaben für eine den Militärgärten zu gewährende bürgerfreundliche Rahmung sprengte. Die Münchner Möglichkeiten erkannt und sie auch genutzt zu haben, ist in erster Linie das Verdienst des progressiven Amerikaners Thompson, nachmals Graf Rumford, obschon dessen Beeinflussung durch den Schwetzinger Hofgärtner Friedrich Sckell nicht zu gering veranschlagt werden darf. Schon zu Beginn des Monats August 1789 hatte Sckell in München Gutachten und Entwürfe vorgelegt, die für die Bewältigung des schnell »ausufernden« Gartenprojektes von grundsätzlicher Bedeutung gewesen sein dürften. Sckell bejahte die Frage, ob die klimatischen Verhältnisse, die Höhenlage und Bodenbeschaffenheit Münchens zur Anlage eines Landschaftsparks geeignet seien, wie er auch Anregungen bezüglich Situierung und Pflanzung eingebracht haben dürfte. Der an den Landschaftsgärten des namhaften englischen Gartenkünstlers William Chambers (des Schöpfers des berühmten Schloßparks zu Kew) geschulte und durch seinen Schwetzinger Park

28 Skizze des neu angelegten englischen Gartens oder Theodors Park zu München, München 1793, S. 11.

29 Der baierische Landbot (eine Wochenschrift für alle Stände), Nr. 25 vom 24. 3. 1790.

30 Der baierische Landbot, Nr. 29 vom 20. 2. 1791.

selbst zu einem führenden deutschen Gartengestalter aufgestiegene Sckell zog im neuentstehenden Englischen Garten schließlich eigenhändig die ersten Wege[31].

Obschon der wieder in die Pfalz zurückgekehrte Sckell an den Detailarbeiten der nächsten Jahre keinen Anteil hatte, ist das von Rumford realisierte Konzept für den Englischen Garten ohne dessen landschaftsgärtnerische »Weichenstellung« nicht vorstellbar. Dadurch wurden in der Folge die theoretischen Forderungen Hirschfelds nach weitläufigen gesellschaftlichen Begegnungsstätten in natürlicher Landschaft beispielgebend in die Praxis umgesetzt. Der neue Münchner Stadtpark setzte politisch-pädagogische, soziale, ökonomische und ästhetische Gesichtspunkte miteinander in Verbindung und führte in seiner Gesamtkonzeption über alle bisher in Deutschland existierenden englischen Gartenanlagen weit hinaus. Dabei war noch 1790 die im Umfeld des Militärgartens vorgesehene zivile Gartenanlage eigentlich nur ein Teil von insgesamt zehn Partien des vom Militärärar verwalteten und von der Mannschaft der Münchner Garnison bearbeiteten Hirschangergeländes. Dieses gliederte sich entsprechend der Planung in:

1. den sogenannten Elevengarten (mit Festungsmodell) für die Zöglinge der Militärakademie,
2. die eigentlichen Militärgärten,
3. den Englischen Garten,
4. die Vieharzneischule,
5. elf Brücken verschiedener Bauart (Konstruktionsmuster),
6. eine große Freifläche für militärische Manöver,
7. eine allgemeine Baumschule,
8. eine Schweizerei mit Kleewiesen als Mustergut für Hornviehzucht und Stallfütterung,
9. eine Schäferei zur Hebung der einheimischen Schafzucht und
10. eine Ackerbauschule[32].

Alles in allem also eine militärische Musterplantage, die eingebettet werden sollte in eine sorgfältig adaptierte und verbesserte Naturlandschaft. Der eigentliche Garten als das flächenmäßig größte Areal und als das verbindende Glied zwischen den »nützlichen« öffentlichen Schauplätzen und Einrichtungen entwickelte sich unaufhaltsam zum Schwerpunkt des ganzen Unternehmens, eine Akzentverschiebung, die mit der besonderen Aufgabenstellung einer raschen Überwindung des stadtbürgerlichen Unmuts zusammenhängen dürfte. Die Betonung und die Ausdehnung der reinen Erholungsgebiete, nicht minder die gezielt eingebrachten unterhaltenden Effekte einer exotisch-historisierenden Ausstattungsarchitektur (zum Beispiel Chinesischer Turm, Amphitheater und Apollo-Tempel) sollten die Akzeptanz der Anlage erhöhen und der Belehrung das Vergnügen zur Seite setzen. Als »Theodors-Park« interpretierte sich die Anlage seit 1793 auch als gärtnerische Manifestation landesherrlicher Fürsorge gegenüber der Stadtbevölkerung[33], wodurch natürlich die rein militärischen, veterinärmedi-

31 Vgl. hierzu den von Franz HALLBAUM, Der Landschaftsgarten, München 1927, S. 103, zitierte Bericht Sckells vom 6. März 1807.

32 Vgl. hierzu die Beschreibung in: Der baierische Landbot Nr. 43 vom 26. 5. 1790.

33 Vgl. Anm. 28.

zinischen oder landwirtschaftlichen Einrichtungen in ihrer allgemeinen Bedeutung etwas zurücktraten, um schließlich nur noch als »Einsprengsel« verstanden zu werden. In der Konsequenz lösten sich nach dem Weggang Thompsons/Rumfords 1798 und nach dem Regierungswechsel in Pfalzbayern 1799 sogar die am Beginn der Gartenentwicklung stehenden Militärgärten und militärischen Übungsplätze wieder auf. Man schlug ihre Grundfläche dem Parkbereich zu und gliederte den Englischen Garten aus dem Geschäftsbereich des Kriegsministeriums aus. Fortan war er direkt dem kurfürstlichen und nachmaligen königlichen Kabinett unterstellt[34].

Unabhängig von dieser Entwicklung hatte Sckells persönliches Eingreifen bei der Anlage des Wegesystems schon 1789 deutlich gemacht, welch große Bedeutung der Qualität der »zivilen Spaziergänge« von Anfang an beigelegt wurde. Sckell hatte – wie wir sicher wissen – den Wiesenbereich im Anschluß an den Hofgarten mit dem Hirschangerwald und mit dem nördlich gelegenen freien Feld durch ungezwungene, logisch begründete Geh- und Fahrwege in sanften Bogen- und Wellenlinien in Bezug gesetzt. Unbeschadet der von Thompsons/Rumfords Militärgeometern und Militäringenieuren in das Mittelstück des Gartens, das Auwaldgelände, eingebrachten kleinteiligen Situationen, die durch Schlangenlinienpfade erschlossen wurden (eine damals im Grunde schon überholte Form der Landschaftsgestaltung), hatte Sckell dadurch die Grundstrukturen des Englischen Gartens festgelegt und gleichzeitig die Prinzipien seines persönlichen Stils verdeutlicht. Denn gerade die großzügige Raumbildung und die ungezwungene Abfolge der Anlagen und der Pflanzungen konnte Sckell im Laufe seiner Karriere perfektionieren und schließlich sogar eine erneute Hinwendung zu den noblen Prospekten und majestätischen Alleen der verachteten alten symmetrischen Gartenkunst vollziehen. Denn seiner Meinung nach – er hat sie 1819 im Druck erscheinen lassen – können sich dort *die Lustwandler in langen bunten Reihen zahlreich bewegen, ohne daß sie sich (wie es bey den schlangenförmigen Wegen gewöhnlich der Fall ist) jeden Augenblick dem Auge entziehen und den scheinbaren Mangel an Menschen veranlassen*[35].

Sckells nach 1804 vollzogene Korrekturen am Englischen Garten, insbesondere aber seine Umwandlung des Nymphenburger Schloßparks werden dieses Primat des Sozialkontaktes Jahre später zur vollen Entfaltung bringen. Kein Verständnis scheint Sckell, der den Fortschritt der Münchner Gartenanlage in den neunziger Jahren von der Pfalz aus verfolgte, auch für die von Rumford eingebrachte »Möblierung« mit zeittypischen Stimmungsstaffagen gezeigt zu haben. Sie waren ihm Konzession an die bereits antiquierte englisch-chinesische-otahaitische Mode, über die er hinausstrebte. Dementsprechend hat Sckell, nach der Übernahme der Hofgartenintendanz und seiner endgültigen Übersiedlung nach München (1804) einige dieser heiligen Haine, Tempelchen, Kioske, dann Denk- und Grabmäler wieder aus dem Park entfernt und dafür den großflächigen Landschaftsstil mit sanfter Terrainmodulation und mit ausbalancierten

34 MAYERHOFER (wie Anm. 19), S. 22.
35 Friedrich Ludwig VON SCKELL, Beiträge zur bildenden Gartenkunst für angehende Gartenkünstler und Gartenliebhaber, München 1819, S. 3.

Abfolgen der Naturbilder, der Durchblicke und überraschenden Ausblicke weiterentwickelt[36].

Wie sehr aber der »Theodors-Park« in seinen Details zunächst noch das in die Welt der Empfindsamkeit hineinverwobene zierlich-idyllische Erbe des Rokoko widerspiegelte, kann nichts mehr verdeutlichen als die gedruckte Beschreibung eines 1795 im neuen Park gefeierten Hof- und Volksfestes[37]. Nach der einleitenden Huldigung des ungenannten Autors an Karl Theodor, den er dafür preist, *die große Volksmasse der Stadt und Gegend Münchens in eine ergötzliche Bewegung zu setzen,* wird ausführlich der Rundfahrt des Kurfürsten gedacht. Bei der sogenannten Blumeninsel stieg Karl Theodor aus dem Wagen, als *plötzlich Nimpfen und Driaden aus den Gebüschen und hinter den Bäumen hervorschlüpften und mit duftenden Blumen die Wege bestreuten, welche Höchstdieselben unter Begleitung des Generals Grafen von Rumford und den übrigen Cavaliers von der Suite betraten. Seine churfürstliche Durchlaucht wurden auf diesem Blumenpfade nach jener Gegend geführet, wo die Insel sowohl, als die umherliegende Gegend den süssesten Anblick der Empfindsamkeit gewähret und wo Hochselbe einen mit Blumenkränzen gezirten ländlichen Sitz bereit fanden. Die Anmuth dieser Gegend, das hierdurch erregte Gefühl wuchs durch den Zauberton einer angenehmen Harmonie von blasenden Instrumenten. Ein segelfertiges, mit Blumen begränztes und mit Girlanden sehr schön geziertes Schiff zeigte sich auf dem die Insel umfließenden Gewässer, nahte sich der höchsten Person Seiner churfürstlichen Durchlaucht in gerader Richtung, und landete an. Amor und Hymen von Grazien begleitet, stiegen an Land und opferten dem Vater des Vaterlandes, Kränze, Blumen, Früchte und eine Krone … Nach vollendetem Opfer bestiegen sie wieder ihr Schiff, ruderten nach der Insel und Seine Churfürstliche Durchlaucht begaben sich durch verschiedene Wege, vom Amoretten, Grazien und Waldgöttern umgeben nach dem Militärsaalgebäude. Hier jauchzte ihm auf einem großen grünen Platze ein lustiges Bauernvolk unter ländlicher Musik bey ländlichem Tanze entgegen. Es war eine Bauernhochzeit ganz nach in Baiern üblicher Sitte und Gebräuche, womit auch die Nationalkleidertracht übereinstimmte, eingerichtet*[38]. Eine Hommage an den alten Karl Theodor, der sich in seine Jugendjahre zurückversetzt fühlen durfte, und eine Inszenierung würdig des Pinsels eines Watteau. Aber dieser rosafarbene Abglanz des Rokoko entsprach nicht dem Wesen der 1789 begonnenen Gartenschöpfung, und das höfische Arrangement verdeckte die eigentliche Zielsetzung. Nicht der Regent, sondern Soldaten und Stadtbürger waren von Anfang an die Souveräne des Gartens. Als *Lustwandler* sollte der Städter Besitz ergreifen von einer dem Fleiß der Bauernsöhne zu verdankenden Kulturanstalt und an exemplarischen Schauplätzen und Erholungsstätten die umfassende Fürsorge der Obrigkeit für Ordnung und Wohlstand erfahren. Die den bequemen Wegen angepaßten großen und kleinen Annehmlichkeiten (wie Lattenkanapees, otahaitische Schirmdächer und dergleichen), nicht minder die überraschend plazierten Kunstbauten und Denkmäler

36 Vgl. Hallbaum (wie Anm. 31), S. 188–222.
37 Beylage zu Nr. 35 des churfürstl. gnädigst privilegierten oberpfälzisch-statistischen Wochenblattes, Sulzbach 27. 8. 1795, S. 297–300.
38 Ebd.

entwarfen eine in friedlichen Naturzustand zurückversetzte und durch eine Anthologie schmückender und belehrender Menschheitsschöpfungen bereicherte Idealwelt, die durchaus als ein der städtischen Enge entgegengesetztes, Raum schaffendes Utopia verstanden sein wollte. Dieser Rückgriff auf ein verlorenes »goldenes Zeitalter«, das sich zugleich als Perspektive einer möglichen Versöhnung von Regierenden und Regierten und als Ausgleich von Stadt und Land im Schoß einer »wohltätigen, weil erinnerungslosen« Mutter Natur verstand, entspricht exakt – wie zuletzt Wilfried Lipp in seiner 1989 erschienenen Untersuchung ›Natur, Geschichte, Denkmal‹ nachgewiesen hat – der auf Rousseau, Herder und viele andere Theoretiker gestützten vorrevolutionären »Enthistorisierung« des menschlichen Entwicklungsprozesses[39].

Die Tilgung aller Erblasten durch einen Neubeginn am Morgen der Menschheitsgeschichte und die Projektion des naiven Naturzustandes in alle Bereiche von Staat und Gesellschaft ist das große Sehnsuchtspotential des auslaufenden 18. Jahrhunderts, das auch hinter den Landeskulturprojekten Karl Theodors, den Rumfordschen Militärgärten und dem in München zur besonderen Blüte gelangten Englischen Garten aufscheint. Die agrarische Verbesserung der Landschaft im Zuge ihrer ästhetischen Nobilitierung ist ein durchlaufendes philantropisches Problem, das im »Gartenreich« des Prinzen Leopold Friedrich Franz von Anhalt Dessau in Wörlitz (von 1764 an) seinen Ausgang nimmt, um über die Militär- respektive Englischen Gärten in Mannheim und München zu den von Peter Joseph Lenné gestalteten und vom Agrarwissenschaftler Albrecht Thaer beeinflußten Mustergütern und Feldmarken in Pommern und Preußen zu führen. Daneben übernimmt die Münchner Gartenanlage aber auch die wichtige Funktion eines Naherholungszieles für die Stadtbevölkerung, wobei hier die Vorbilder des Berliner Tiergartens und des Wiener Praters maßgeblich werden. Der Gebundenheit und der Immobilität der kommunalen Lebensumstände wird das *Ausschweifen* in eine unendliche Variabilität der Naturszenen entgegengesetzt und dem in öffentlichen Caféhäusern oder privaten Konventikeln raisonierenden oder debattierenden Städter das idealisierte Urerlebnis von Wald, Wiese und Fluß zum Angebot gemacht. Gesteigert durch nützliche, bildende und erhebende Kultur- und Kunsteinrichtungen wird Natur im großen Park zur motivierenden, ausgleichenden, tröstenden, ja heilenden Instanz. Volksgesundheit – das meint nicht nur die Stärkung der Körperkraft, sondern zielt auch auf die Stabilisierung der menschlichen Psyche durch Anschauung und Einwirkung der in dieser Parklandschaft harmonisierten Elementargegebenheiten. Der von Rumford besonders geförderte Zeichner und Maler Johann Georg von Dillis, dessen faszinierende Skizzen die früheste bildliche Überlieferung des Englischen Gartens ausmachen, huldigt der von David Hume und Anthony Shaftesbury vertretenen religiösen Naturauffassung, wenn er 1793 in sein Skizzenbuch notiert: *Nature is but a name for an effect, whose cause is God*[40]. Der Landschaftsgarten begreift sich als Tempel der Naturreligion, der bürgerliche Spaziergang als erbaulicher *Wandel.* Die 1793 veröffentlichte erste Beschreibung des *Theodors-Parks* zitiert den Idyllen-Dichter

39 Wilfried Lipp, Natur, Geschichte, Denkmal. Zur Entstehung des Denkmalbewußtseins der bürgerlichen Gesellschaft, Frankfurt/New York 1989.

40 Vgl. hierzu Katrin Pollems, Johann Georg von Dillis 1759–1841, Ausstellungskatalog, München 1989, S. 25.

Salomon Gessner, dem Graf Rumford im selben Jahr ein Gartendenkmal in Form einer Graburne setzte: *O wie schön bist du Natur! ... Selig ist der, dessen Seele durch keine trüben Gedanken verfinstert, durch keine Vorwürfe verfolgt jeden Eindruck deiner Schönheiten empfindet. Wo andere mit eckler Unempfindlichkeit vorübergehen, da lächeln mannigfaltige Freuden um ihn her. Ihm schmückt sich die ganze schöne Natur, alle seine Sinne finden immer unendlich Quellen von Freude, auf jedem Fußsteig, wo er wandelt, in jedem Schatten, in dem er ruhet ... Selig, o selig, wer aus diesen unerschöpflichen Quellen seine unschuldigen Vergnügen schöpft! Heiter ist sein Gemüth, wie der schönste Frühlingstag; sanft und rein jede seiner Empfindungen wie die Zephirs, die mit Blumengerüchen ihm umschweben*[41].

Ohne Harm, »harmlos«, das heißt enthoben von Sorge und Kränkung, beruhigt, versöhnt, getröstet, gestärkt scheidet der Gartenbesucher. So wirkt der Stadtpark auch als moralische Anstalt, die den Menschen erhebt und veredelt. Nicht zufällig ist die 1803 am Beginn der Gartenpromenade beim Hofgartentor errichtete schöne Jünglingsstatue in antikem Stil (es ist eine Darstellung des Antinous) von Franz Schwanthaler zum volkstümlichen Symbol für die Gartenschöpfung geworden[42]. Es ist diese Figur der sogenannte Harmlos, dessen sonderbarer Name vom Anfangswort des in den Marmor eingegrabenen Wunsches abgeleitet ist: »Harmlos wandelt hier! Dann kehret neu gestärkt zu jeder Pflicht zurück!«

41 Skizze des neu angelegten englischen Gartens oder Theodors Park zu München, S. 28f.

42 Vgl. Theodor DOMBART, Der Harmlos, in: Oberbayerisches Archiv Bd. 90, München 1968, S. 14–25.

Jens Person Lindahl und die Entstehung des Würzburger Ringparks*

VON ULRICH WAGNER

Der Würzburger Ringpark, der als zentrumsnaher Grüngürtel die historische Altstadt Würzburgs umschließt, stellt gerade heute für die Einwohner der Stadt als Erholungslandschaft eine wichtige Grünzone dar. Es hat auch in Würzburg nicht an der Bereitschaft gefehlt, »aktuellen« Forderungen von Industrie und Verkehr nachzugeben und Teile der Grünflächen einer wirtschaftlichen Nutzung zu opfern. Erfreulicherweise gelangten dank des Weitblicks der städtischen Verwaltungsspitze und der intensiven Aufklärungsarbeit des 1874 gegründeten Verschönerungsvereins diese Bemühungen nicht zum Erfolg. So sieht sich Würzburg am Ende des 20. Jahrhunderts in der erfreulichen Lage, inmitten eines dichtbebauten Kernbereichs über eine großzügig gestaltete Parkanlage zu verfügen, die nicht nur für den Ausgleich des Stadtklimas von erheblicher Bedeutung ist, sondern auch der im Stadtgebiet lebenden und arbeitenden Bevölkerung als häufig genutzter Ruhe- und Erholungsraum zur Verfügung steht. In dieser Studie soll ein kurzer Überblick über die Vorgeschichte dieses Grüngürtels, an dessen Stelle in der frühen Neuzeit ein massiv befestigtes Bollwerk die Stadt umschloß, gegeben werden, um sodann die Vorgänge bei der Umgestaltung dieser bedeutsamen Zone im 19. Jahrhundert zum Grüngürtel der Stadt näher zu betrachten.

I

Die mittelalterliche Befestigung Würzburgs, die für das 11. Jahrhundert zum ersten Mal als geschlossener Mauerring mit Graben nachweisbar ist und vermutlich auf den baufreudigen Bischof Heinrich I. (995–1018) zurückgeht[1], schützte, regelmäßig ausgebaut und erweitert, die Residenzstadt des Bischofs von Würzburg und Herzogs von Franken mehr als 600 Jahre[2]. Die neuzeitliche Umwallung mit ihrem Gürtel mächtiger Bastionen hatte nur 200 Jahre Bestand – nämlich seit der Zeit des Dreißigjährigen

* Herrn Professor Dr. Werner Fricke (Universität Heidelberg) in Dankbarkeit zum 65. Geburtstag gewidmet.

1 Vgl. Alfred WENDEHORST, Das Bistum Würzburg, Teil 1 (Germania Sacra, NF 1, Die Bistümer der Kirchenprovinz Mainz), Berlin 1962, S. 87.
2 Zur Entstehung und zum Ausbau der mittelalterlichen Befestigung Würzburgs ist nach wie vor grundlegend die mit zahlreichen Abbildungen, Schnitten und Plänen ausgestattete Untersuchung von Franz SEBERICH, Die Stadtbefestigung Würzburgs, I. Teil, Die mittelalterliche Befestigung mit Mauern und Türmen (Mainfränkische Hefte 39), Würzburg 1962.

Krieges bis ins 19. Jahrhundert[3]. Nach dem Tode des Bischofs Franz von Hatzfeld am 30. Juli 1642 wählte das Domkapitel am 16. August 1642 »schnell und reibungslos«[4] den Domherrn Johann Philipp von Schönborn (1605–1673), der zur Wahl zwar nicht, wie oft zitiert wird, im kriegerischen Gewande erschienen war, aber dennoch über ausgewiesene militärische Sachkenntnisse verfügte, zum neuen Fürstbischof[5]. In dieser gefährlichen Zeit war die Kriegserfahrung des Kandidaten für die Wahl offensichtlich von Bedeutung gewesen[6]. Johann Philipp, der am 19. November 1647 mit Unterstützung Frankreichs auch zum Erzbischof von Mainz gewählt wurde[7] und dem nunmehr die Mittel zweier politisch und wirtschaftlich nicht unbedeutender Territorien zur Verfügung standen, verwirklichte rasch seine Absicht, die beiden Residenzstädte Mainz und Würzburg zu starken Festungen auszubauen[8].

Es ist nicht bekannt, von wem im einzelnen die Entwürfe für die neuen, sehr mächtig konzipierten Würzburger Festungsanlagen stammen. Fest steht, daß die grundlegenden Pläne zwischen 1653 und 1656 entstanden und von verschiedenen Baumeistern ausgeführt wurden. In den Protokollen, Akten und Rechnungen werden hierbei erwähnt: Obristleutnant Tullion, Baron von Claris, Michael Kaut, Johann Georg Fernauer, der von 1655 an als Baumeister auch in Mainz tätig war, und der salzburgische Baumeister Johann Baptist von der Driesch, der ebenfalls für Mainz in den Dienst genommen wurde[9]. Die Bastionen der Festungswerke wurden in Würzburg

3 Sehr detailliert auch die Entwicklungsgeschichte der neuzeitlichen Befestigung bis zur Entfestigung in den siebziger Jahren des 19. Jahrhunderts von Franz SEBERICH, Die Stadtbefestigung Würzburgs, II. Teil, Die neuzeitliche Umwallung (Mainfränkische Hefte 40), Würzburg 1963.

4 Eine fundierte, quellengestützte Darstellung von Person und Werk des Fürsten unter besonderer Berücksichtigung der mainzisch-römischen Beziehungen bei Friedhelm JÜRGENSMEIER, Johann Philipp von Schönborn (1605–1673) und die römische Kurie (Quellen und Abhandlungen zur mittelrheinischen Kirchengeschichte, Band 28), Mainz 1977; zum Wahlakt siehe S. 35 f.

5 Hierzu JÜRGENSMEIER (wie Anm. 4), S. 33.

6 Zu Person und politischer Leistung umfassend Georg MENTZ, Johann Philipp von Schönborn. Kurfürst von Mainz, Bischof von Würzburg und Worms 1605–1673. Ein Beitrag zur Geschichte des 17. Jahrhunderts, 1. Teil Jena 1896, 2. Teil Jena 1899. Eine sehr positive Würdigung der kirchengeschichtlichen Leistung ohne Belegstellen bei Max DOMARUS, Johann Philipp von Schönborn. Fürstbischof von Würzburg und Worms, Erzbischof und Kurfürst von Mainz (1605–1673), in: Würzburger Kirchenfürsten aus dem Hause Schönborn, Wiesentheid 1951, S. 17–106.

7 JÜRGENSMEIER (wie Anm. 4), S. 91–97.

8 Nach SEBERICH (wie Anm. 3), S. 21 war Alexander von Claris von Johann Philipp als Festungsarchitekt für Mainz und Würzburg in Dienst genommen worden. Die Erfahrungen des 30jährigen Krieges veranlaßten zahlreiche Landesherren zum Ausbau ihrer Städte. Wie Mainz wurde beispielsweise auch Freiburg, das durch die nahe Grenze zu Frankreich besonders gefährdet war, in der 2. Hälfte des 17. Jahrhunderts umfassend mit Wehranlagen verstärkt. Zur Geschichte der Freiburger Stadtbefestigung grundlegend die Untersuchungen von Hans SCHADEK, Burg und Stadtbefestigung von Freiburg bis zum Ende des 16. Jahrhunderts; Rolf SÜSS, Die Entwicklung des Befestigungswesens bis zur Mitte des 18. Jahrhunderts; Josef DIEL und Wolfgang KLUG, Festung Freiburg. Die bauliche Entwicklung vom 30jährigen Krieg bis zur Mitte des 18. Jahrhunderts (Veröffentlichungen aus dem Archiv der Stadt Freiburg im Breisgau, Bd. 22, 2), Freiburg i. Br. 1988, S. 9–40, 89–111 und 113–143.

9 SEBERICH (wie Anm. 3), S. 26 f. – Antonio Petrini, der Ende des 17. Jahrhunderts »geradezu eine Monopolstellung als Bauunternehmer und Baumeister in Würzburg innehatte« und bei der Anlage der Mainzer Befestigungen tätig war, wirkte gleichfalls bei den Würzburger Festungswerken mit.

nach der um die Mitte des 17. Jahrhunderts allgemein üblichen niederländisch-deutschen Manier angelegt, die sich dadurch auszeichnete, daß die bis dahin lang gebauten Kurtinen (gerade Wallstücke zwischen zwei Bastionen) verkürzt wurden, um eine geringere Angriffsfront zu bieten, und daß die Bastionen erheblich vergrößert wurden, um mehr Raum für Geschützstellungen zu erhalten. Erdwerke, deren flachere Böschungen als Schutz gegen Ersteigung mit Wällen versehen wurden, und sehr breite und oft wassergefüllte Gräben sollten zusätzliche Sicherheit bieten[10]. Beim Tode Johann Philipps im Jahre 1673 waren die neuen Werke zwar um die ganze Stadt geschlossen und der Wallgraben ausgehoben, die einzelnen Festungsteile hingegen waren noch nicht fertig ausgebaut. Gerade im Mainviertel, unterhalb des Marienbergs, liefen die Fortifikationsarbeiten nicht ohne Widerstand ab. 1680 forderte das Würzburger Domkapitel vergeblich, daß die kostspieligen Bauten eingestellt würden[11].

Das bastionäre Befestigungssystem bestand in Würzburg aus drei unterschiedlich strukturierten Teilen:

a) Der Grundumwallung mit Wall und Bastionen, zwanzig bis fünfundzwanzig Meter mächtig und mit Außenmauern, die bis zu zwölf Meter in den Stadtgraben herabfielen,
b) dem trockenen oder nassen, etwa 20 Meter breiten Graben, der oft mit Vor- und Außenwerken versehen war, und
c) dem gedeckten Weg für die Aufstellung der Infanterie mit dem dreißig bis hundert Meter breiten Glacis.

Seit Errichtung der Barockbefestigung durften in einem festbegrenzten Bezirk um Stadt und Festung kein Neubau und kein Umbau ohne die Genehmigung der Militärbehörde vorgenommen und kein Baum gepflanzt werden. Grund und Boden in diesem Bereich gehörten dem Staat, wobei aber einzelne Grundstücke vor allem im 19. Jahrhundert auf Widerruf an Private zur Nutzung abgetreten wurden. Die erste Erprobung des Würzburger Festungsgürtels ließ nach seiner Fertigstellung gegen Ende des 17. Jahrhunderts[12] fast hundert Jahre auf sich warten. 1796 konnten die Franzosen aber nahezu mühelos die Stadt einnehmen, da die Werke ungenügend gerüstet und nur schwach besetzt waren[13]. Nach dem endgültigen Übergang Würzburgs an Bayern 1814 wurden vor allem die Festung und das Mainviertel weiter ausgebaut, die Verstärkung der rechtsmainischen Stadt unterblieb mangels Finanzmittel.

Siehe Erich HUBALA, Die Schönborn-Zeit, in: Würzburg. Geschichte in Bilddokumenten, hg. von Alfred WENDEHORST, München 1981, S. 86, und Bayerisches Städtebuch, Teil 1, hg. von Erich KEYSER und Heinz STOOB (Deutsches Städtebuch. Handbuch städtischer Geschichte. Bd. V, Bayern Teil 1), Stuttgart u. a. 1971, S. 583.

10 SEBERICH (wie Anm. 3), S. 21, 208–218.

11 Hierzu im Detail SEBERICH (wie Anm. 3), S. 48 f.

12 Erst 1786 konnte unter Fürstbischof Franz Ludwig von Erthal der Ausbau der Befestigungsanlagen abgeschlossen werden; KEYSER/STOOB (wie Anm. 9), S. 588.

13 Näheres bei Walter KOPP, Würzburger Wehr – Eine Chronik zur Wehrgeschichte Würzburgs (Mainfränkische Studien, Bd. 22), Würzburg 1979, S. 106, der als Fazit lakonisch vermerkt: »So fiel die Festung ohne einen Schuß, als man sie zum ersten Mal nach dem Dreißigjährigen Krieg forderte und nachdem man riesige Summen auf ihren Bau verwendet hatte.«

Abb. 1 Würzburg von Norden um 1723. Kupferstich von Johann Baptist Homann. Mainfränkisches Museum Würzburg, Inv. S. 20386

II

Bereits unter Fürstbischof Franz Ludwig von Erthal (1779–1794) hatte man begonnen, auf dem Wall vor dem Pleicher Tor bis zum Rennweger Tor Linden und Maulbeerbäume zu pflanzen, um schattige Spazierwege zu schaffen. Seit 1804 ließ die bayerische Regierung um das ganze Glacis eine Pappelallee mit einem kiesgestreuten Weg für Spaziergänger anlegen[14]. Grünanlagen auf den Wällen oder dem Glacis sind für andere Städte noch früher belegt als für Würzburg; so entstanden solche in Frankfurt 1705, in Braunschweig 1710, in Lübeck 1720 und in Bremen 1721[15]. Für Würzburg war die Pappelallee von 1804 gleichsam der Anknüpfungspunkt für den späteren Ringpark. 1819 gelang es dem Regierungspräsidenten von Asbeck, von König Max I. gegen den Widerstand des Kriegsministeriums und der Stadtkommandantschaft eine Genehmi-

14 Arno Herzig, Das Würzburger Glacis und seine Wandlung zum Ringpark, in: Das Würzburger Glacis, hg. vom Verschönerungsverein Würzburg, Würzburg 1964, S. 13.

15 Aloys Bernatzky, Von der mittelalterlichen Stadtbefestigung zu den Wallgrünflächen von heute. Ein Beitrag zum Grünflächenproblem deutscher Städte, Berlin-Hannover-Sarstedt 1960, S. 12.

gung für die Anpflanzung des Glacis zu erwirken. In der Hauptsache legte man Rasenflächen an, die mit niedrigem Gebüsch, später auch mit einzelnen Bäumen bepflanzt wurden[16]. 1830 waren bereits 60 Morgen des Glacis gärtnerisch gestaltet. Die neuen Anlagen erfüllten nicht nur eine ästhetische Funktion, sondern auch einen ökonomischen Zweck: Die Grasflächen wurden zur Heuernte an Interessenten verpachtet. Bis 1843 war die Glacisanlage fast völlig bepflanzt.

Bis zur Mitte des Jahrhunderts hingen sämtliche Veränderungen am Glacis von der Zustimmung des Militärs ab, wie überhaupt die Festungseigenschaft der Stadt ihre Entwicklung hemmte. Die städtische Leitung bemühte sich daher, Würzburg zur »offenen Stadt« werden zu lassen, denn der sich gegen Mitte des 19. Jahrhunderts abzeichnende wirtschaftliche Aufschwung, der durch den Start der Dampfschiffahrt auf dem Main 1842 eingeleitet und durch den Ausbau des Eisenbahnnetzes seit 1854 intensiviert wurde, ließ die militärischen Beschränkungen immer unerträglicher und sinnloser erscheinen. Auch wurde durch die Festungswerke der Verkehrsfluß aus der Stadt und in sie zurück gestört; die Baubeschränkungen behinderten die Entfaltung des gewerblichen und kommerziellen Lebens[17]. 1856 bot plötzlich das Kriegsministerium einen Kompromiß an, vermutlich veranlaßt durch den hohen finanziellen Aufwand für die Festungswerke. König Max II. sah sich im März 1856 in der Lage, angesichts der wachsenden wirtschaftlichen Bedeutung der Stadt und ihrer Blockierung durch den Festungsgürtel die Festungseigenschaft rechts des Mains aufzuheben. Die Genehmigung erfolgte mit Reskript vom 7. Oktober 1856, wobei der königliche Entschluß offensichtlich durch das Angebot der Stadt erleichtert wurde, die Werke anstelle des Militärs zu übernehmen und einige Straßendurchbrüche selbst durchzuführen. Vorbehalten blieben das militärische Eigentumsrecht und die Einwilligung des Militärs zu jeder baulichen Änderung.

Die Freude in der Stadt war groß, aber von kurzer Dauer. Wer erwartet hatte, daß das Entfestigungsprojekt rasch und zügig angegangen würde, sah sich getäuscht. Mit der organisatorischen und finanziellen Verwaltung, die jetzt auf die Stadt übergingen, waren nämlich viele Probleme verbunden. Zudem konnten sich Staat und Stadt nicht einigen, wie die Entfestigung durchgeführt werden sollte, insbesondere wer die Kosten für die Niederlegung der Festungswerke zu tragen habe; weder das Militärärar noch das Civilärar noch die Stadt fühlten sich zuständig. 1861 wurden die Verhandlungen hierüber eingestellt; die Sache ruhte.

Ein energischer Anstoß kam 1863 durch die Anlage des neuen Bahnhofs zustande. 1854 hatte man auf Wunsch der Militärstrategen den ersten Bahnhof in die Wallbefestigung miteinbezogen; nun, nach Aufhebung der Festungseigenschaft, verlegte man ihn

16 Hierzu im Detail HERZIG (wie Anm. 14), S. 18–30.

17 Zu den Ereignissen um die Mitte des 19. Jahrhunderts siehe Ulrich WAGNER, Georg Zürn. Erster Bürgermeister von 1865 bis 1884, in: Würzburger Bürgermeister 1862–1920. Hopfenstätter, Zürn, Steidle, Michel, Ringelmann, Grieser (Veröffentlichungen des Stadtarchivs Würzburg, Bd. 3), Würzburg 1990, S. 26–30, und Christine BARTHOLOMÄUS, Die Ringparkanlagen, in: Gärten und Grünanlagen in Würzburg. Ihre Entwicklung und Bedeutung, hg. von Hatto KALLFELZ und Ulrich WAGNER (Ausstellungskataloge der Staatlichen Archive Bayerns, Nr. 26), München 1990, S. 212 ff.

nach Norden vor die Stadt, wo die räumlichen Voraussetzungen für den Anschluß der neuen Linien günstiger waren. Um eine direkte Verbindung zum Zentrum zu schaffen, mußten die Wallanlagen durchbrochen und die Gräben aufgeschüttet werden. Das alte »Teufelstor« wurde niedergelegt; am 18. April 1866 konnte die neue geradlinige Verbindung von der Stadt zum Bahnhof, die heutige Bahnhofstraße, dem Verkehr übergeben werden. Eine endgültige Klärung des Entfestigungsproblems brachten die Kriegsereignisse von 1866. Der Beschuss der Stadt zeigte jedem, daß die Festungsanlagen keinen militärischen Schutz mehr boten; strittig war auch ihr strategischer Wert. Im Kriegsministerium setzte sich die Einsicht durch, daß die hohe Zahl der Festungen in Bayern eine der Ursachen für den militärischen Mißerfolg war; die Kräfte waren zersplittert worden. Konsequenterweise hob der König daher am 7. Mai 1867 gegen die Bedenken einiger Militärs auch die Festungseigenschaft der linksmainischen Stadtteile auf. Alle militärischen Einwendungen waren damit hinfällig und eine Gesamtlösung ermöglicht.

Die Stadt schlug nunmehr eine andere Taktik ein: Man forderte nicht mehr Teile der Festungsanlage, sondern wollte das gesamte Areal, nämlich Glacisflächen, Gräben, Wälle und Tore übernehmen. Man glaubte sich so finanziell günstiger zu stellen, als wenn man sukzessive eine Parzelle nach der anderen erworben hätte. Die von der Stadt zu führenden Verhandlungen gestalteten sich besonders deswegen schwierig, weil staatlicherseits mehrere Institutionen beteiligt waren: das Finanzministerium, da der größte Teil der Fläche dem Civilärar gehörte, das Kriegsministerium für die Teile der Festungswerke, die Eigentum des Militärfiskus waren, das Handelsministerium wegen der Eisenbahnen, das Justizministerium wegen einer Justizbaustelle, schließlich die Kabinettskasse wegen des Hofgartens. Nicht zuletzt dank der Aktivität des neuen Bürgermeisters Zürn genehmigten am 1. August 1868 die zuständigen Ministerien die Abtretung der Werke rechts des Mains mit einer Gesamtfläche von 53 ha 81 a an die Stadt.

Zürn gelang es auch, das gesamte alte Bahnhofs- und Eisenbahngelände um 380 000 Gulden zu erwerben und die privaten Grundbesitzer, deren Grundstücke in den Festungsbereich reichten, zum Verkauf zu veranlassen. Abgesehen davon, daß der Erwerb dieses Areals für die Stadt eine Lücke im Glacis schloß, war der Kauf vor allem deswegen von Bedeutung, weil jegliche private Spekulation unterbunden wurde. Noch 1868 wurden im alten Bahnhofsbereich die Arbeiten am Bau der Ludwigstraße begonnen und nach zwei Jahren abgeschlossen.

Die künftige Nutzung des nunmehr in den Besitz der Stadt übergegangenen Festungsareals war nicht unumstritten. Ein Teil der Ratsmitglieder war durchaus geneigt, Parzellen für den Wohnungsbau freizugeben. Zürn jedoch schlug als erster vor, die Glacisanlagen in einen modernen Ringpark umzugestalten, und konnte sich mit seiner Gesamtkonzeption durchsetzen. Folgende in den Verwaltungsberichten von 1870 und 1872[18] ausgeführten Gesichtspunkte wurden unter seiner Regie für das Entfestigungsprojekt maßgebend:

18 Bericht über die Verwaltung und den Stand der Gemeinde-Angelegenheiten der Stadt Würzburg. Geschäftsjahr 1870, Würzburg 1872, S. 24–26, und Geschäftsjahr 1872, Würzburg 1874, S. 36/37.

Abb. 2 Einebnungsarbeiten im Bereich des Bahnhofsvorplatzes im letzten Drittel des 19. Jahrhunderts. Stadtarchiv Würzburg, Photosammlung »Bahnhofvorplatzes«

1. Die Stadt sollte mit ihrem Umland sicher und bequem verbunden werden,
2. eine Ringstraße im alten Festungsbereich sollte eine rasche Verbindung um die Altstadt schaffen,
3. das Glacis war als städtische Anlage unbebaut zu erhalten.

Gerade der letzte Punkt lag Zürn sehr am Herzen: *die für die Stadt unschätzbaren Glacisanlagen sollten so gestaltet und verschönert werden, daß sie für die Gesundheit und Annehmlichkeit der Stadtbewohner nutzbar wurden*[19].

1869 begann die planmäßige Entfestigung. Zuerst wurden die den Verkehr behindernden Stadttore abgetragen und die Wälle für die neuen Radialstraßen durchbrochen. Seit Aufhebung der Festungseigenschaft hatten zahlreiche Bürger bereits außerhalb des Glacis, vor allem im Bereich von Sanderau und Grombühl, Wohnhäuser erbaut. Zwischen Zentrum und Außenbezirken wurden zwölf Straßendurchbrüche in Angriff genommen, welche der Stadt erheblichen Außenraum als Baugelände erschließen sollten. Bis 1882 waren acht Verbindungen hergestellt; die Stadt konnte wachsen und

19 Johann Georg ZÜRN, Über Würzburgs Entwicklung in den letzten dreißig Jahren, in: Alma Julia. Illustrierte Chronik ihrer III. Säkularfeier, Würzburg 1882, S. 65. In Frankfurt schützte die sogenannte »Wallservitut«, die im übrigen 1903 durch den preußischen König gesetzlich verankert wurde, die Wallanlagen vor größerer Bebauung; BERNATZKY (wie Anm. 15), S. 93. In Würzburg garantierte § 26 des Kaufvertrages zwischen dem Königreich Bayern und der Stadt Würzburg den Fortbestand der Grünanlagen.

sich ausdehnen. 1872 bis 1877 wurden das obere Mainquai angelegt und die Seen innerhalb der Stadtfläche am Pleichacher Tor und im Festungsgraben zugeschüttet; 1879 war der ehemalige Winterhafen aufgefüllt. Der Ausbau der Ringstraße begann am Hauger Ring 1873; man führte sie bis zur Stelzengasse (heute Koellikerstraße), dem Rennweg und der Ludwigstraße weiter. Der Pleicher Ring wurde 1878/79, die südliche Ringstraße 1880/81 geschlossen. Als Vorbild diente Zürn der Wiener Ring, doch im Unterschied zu diesem sollte das Glacis voll als Grünanlage mit eingeplant werden; in Wien hatte man beim Bau der Ringstraße 1862 nur einen Mittelstreifen mit Bäumen belassen. Für die Parkgestaltung schuf die Stadt eigens das Amt eines Stadtgärtners. In der Sitzung vom 16. 3. 1880 entschied sich der Magistrat unter 32 Bewerbern für den vom Gemeindekollegium vorgeschlagenen, 1843 in Schweden geborenen Jens Person Lindahl.

III

Mit Datum vom 14. August 1879 hatte Lindahl von Philippsruhe bei Haunau aus ein Bewerbungsgesuch an den Stadtmagistrat Würzburg gerichtet: *Weil er in Deutschland schon so heimisch geworden ist und in diesem Lande eine selbständige Stellung finden möchte*, bat er um die Übertragung der Stadtgärtnerstelle. In diesem Bewerbungsschreiben, dem er unter anderem ein Zeugnis des Landgrafen von Hessen beifügte, schilderte

Abb. 3 Die Ludwigstraße Ende des 19. Jahrhunderts. Stadtarchiv Würzburg, Photosammlung »Ludwigstraße«

Abb. 4 Der Gartenarchitekt Jens Person Lindahl (1843–1887) während seiner Würzburger Zeit im Alter von etwa 40 Jahren. Stadtarchiv Würzburg, Biographische Mappe »Jens Person Lindahl«

er auch kurz seinen Lebenslauf[20]. Danach wurde er am 27. Januar 1843 zu Wü, einem kleinen Dorf fünf Kilometer südlich von Christianstad, geboren, besuchte dort die Volksschule und später in Christianstad die Realschule. Im Alter von 17 Jahren begann er seine gärtnerische Laufbahn als Lehrling auf dem gräflichen Gute Okesholm, absolvierte anschließend in einem zweijährigen Kurs die königliche Gartenbauschule zu Bäckaskog[21], leistete seinen Wehrdienst ab und war dann als Gärtner in Stockholm, Wandsbek, Hamburg und Frankfurt tätig. Zusammen mit dem Gartenbaudirektor Heinrich Sießmayer arbeitete er im Rheinland und am landgräflichen Schloßpark zu Philippsruhe, der in eine prächtige Gartenanlage umgestaltet werden sollte[22].

20 Näheres zur Biographie bei BARTHOLOMÄUS (wie Anm. 17), S. 222. Teile der Personalakte Lindahls mit dem Bewerbungsschreiben, in welchem er seinen Werdegang schildert, liegen abschriftlich in der Biographischen Mappe »Jens Person Lindahl« der Zeitgeschichtlichen Sammlung des Stadtarchivs vor.

21 Das Schloß war zu jener Zeit bevorzugte Sommerresidenz des schwedischen Königs Karl XV.

22 Das Stadtarchiv Hanau verwahrt keine Unterlagen zu Person oder Tätigkeit Lindahls in Hanau (freundliche Mitteilung vom 3. 9. 1986). Die Durchsicht der einschlägigen Bestände im Staatsarchiv Marburg erbrachte zur Arbeit am Hanauer Schloßpark keine weiterführenden Erkenntnisse. In der Biographischen Mappe (StadtAW) befindet sich folgende Notiz: Das

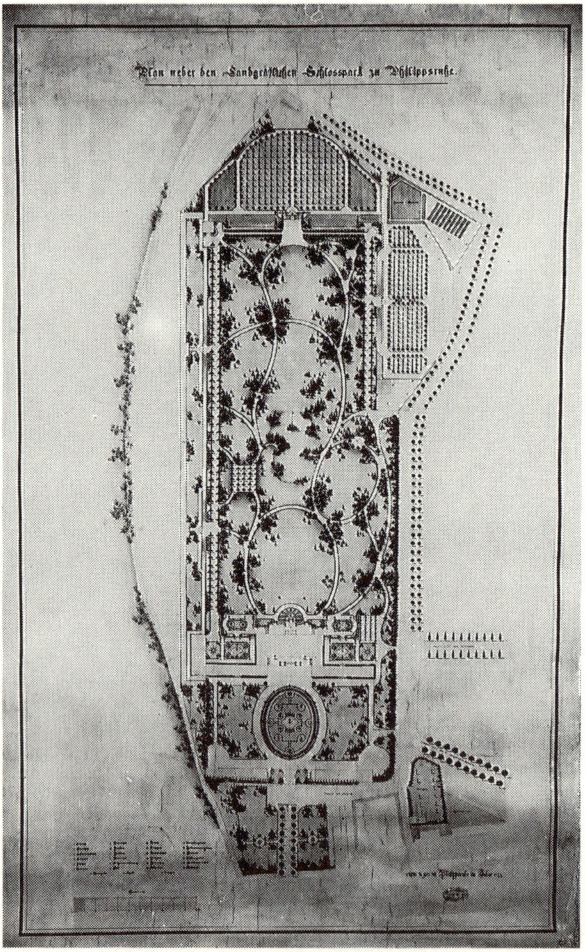

Abb. 5 Plan der Neuanlage des Philippsruher Schloßparkes von 1879. Städtische Lichtbildstelle Hanau, Nr. 2747/A 4.

Mit Magistratsbeschluß vom 16. März 1880 wurde Lindahl auf Vorschlag von Bürgermeister Zürn zum Stadtgärtner von Würzburg berufen[23] und erhielt ein Jahresgehalt von 1920 Mark zugesprochen. Am 2. August 1880 begann er hier für sieben Jahre seinen Dienst. Als Aufgabe war ihm gestellt, die Festungswerke und den Glacisbereich in eine Gartenanlage umzugestalten. Mit der Einstellung Lindahls begann eine fortschrittliche Entwicklung. Zuerst erarbeitete er Pläne für die Anlagen des Pleicher, Hauger und Rennweger Bereichs. Diese Arbeiten zeigten bereits den hochklassigen Gartenkünstler. Magistrat und Kollegium der Gemeindebevollmächtigten sprachen

Hausamt S. kgl. Hoheit, des Landgrafen von Hessen, dankt unter dem 12. Juli 1879 dem Gartendirektor Siesmayer für die Gestaltung des Philippsruher Schloßparkes und überträgt Jens Person Lindahl die Gartenanlagen zur selbständigen Leitung.

23 StadtAW Ratsprotokolle 268, 16. 3. 1880.

ihm für seine Entwürfe ihre besondere Anerkennung aus. Die internationale Gartenbauausstellung zu St. Petersburg verlieh Lindahl 1884 hierfür eine silberne Medaille und ein Diplom[24]. Zu diesem Erfolg wurde er auch von der Stadtvertretung beglückwünscht und sein Gehalt auf 2160 Mark erhöht.

Lindahls Konzeption sah unter Verwendung der vorhandenen alten Bäume eine Anlage vor, die den Bürgern und Besuchern der Stadt Ruhe und Erholung vermitteln sollte. Dichtschattige Laubgänge sollten mit grünen Wiesen wechseln, unterbrochen von einzelnen monumentalen Bäumen oder Gruppen schön blühender Zierbäume und Sträucher. Felspartien und kleine Wasserfälle, Statuen und Teiche mit plätschernden Springbrunnen sollten reizvolle Anblicke bieten. Insgesamt dachte sich Lindahl eine Anlage mit einem abwechslungsreichen und stimmungsvollen Bild.

Als erstes begann er, unterstützt von mehreren Mitarbeitern, darunter seinem Landsmann Swenson, mit der Umgestaltung des Rennwegerglacis. Auf Grund von Differenzen in reinen Fachfragen wurde er rasch zur Zielscheibe scharfer Kritik. Das Dilemma bestand darin, daß Lindahl nicht nur zum Streitobjekt der Würzburger Presse, sondern auch zum Zankapfel der beiden städtischen Gremien der Gemeindebe-

Abb. 6 Ansicht aus dem Klein-Nizza genannten Teilstück des Ringparks beim Hofgarten um 1905. Stadtarchiv Würzburg, Photosammlung »Ringpark«

24 Herzig (wie Anm. 14), S. 51; Bartholomäus (wie Anm. 17), S. 224, und andere berichten von einer Goldmedaille, die Lindahl für sein Würzburger Projekt erhalten habe. Nach der »Liste der bei der Internationalen Gartenbau-Ausstellung in St. Petersburg vom 17. Mai bis zum 1. Juni an die Herren Aussteller vertheilten Preise« (Gartenflora, Heft 33), Berlin 1884, S. 171 und 177, wurden Lindahls Pläne mit einer »kleinen silbernen Medaille« innerhalb der sechsten von sieben Preiskategorien prämiiert (freundlicher Hinweis von Karl Schäfer, Würzburg, vom 1. 12. 1987).

vollmächtigten und des Magistrats wurde. Mit der Auflage, keinesfalls Charakter und Stil der Glacisanlage aufzuheben oder abzuändern, war Lindahl von vornherein eine enge Begrenzung auferlegt worden. Seine Vorgänger hatten den Park nach dem Geschmack der Zeit angelegt, für den Schweden war diese biedere und sicher nicht schlechte Arbeit nur Mittelmaß. Noch vor Abschluß der Arbeiten am Rennweger Glacis wurde Lindahl von einigen Gemeindebevollmächtigten vorgeworfen, er schlage alte Bäume aus den Anlagen und beseitige zu viel Buschwerk. Das Kollegium schickte ein Beschwerdeschreiben mit Datum vom 30. Juli 1882 an Lindahl, der erst im April 1883 mit einem Gutachten diese Vorwürfe zurückwies[25], wobei er betonte, daß eine sukzessive Umgestaltung vom technischen Standpunkt aus dringend nötig sei. Mit seiner Ansicht stand Lindahl zwar nicht allein, doch hatte er im Gemeindekollegiumsmitglied Kirchgessner einen erbitterten Gegner, der ihm im April 1883 vorwarf, er brüskiere dieses Kollegium und verschlechtere die Anlagen[26].

Im Winter 1883/84 begann Lindahl sein zweites großes Würzburger Projekt, die Umgestaltung des Glacis vor dem Bahnhof. Da bei der Terraingestaltung unerwartete Schwierigkeiten auftraten – wo einst das Stift Haug gestanden hatte, kamen unter einer dünnen Erdkruste Felsschichten zum Vorschein, die nur sehr schwer abzutragen waren –, mußten zusätzliche Mittel beantragt werden[27]. Obwohl diese nur zum sehr geringen Teil bewilligt wurden, ließ Lindahl weiterarbeiten. In der Stadt kursierte der Spruch, *erneut sei der Schwede in Würzburg eingefallen und hause und verwüste wie zur Zeit des Schwedenkrieges.* Lindahls Stellung war aber zu dieser Zeit noch unangefochten, er wußte sich durch Bürgermeister von Zürn unterstützt, der jedoch überraschend am 10. Mai 1884 im Alter von erst 50 Jahren einem Herzinfarkt erlag[28]. Vorläufig konnte Lindahl aber seine Arbeiten ohne Unterbrechung fortführen.

Als nächstes sollte das Sanderglacis umgestaltet werden, wo sich im Laufe der Zeit ein kleiner Stadtwald entwickelt hatte. Lindahl wollte hier einen Stadtpark einrichten, wobei wieder eine Anzahl Bäume gefällt werden mußte. Als Lindahl mit seinem Vorhaben ernst machte, erregte dies neuen Ärger unter der Würzburger Bürgerschaft und hatte kritische Pressekommentare, insbesondere des Fränkischen Volksblattes, zur Folge. Dieses warf dem Stadtgärtner am 14. April 1885 (18. Jg. Nr. 83, S. 3) vor, daß *der Character des Glacis als Waldpark zum Schutz gegen Staub und Sonne ... von ihm nicht erfaßt werde, sondern daß er im Style Süßmayers eine neue gärtnerische Mode den alten Glacisanlagen aufoctroyrt habe.*

Vorwände lieferte Lindahl vor allem deswegen, weil er unbeirrt seine Konzeption fortsetzte und, da er die Gestaltung des Parks als Kunstwerk verstand, nicht zu Kompromissen bereit war. Hinzu kam, daß Lindahl als mangelhafter Organisator mit der Finanzplanung in Schwierigkeiten geriet. Als die Höhe der benötigten Summe bekannt wurde, rückte auch die liberale »Neue Würzburger Zeitung« von ihm ab.

25 Abgedruckt in: Neue Würzburger Zeitung vom 8. 4. 1883.

26 Hierzu im Detail HERZIG (wie Anm. 14), S. 49f.

27 VIII. Verwaltungsbericht der Stadt Würzburg, Würzburg 1890, S. 98–101, insbesondere Anm. S. 100.

28 WAGNER (wie Anm. 17), S. 35.

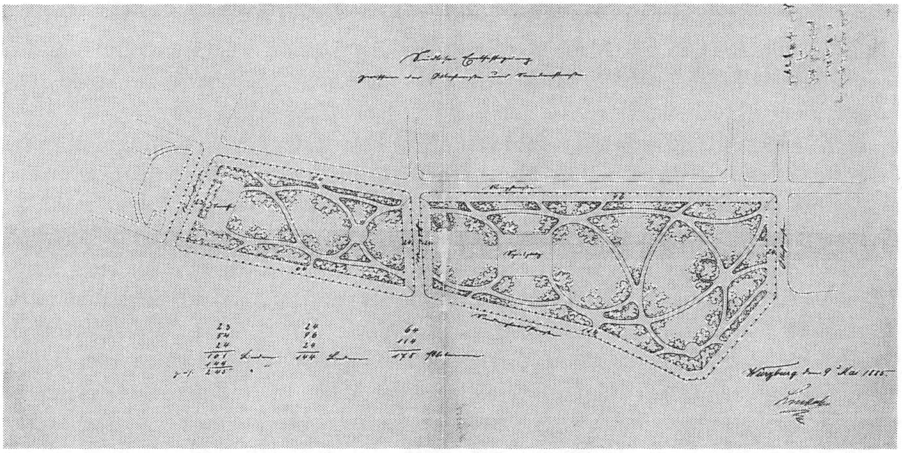

Abb. 7 Plan Lindahls von 1885 zur Glacisgestaltung im Bereich Ottostraße/Sanderstraße mit einer umlaufenden Allee von Linden und Platanen. Stadtarchiv Würzburg, Ratsakten 4473

Trotz zunehmender Anfeindungen ließ sich Lindahl nicht von seiner Idee abbringen; er war so besessen von seiner Würzburger Aufgabe, daß er 1885 selbst eine Berufung in die Gartenstadt Erfurt mit der Begründung ablehnte, daß er nicht eher von Würzburg weggehe, bis er den Ringpark vollendet habe[29].

Der Magistrat konnte die wachsenden öffentlichen Angriffe auf Lindahl nicht mehr übergehen. Zwar setzte sich auch Zürns Nachfolger, Bürgermeister Dr. Steidle[30], für den Stadtgärtner ein, doch fehlte ihm das Geschick seines Vorgängers, das Werk Lindahls zu verteidigen[31]. Kritisiert wurde nunmehr das neue Projekt Lindahls: die Neuanlage des Ringparks von der Sanderstraße bis zum Main. Lindahl plante hier einen See, der mit Mainwasser gespeist werden sollte. Zum Main hin ließ er künstliche Hügel aufschütten, um dem Ganzen einen geschlossenen Rahmen zu geben, sowie ein Seebecken ausheben. In einer Sitzung des Gemeindebevollmächtigtenkollegiums rügte Kirchgessner, daß Lindahl dieses Projekt eigenmächtig und ohne Genehmigung habe ausführen lassen – Arbeiten, die bis zu ihrem Abschluß weitere 23 000 Mark kosten würden. Zudem sei es ein Unding, neben einem Fluß für teures Geld einen künstlichen See zu schaffen. Nach diesen Vorwürfen distanzierte sich im August 1886 auch Bürgermeister Dr. Steidle von diesem Projekt. Die Arbeiten am »See« wurden daraufhin eingestellt. Man beschloß, eine Kommission einzusetzen, die Lindahls Ausgaben überprüfen und ihn bei der weiteren Arbeit überwachen sollte. Dieser Affront führte bei Lindahl zu einem Nervenzusammenbruch, von dem er sich

29 Herzig (wie Anm. 14), S. 54.
30 Zur Person Steidles und zu seiner Amtsführung grundlegend Hans-Peter Baum, Johann Georg Steidle. Erster Bürgermeister 1884–1899, in: Würzburger Bürgermeister 1862–1920, wie Anm. 17 S. 43–94.
31 Zu Steidles Rolle bei den folgenden Auseinandersetzungen siehe Baum (wie Anm. 30), S. 60–63.

in einer mehrwöchigen Kur zu erholen hafte. Während seiner Abwesenheit beschloß der Magistrat, die Anlagen am Main nach der alten Konzeption weiter auszuführen, den ausgehobenen Weiher wieder zuschütten und mit Rasen bepflanzen zu lassen. Die aufgeworfenen Hügel wurden verkleinert und als Spielplätze hergerichtet.

Nach seiner Rückkehr war Lindahl von dieser Entwicklung überrascht und über die Eingriffe entsetzt. Im Februar 1887 klagte er über Kopfschmerzen und Schwindelanfälle. Nach einer weiteren mehrmonatigen Kur in Thüringen begann er am 25. Oktober 1887 in Würzburg wieder seinen Dienst[32]. Vier Wochen später, am 22. November 1887, erschoß er sich in den Glacisanlagen an der Ottostraße und hinterließ ein unvollendetes Werk. Zynisch der Kommentar des Fränkischen Volksblattes[33] zu Lindahls Begräbnis: *Die Beerdigung des Stadtgärtners Lindahl fand gestern unter Assistenz der protestantischen Geistlichkeit statt, die es jedoch in correcter und taktvoller Weise vermied, den Selbstmörder am offenen Grabe zu glorificieren, worüber Juden, Altkatholiken und Freimaurer nicht wenig erbost sind. Die Schöpfungen Lindahls werden eine sehr kostspielige Erinnerung für die Stadt bleiben und wir hoffen, daß die städtischen Collegien bei der Ernennung eines neuen Stadtgärtners mit größter Sorgfalt vorgehen. Es braucht just kein Ausländer sein, es gibt auch im Inlande geschickte Gärtner, die ohne zu verschwenden etwas Tüchtiges leisten.*

Vierzehn Jahre nach Lindahls Tod veranlaßte ein Freundeskreis, daß im Ringpark unweit der Neuen Universität an einem von Lindahl gestalteten Felsenbrunnen eine Gedenktafel eingelassen wurde. Diese wurde von Peter Feile geschaffen und zeigt das Porträt des Verstorbenen mit der Inschrift »Dem um den Ausbau der Ringparkanlagen hochverdienten Stadtgärtner Jens P. Lindahl 1880–1887«.

Als späte Ehrung beschloß der Stadtrat, nach dem ehemaligen Stadtgärtner eine Straße zu benennen; 1982 wurden die sterblichen Überreste Lindahls in das städtische Ehrengrab auf dem Hauptfriedhof umgebettet. Seit der Amtszeit von Oberbürgermeister Dr. Klaus Zeitler verleiht die Stadt Würzburg eine Lindahl-Medaille in Gold und Silber an jene Bürger, die sich in besonderer Weise für Umweltschutz und ökologische Interessen engagiert haben.

32 Zu Lindahls physischer und psychischer Verfassung kurz vor seinem Tod sind die beiden folgenden Schreiben aufschlußreich (Stadtarchiv Würzburg, Biographische Mappe »Jens Person Lindahl«):1. Sommerberg, 6. August 1887; Attest des behandelnden Arztes Dr. Richter. *Lindahl befindet sich schon seit längeren Wochen zur Kur in meiner Wasserheilanstalt. Patient leidet an intensiven Reizzuständen des Central-Nervensystems. Die Unruhe und Reizbarkeit des Kopfes war eine recht erhebliche u[nd] braucht längere Zeit zur Kur, um befestigt zu werden. Da aber bereits eine erhebliche Besserung eintrat, ist mit Sicherheit anzunehmen, daß Herr Lindahl nach Ablauf von ca. 9 Monaten von jetzt an wieder wohl u[nd] arbeitsfähig sein wird.*
2. Sommerberg, 12. August 1887; Lindahl an den Würzburger Magistrat. *Ich erlaube mir hierzu zu bemerken, daß das Nervensystem des Körpers sich wesentlich gebessert hat, der Körper etwas ruhiger geworden ist u[nd] auch die Schlaflosigkeit in letzter Zeit sich gebessert hat. Die Anfälle von Kopfschmerzen haben sich bis jetzt wenig gebessert; zeitweise fühle ich weniger Schmerz, zeitweise in der Art, daß es kaum auszuhalten ist. Die nervösen Aufregungen haben sich wesentlich gebessert, zeitweise ziemlich gut. Nach Aussage des Herrn S[anitäts]-R*[ates] *Dr. Richter werde ich noch 9 Monate bedürfen, um die Kur vollständig durchzumachen.*
33 Fränkisches Volksblatt vom 26. 11. 1887, 20. Jg. Nr. 268, S. 3.

IV

Auf Lindahl folgte 1888 als Stadtgärtner Engelbert Sturm, der das Sanderglacis, insbesondere im Bereich Huttenstraße bis zum Main, zum Abschluß brachte. Bis 1896 wurden der äußere Glacisweg verbreitert, ein Bürgersteig und ein Reitweg angelegt und die Straße mit einer einreihigen Platanen- und Lindenallee bepflanzt. 1891 war die Umgestaltung der Glacisanlage vor dem Friedhof beendet.

Im folgenden Jahr begann Sturm mit der Neugestaltung des gesamten Pleicherglacis von der Veitshöchheimer Straße bis zum Bahnhof, indem er das Terrain erhöhen und Wasserleitungen, Laufbrunnen und ein Bassin anlegen ließ. Sämtliche Anlagenteile wurden nun mit dem städtischen Wassernetz verbunden. Angehoben werden mußte auch das Terrain des Sanderglacis, dessen Umgestaltung mittels einer Bepflanzung der Auffahrt zur geplanten Ludwigsbrücke mit Linden und Ziersträuchern abgeschlossen wurde. In diesem Jahr konnten nach einigen Verhandlungen endlich auch die Arbeiten hinter dem Hofgarten beginnen. Der Bau der Ludwigsbrücke (»Löwenbrücke«) 1894 und der Luitpold-, heute Friedensbrücke führte die Ringstraße schließlich über den Main weiter.

Die Umgestaltung des Würzburger Glacis zum modernen Ringpark, für welche die Stadt die nicht unbeträchtliche Summe von 961 820 Mark aufbrachte, kann um 1900 als abgeschlossen betrachtet werden[34]. Daß es sich insgesamt um eine gelungene Konzeption handelte, die Würzburg zu einer der schönsten Ringparkanlagen Deutschlands verhalf, ist nicht zuletzt dem Stadtgärtner Lindahl und Bürgermeister Georg von Zürn zu verdanken. Mit Unterstützung der Regierung war es ihnen gelungen, gegen die Tendenz der Zeit ihre Wallgrünflächen nicht dem Häuserbau zu opfern, wie es teilweise in Hamburg, Lübeck, Ulm oder Hildesheim geschah[35], sondern diese als Grüngürtel für ihre Bürger zu erhalten. Eine bemerkenswerte Anerkennung für die Gestaltung ihres Ringparks erfuhr die Stadt 1897 durch ein Diplom bei der Internationalen Gartenbauausstellung in Hamburg; besonders gewürdigt wurde das Würzburger Ringparkmodell auch 1903 auf der Städteausstellung in Dresden[36].

34 Der Verwaltungsbericht über die Jahre 1896 bis 1900, Würzburg 1902, S. 84, konstatiert die *Vollendung der hauptsächlichsten Entfestigungsarbeiten und Straßenanlagen* und zieht mit Blick auf den nicht unbeträchtlichen städtischen Finanzaufwand von 961 820 Reichsmark ein sehr positives Fazit. *In Hinsicht auf Gesundheit, Verkehrsverbesserung, Stadterweiterung und Stadtverschönerung ... wurden ... für die Stadt Würzburg Vorteile und Annehmlichkeiten erzielt, welche mit einem Aufwand von beiläufig einer Million Mark gewiß nicht zu teuer erkauft sind*; ebd., S. 94. Andererseits ging ZÜRN (wie Anm. 19), S. 183, bereits 1882 von bis dahin angelaufenen Gesamtkosten von »etwas mehr als 3 Millionen Mark« aus, die allerdings zum Teil durch den Verkauf von Liegenschaften gedeckt werden konnten.

35 Gerade im letzten Drittel des 19. Jahrhunderts hatten die Wallanlagen beträchtliche Substanzverluste durch den Bau von Bahnanlagen, öffentlichen Gebäuden, Straßenverkehrsdurchbrüchen und Ringstraßen hinzunehmen. Aufschlußreich hierzu Michael GOECKE, Stadtparkanlagen im Industriezeitalter. Das Beispiel Hamburg (Geschichte des Stadtgrüns, hg. von Dieter HENNEBO, Bd. V), Hannover-Berlin 1981.

36 Laut Verwaltungsbericht für das Geschäftsjahr 1903, Würzburg 1904, S. 107, war es *eines der meistbesichtigten Ausstellungsgegenstände in Dresden und hat dazu beigetragen, den Ringpark, den unerreichten Vorzug unserer Stadt, weiten Kreisen gebührend bekannt zu machen.*

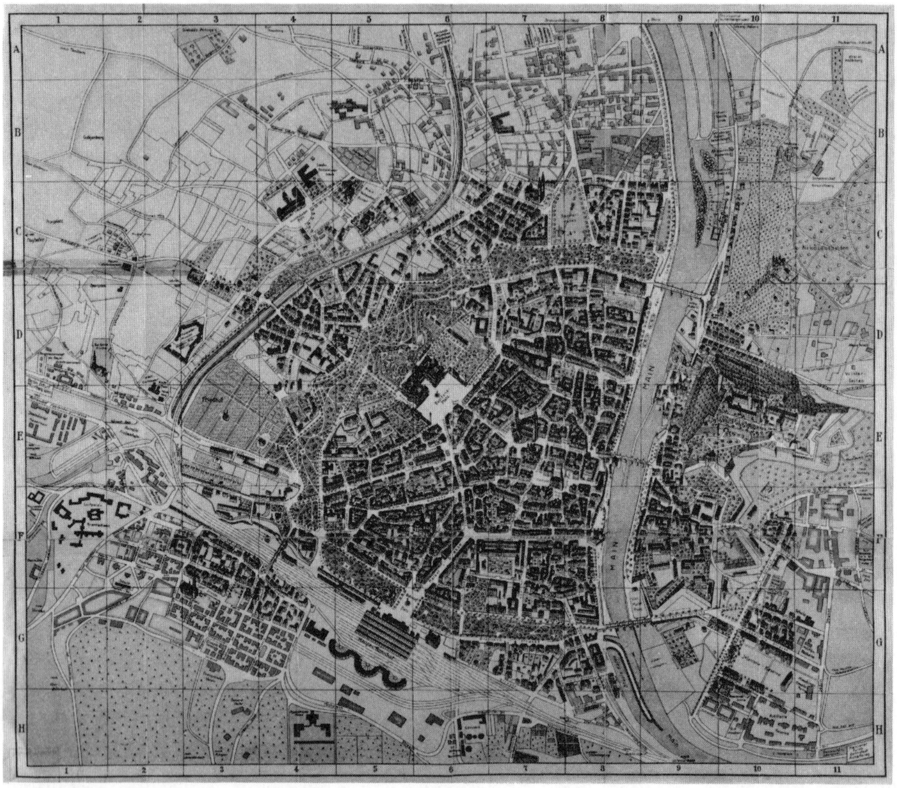

Abb. 8 Dank Zürn und Lindahl konnte das Glacis als Parkanlage erhalten werden, die bis heute Würzburgs Altstadt umschließt (Grundriß mit Schrägansicht von 1928). Stadtarchiv Würzburg, Karten A 60

Versuchen wir die Frage zu beantworten, inwieweit Würzburgs Entfestigung gewisse Gesetzmäßigkeiten beziehungsweise Parallelen zu anderen Entfestigungsprojekten aufweist, so läßt sich folgendes festhalten: Wie Würzburg wurden die meisten deutschen Festungsstädte zu Beginn des 19. Jahrhunderts (Düsseldorf, Ulm, Bremen, Frankfurt am Main, Lübeck und Breslau) beziehungsweise in der zweiten Hälfte des 19. Jahrhunderts (Augsburg, Stettin, Mainz, Köln und Danzig) entfestigt[37]. Verschiedene Gründe waren hierfür maßgebend:

37 Ein Versuch zur Periodisierung der Entfestigung deutscher Städte bei BERNATZKY (wie Anm. 15), S. 9–44. Siehe auch Christian ENGELI, Stadterweiterungen in Deutschland im 19. Jahrhundert, in: Die Städte Mitteleuropas im 19. Jahrhundert, hg. von Wilhelm RAUSCH (Beiträge zur Geschichte der Städte Mitteleuropas, Bd. VII), Linz/Donau 1983, S. 47–72, hier S. 50, der als »Hauptentfestigungswelle« statistisch gesehen den Zeitraum 1790–1825 benennt. Hierzu von Interesse Peter GROBE, Die Entfestigung Münchens (Miscellanea Bavarica Monacensia, H. 27), München 1970, S. 10.

1. Man hatte erkannt, daß die Festungswerke mit der fortschreitenden Belagerungs- und Kriegstechnik nicht mehr Schritt halten konnten. Ihr militärischer Wert war daher zweifelhaft, die Kosten für ihre Unterhaltung aber sehr hoch.
2. Die Bürger fühlten sich hinter den Bastionen eingeschlossen und nicht mehr sicher, insbesondere nachdem in den Napoleonischen Kriegen fast alle Festungen kampflos kapituliert hatten.
3. Die Kapitulation der Festungsstädte hatte von den Bürgern oft hohe Kriegskontributionen und lästige Einquartierung gefordert. Sie verlangten daher eine Öffnung der Städte, um vor weiteren Bedrohungen und deren Folgen frei zu werden.
4. Die Zweckentfremdung der Werke, ihre wirtschaftliche Nutzung, hatte begonnen und war kontinuierlich vorangeschritten, wobei sich häufig das Nutzungsrecht in ein Besitzrecht umwandelte.
5. Die Ummauerung der Festungen behinderte den Temperaturausgleich und den Luftaustausch zwischen Stadt und Umland und verschlechterte das Stadtklima.
6. Die durch die Festungseigenschaft bedingten Bauverbote blockierten die räumliche Weiterentwicklung der Städte und führten zu extremer Raumnot und sehr beengten innerstädtischen Wohnverhältnissen.

Andererseits diente das neue Gelände der Ansiedlung wichtiger zentraler Funktionen. Wie in Würzburg, so wurde auch in vielen anderen Städten ein Teil des ehemaligen Festungsgeländes für die Anlage der Eisenbahn genutzt, die hier nahe an die Innenstädte herangeführt werden konnte. Fast alle Festungsstädte – wie Bremen, Hamburg, Danzig, Frankfurt, Köln, Mainz, Mannheim und Ulm – machten von dieser Möglichkeit Gebrauch. Gegen die Jahrhundertwende wurden häufig im ehemaligen Festungsbereich repräsentative Gebäude errichtet, die für die Öffentlichkeit bestimmt waren. Es entstanden in dieser bevorzugten Lage Verwaltungsgebäude, Gerichtsbauten, Versicherungsgebäude, Banken, schließlich auch Krankenhäuser, Gefängnisse, Bäder, Theater, Opernhäuser, Bibliotheken, Schulen und Museen. Weniger in Würzburg, aber in vielen anderen Städten führte diese Entwicklung zu einer völligen Einebnung der alten Fortifikationen und gerade in der zweiten Hälfte des 19. Jahrhunderts zu einem Zurückdrängen der Wallgrünflächen.

Die Berliner Gartenstadt Falkenberg
Ein Planungsbeispiel der deutschen Gartenstadtbewegung

von Kristiana Hartmann

Das Reformpaket »Gartenstadt«

Ausufernde Städte, soziale Spannungen in den Städten beunruhigte das durch die Industrialisierung veränderte ganze Europa des 19. Jahrhunderts. Die kultur- und gesellschaftspolitische Kritik an den bestehenden Verhältnissen:
- Kritik am technologischen Wandel,
- Kritik an der Denaturierung, an der Entwurzelung, an der Vereinzelung, vor allem am Verlust an Geborgenheit,
- Kritik an der Ausbeutung des Bodens,
- Kritik am spekulativen Bauen

waren Ausgangspunkt einer komplexen, planerischen und wohnungspolitischen Reformidee: der Gartenstadt.

Allerdings war es weder ein ausgebildeter Planer noch ein Architekt, der die Gartenstadtidee formulierte. Es war der englische Gerichtsstenograph, Ebenezer Howard, der das Konzert in seinem Buch: »Tomorrow. A peaceful Patz to real Reform«, 1898, 2. Auflage: »Garten-Cities of Tomorrow« formuliert hatte.

Nach Howards grundsätzlicher Gartenstadtidee sollten im Vorfeld von Städten auf billigem Bauland planmässig angelegte, stark durchgrünte Stadttrabanten auf selbständiger, industrieller Basis und mit einem dauernd frei gehaltenem Grüngürtel für landwirtschaftliche Nutzung gegründet werden. Die von den demokratisch strukturierten Aufbaugesellschaften auf genossenschaftlicher Basis erstellten Wohnungen (Gemeinbesitz an Grund und Boden), meist im Reihenhaussystem erbaut, sollten ein kulturvolles, naturverbundenes Wohnen ermöglichen und gleichzeitig die Bodenspekulation und den Mietwucher ausschalten.

Die Gründung der deutschen Gartenstadtbewegung fand in Berlin statt

Ein ganzer Strauß von alternativen Hoffnungen sollte die offensichtlichen Probleme auch in der jungen Hauptstadt Berlin lösen: Die Synthese von Stadt und Land beispielsweise als Kampfansage gegen die kapitalistische Welt des Konsums; daneben auch die Flucht aus der Stadt, die Flucht aus der bürgerlichen Konvention, aus dem Besitz und Repräsentationszwang; die Forderung nach autonomer Lebensgestaltung statt konventioneller Normierung; die Befreiung sogar der Phantasien, der Sinnlichkeit, der Sexualität. Man wandte sich gegen eine Moral zwischen Prüderie und Prostitution. Zum intendierten Aufbau einer neuen gartenstädtischen Welt gehörte also ein ganzes

Hoffnungsspektrum: Reinigungsideologien und Befreiungshoffnungen, Eskapismus und Emanzipation, Regression und Fortschritt[1].

Das passive Bedauern um Verlorenes sollte durch aktives Re-Formieren ersetzt werden. Die englische Idee der Gartenstadt wurde im Jahre 1902 im Kreise von einer sozialreformerischen Dichterkommune überführt. Die deutsche Gartenstadtbewegung wurde im Jahre 1902 von der »Neuen Gemeinschaft« in Berlin-Schlachtensee gegründet, die um 1900 vom Berliner Vorort Friedrichshagen – dort nannten sie sich »Friedrichshagener Freundeskreis« – nach Westen gezogen war. Es waren nicht, was anzunehmen wäre, eine Gruppe oder eine Institution, die sich konkret mit den zeitgenössischen wohnungs- und planungspolitischen Defiziten beschäftigt hätte. Die von den Brüdern Hart, von Bernhard Kampffmeyer, Gustav Landauer und anderen Friedrichshagenern gegründete »Neue Gemeinschaft« hatte sich 1901 vom Bankier Securius, »einem alten Anhänger der Naturheilbewegung und der Stammschen Bodenreform, ein ansehnliches Gebäude mit großem Garten in Berlin-Schlachtensee billig abgepachtet«[2].

Die ländlicheren Vororte Berlins boten Ende des 19. Jahrhunderts eine willkommene Heimstätte für nostalgische Schollensucher. »... alle waren sie leidenschaftliche Bekenner sozialer Ideen, Verehrer der Natur, und das in jener übertriebenen Form, welche die sentimentale Epoche der deutschen Romantik zu Anfang des 19. Jahrhunderts kennzeichnet – ich habe ja gesehen, wie sie sich bei den Händen faßten und eine alte Eiche umtanzten, wie sie ihre Hüte mit Eichenblättern schmückten und Hymnen zu Ehren von Menschlichkeit, Freiheit und Brüderlichkeit sangen – ach, wie naiv sie spielten«[3]. Der kulturelle »Edel-Sozialismus« der Berliner »Neuen Gemeinschaft«[4] begeisterte sich an der englischen Idee. Natürlich war es aber nicht der handfeste, praktische Reformgedanke des Howardschen Konzeptes, der den schwärmerischen Intellektuellen gefallen hatte. Sie nahmen die englische Gartenstadtidee auf, weil sie in ihr verwandte Momente ihrer Naturbegeisterung und des in Schlachtensee praktizierten Kommune-Lebens sahen. Howards Konzept ließ die begierig nach ganzheitlicher Reform für Seele, Geist und Körper suchenden deutschen Lebensreformer aufatmen. Die Zeit war reif für das englische Vorbild; der Aufbruch zu neuen Ufern konnte mit den gartenstädtischen Zukunftsbildern anvisiert werden. Die erste propagandistische Flugschrift der Deutschen Gartenstadtgesellschaft wurde vom 47jährigen Schriftsteller Heinrich Hart (1855–1906) verfaßt.

Obwohl sich die Deutsche Gartenstadtgesellschaft im Verlauf ihrer Entwicklung von den naturalistischen Literaturrebellen der »Neuen Gemeinschaft« entfernt hatte und in sachlicher Art versuchte, die Wohn- und Lebensreform voranzutreiben, konnte

1 Vgl. dazu auch Janos Frecot, Die Lebensreformbewegung, in: Klaus Vondung (Hg.), Das wilhelminische Bildungsbürgertum. Zur Sozialgeschichte seiner Ideen, Göttingen 1976, S. 138ff.

2 Adolf Damaschke, Aus meinem Leben, Berlin 1928, S. 220.

3 Stanislaw Przybyszewski, Erinnerung an das literarische Berlin, München 1965, S. 111. Vgl. auch: Herbert Scherer, Bürgerlich oppositionelle Literaten und sozialdemokratische Arbeiterbewegung nach 1890, Stuttgart 1974.

4 Vgl. dazu den Artikel von D. N. Schmidt über die Brüder Hart, in: »Neue deutsche Biographie«, Bd. 7, Berlin 1966, S. 706f.

sie ihre »Jugendsünde« nie ganz verleugnen. Der »sozialistische Idealismus« der »Neuen Gemeinschaft« war der Haupttenor der Aktivitäten der frühen Deutschen Gartenstadtgesellschaft, mit der wir uns hier auseinandersetzen. Die ersten Ausschußmitglieder der Deutschen Gartenstadtgesellschaft im Gründungsjahr 1902 waren[5]: der Schriftsteller, Naturphilosoph und Freidenker Wilhelm Boelsche (1861–1939) mit 41 Jahren, der Graphiker, Kunstmaler und Lebensreformer Hugo Hoeppener, genannt »Fidus« (1868–1940), mit 34 Jahren, und die Schriftstellerin Henriette Lyon.

Die kulturkritisch-reformerischen Themenansätze waren stark vertreten. Dennoch wurden auch praxisbezogene Gesichtspunkte formuliert, so etwa von Prof. Dr. Paul Förster (geb. 1844), einem 58jährigen Pädagogen, oder dem Volkswirtschaftler und Soziologen Dr. Franz Oppenheimer (1864–1943) mit 38 Jahren. Ferner zu nennen sind der Volkswirtschaftler und spätere Generalsekretär der Gemeinnützigen Genossenschaft Groß-Berlin, Adolf Otto, von dem die Gartenstadt Falkenberg gegründet worden war, und schließlich auch der später ebenfalls in Falkenberg als Architekt tätige Paul Robert Tautz.

Der Gartenstadtausschuß bestand schon bald nach der Gründung der Gesellschaft aus einer Mischung neoromantisch angehauchten Bildungsbürgertums, das als Reformziel eine nationale Selbstbesinnung sah, wie es auch in der von Ferdinand Avenarius (1856–1923) herausgegebenen Zeitschrift »Kunstwart« zum Ausdruck gekommen ist. Die bis 1906 als Flugschrift herausgegebenen »Mitteilungen der Deutschen Gartenstadtgesellschaft« konnten seit 1907 zum ersten Mal in dem renommierten, von Joseph August Lux edierten Blatt »Hohe Warte – Illustrierte Halbmonatsschrift für die künstlerischen, geistigen und wirtschaftlichen Interessen der städtischen Kultur« erscheinen. Es waren keine vaterlandslosen Gesellen, auch wenn Bernhard Kampffmeyer als Literat, Gärtner und Lebensreformer zugleich Sympathisant der anarchistischen Ideen Piotr Kropotkins (1842–1921) war.

Die Professionalisierung der gartenstädtischen Denkzentrale, des Vorstandes der Deutschen Gartenstadtgesellschaft, hatte schon in der frühen Propagandaphase (bis 1907) zugenommen. Dennoch blieb es während der wichtigsten Phase bis zum Ersten Weltkrieg gerade das breit angelegte, fast ganzheitlich orientierte Spektrum des Reformdenkens, auf das die deutschen Gartenstädter Gewicht legten.

Der Begriff »Gartenstadt« transportierte ein Reformdenken, das auf eine ganze Palette von Lebensbereichen ausgerichtet war. Die Wohnreform war das Nahziel, die Lebensreform schlechthin das Fernziel, dazwischen lagen Erziehungsreform, Kleidungsreform, Ernährungsreform, Tanzreform, Sexualreform und anderes mehr. Schließlich und nicht zuletzt gehörte in dieses Reformpaket der Gedanke eines dezentralisierten parlamentarischen Systems – der Kampf um die Reform war gleichzeitig auch der Wille zur Emanzipation, zum befreiten Lebensentwurf. Die angepeilte »republikanische Humanität« mußte dem wilhelminischen System des kaiserlichen Deutschlands Stück für Stück entgegengesetzt werden. Dazu bedurfte es offensichtlich der Zivilcourage, des Durchhaltevermögens und der Standfestigkeit der Promotoren –

5 Vgl. dazu Kristiana HARTMANN, Deutsche Gartenstadtbewegung. Kulturpolitik und Gesellschaftsreform, München 1976.

jeder an seinem Ort, jeder in seiner beruflichen Eingebundenheit und auch in seiner persönlichen Kollisionsfähigkeit. Dazu bedurfte es aber auch – und das sicher nicht nur halbherzig – der Solidarität mit dem gesellschaftlichen Fernziel der für die Gartenstadtbewegung arbeitenden Architekten. Die mit der und für die Gartenstadtbewegung arbeitenden Architekten lagen mit unterschiedlichem Engagement im Trend der damals fortschrittlichen Architektur- und Planungsdiskussion. Sie gehörten aber weder zu der Garde des neobarocken Späthistorismus um Wilhelm II. (wie etwa Wilhelm Kreis oder Bruno Schmitz), noch standen sie an der Front des jugendlichen Aufbruchs nach neuer Gestaltung im Sinne Henry van de Veldes, des »Jugendstils« im besonderen.

Fünf Ziele der gartenstädtischen Planungsreform

Planung als Prozeß

Gartenstädtisches Planen forderte prozeßorientierte Handlungsbereitschaft und weniger, worauf Architekten in der Regel trainiert werden, objektbezogenes Erfinden. In solidarischer Übereinkunft, im Teamwork sollten alle in Frage kommenden Fachressorts abgestimmt werden: Flächennutzungsplan, Zonenplanung, Verkehrsplanung, Infrastrukturplanung, Grünplanung, Bodenverkehr und anderes mehr. Die Organisation von Produktion und Reproduktion, die Optimierung von Wohn- und Freizeitwert in den neuen Quartieren gehörten auch zu diesem Handlungsrahmen.

Raum-Gestalt

Parallel zu diesem übergeordneten planerischen Ansatz wurde Gartenstadtplanung von Anbeginn an auch als Gestaltplanung, Gestaltfindung und Gestaltmaximierung verstanden. Obwohl das generalisierende Schema Howards dies vorerst nicht vermuten läßt, schlugen bereits die ersten englischen Gartenstadtarchitekten Unwin und Parker konkrete Raumvorstellungen als Bühne des Reformkonzeptes »Gartenstadt« vor. Entgegen dem rein utilitaristischen Bauen monotoner Massenquartiere planten sie im Sinne der seit 1889 vieldiskutierten Städtebau-Vorstellungen Camillo Sittes' (»Der Städtebau nach seinen künstlerischen Grundsätzen«) gestalterisch einprägsame Identifikationsräume für die öffentlichen Nutzungen in den Gartenstadtzentren wie auch für die intimeren Wohnquartiere. Hans Kampffmeyer, einer der wichtigsten und wohl auch wortgewaltigsten Programmatiker der frühen Gartenstadtzeit – notabene ein Volkswirt, kein Architekt – hat die mit Raumgestalt verknüpfte Hoffnung auf Lebensreform schon 1911 in einem überzeugenden Votum zusammengefaßt: *Wenn in der Gartenstadt die Einzelhäuser zu einheitlichen Gruppen und Straßenbildern zusammengeschlossen werden, so ist das nichts Zufälliges, nichts Willkürliches, sondern es ist der sinnfällig gewordene logische Ausdruck einer bestehenden sozialen Gemeinschaft. Wie in der Genossenschaft der Einzelne bis zu einem gewissen Grade seine individuellen Wünsche dem genossenschaftlichen Gesamtwillen unterzuordnen hat …, so verlangt auch sein Haus nicht die Loslösung vom Nachbarhaus, sondern vereinigt sich mit ihm zu einer einheitlichen Gesamtwirkung*[6].

6 Hans KAMPFFMEYER, Die Bedeutung der wirtschaftlichen und sozialen Grundlagen der Gartenstadt für den Städtebau, in: KELLER/WAGNER/OSTHAUS/KAMPFFMEYER, Bauordnung und Bebau-

Die neue »Sozial-Ästhetik« wurde mit der Erwartung verknüpft, daß die Wirkungskomponente von Gestaltqualität wie auch die Wirkung von Raum und Form sowohl auf die sinnliche Wahrnehmung wie auch auf die Leistungsfähigkeit erkannt werde. Auch wenn entsprechende, vielleicht sogar naiv zu nennende Erwartungen sich inzwischen als nicht ganz stringent umsetzbar erwiesen haben, muß gerade dieser damals neuen, keineswegs erprobten Erkenntnis besondere Aufmerksamkeit geschenkt werden. Der Erkundung der menschlichen Psyche galten um die Jahrhundertwende neue und interessante empirische Untersuchungen wie etwa diejenigen von Adler und Freud. Daß innerhalb der gartenstädtischen Reform mit interdisziplinärem Aufwand eine praktische Nutzung entsprechender Erkenntnisse ins Auge gefaßt wurde, zählt zu den gewichtigen Erneuerungen des urbanistischen Reformkonzepts. Gestalt-Qualität war keine abstrakte, losgelöste Formel, sie war kein Schlüssel zur Machtausübung: Weder Imponiergestus noch Drohgebärden sollten räumlich-architektonischen Ausdruck finden. Gestalt-Qualität sollte vielmehr eine neue, befreite, befriedete und emanzipierte Gesellschaft in einer neuen Stadt ermöglichen.

Bodenreform und Organisationsreform

Grundlage und Voraussetzung für planerisches Handeln in den Gartenstädten war die Reform des Bodenrechts. Die strikte Kontrolle des Bodenverkehrs, das bewußte Ausschalten der Laissez-faire-Politik sollte durch neue Instrumente wie Obereigentum der Gemeinde, Gemeinbesitz, Genossenschaftsbesitz oder Erbpacht abgesichert werden. Man war davon überzeugt, daß das ökonomische Ziel der Bodenreform nur mit dem organisatorischen Reformziel der Genossenschaft, zumindest aber in der Form des gemeinnützigen Unternehmertums zu erreichen wäre.

Gesundheit und Hygiene

Die in Groß- und Mittelstädten des 19. Jahrhunderts zu beobachtenden sozialen Probleme, vor allem die offensichtlich umweltbedingten Epidemien, auf die Ärzte, Hygieniker und Statistiker immer wieder hingewiesen haben, waren Ausgangspunkt der Formulierung neuer planerischer Zielsetzungen. Einzelne Instrumente hierfür, so etwa die Zonenbauordnung, die Einsetzung von Wohnungsaufsichtsbehörden und ähnliches, wurden schon seit den siebziger Jahren des 19. Jahrhunderts von reformbewußten Planern diskutiert und zum Teil angewandt. Die Gartenstadtpromotoren wurden, sicherlich in inhaltlicher Übereinkunft und zum großen Teil auch in personeller Identität mit dem »Verein für Socialpolitik« (1887), dem »Deutschen Verein für öffentliche Gesundheitspflege« (1873) oder dem »Verein Reichswohnungsgesetz« mit den Bodenreformern nie müde, die gesetzgebenden Instanzen innerhalb des Reichstags immer wieder zur Übernahme all dieser Reformansätze in das allgemeine Planungs- und Baurecht aufzufordern. Die physische und psychische Gesundung der Wohnbevölkerung durch hygienisch einwandfreie Wohnverhältnisse sollte gewährleistet werden. Die hygienischen Forderungen dienten nicht selten und über die rein humanitär-

ungsplan. Ihre Bedeutung für die Gartenstadtbewegung. Vorträge gehalten auf der Jahresversammlung der DGG, Berlin und Leipzig 1911.

menschliche Begründung hinaus auch nationalen Interessen; man stand ja immerhin kurz vor dem Ersten Weltkrieg, die Wehrtüchtigkeit als Reformziel wurde auch von Gartenstädtern anvisiert. Die Verelendungstheorie des wissenschaftlichen Sozialismus mobilisierte insbesondere den revisionistischen Flügel der Sozialdemokratie, eine für die Gartenstadtbewegung nicht unwichtige Kerntruppe.

Gemeinschaftsideologie

Eine wichtige Komponente gartenstädtischen Reformstrebens war die Forderung nach Selbstverwaltung, nach dezentralisierter Organisation, nach antikapitalistischen »non profit«-Finanzierungsmodellen. Die Kultur- und Gesellschaftspolitik lief unter dem Slogan »Gemeinschaftsarbeit schafft Gemeinschaftsgeist«. Die vom Soziologen Toennies formulierte höhere Wertigkeit der »Gemeinschaft« als etwas Deutschem und natürlich Gewachsenem gegenüber der »Gesellschaft« als etwas Welschem und künstlich Konstruierten wurde übernommen und mit der Hoffnung verknüpft, daß die Gartenstadt gewissermaßen als eine »Insel der Seligen« die sozialen Schwelbrände eindämmen könnte. Weniger die exakten Analysen der realen Verhältnisse des Kaiserreichs waren es, die eine gesellschaftspolitische Kursänderung provozieren konnten – viel eher drängten jene utopischen Sehnsüchte oder auch mythisch überhöhte nietzscheanische Hoffnungsträume nach einer neuen, gerechten und gesunden Welt zur Tat.

Die Planungsdefizite in der Reichshauptstadt Berlin

Eklatante soziale Widersprüche in der im europäischen Raum reichlich späten Reichshauptstadt Berlin dienten dem Repräsentationswunsch der Wilhelminischen Zeit kaum. In den 80er Jahren schied die Hauptstadt mit eigenem Verwaltungsbezirk endgültig aus der Provinz Brandenburg aus. Seit 1890 erhöhte sich im Zuge der Randwanderung der Industrie die Stadtrandsiedlungsbewegung. Die Großstadt begann sich mit planerischer Konzeptionslosigkeit zu dezentralisieren.

Die Einwohnerzahl nahm von 1898 bis 1908 jährlich um etwa 90000 Menschen zu[7], nur ein Prozent der Bevölkerung war jedoch im Besitz der Häuser. Die Versuche, Gesamtplanung zu initiieren, scheiterten oft. Im Jahre 1892 schrieb der Berliner Architekten-Verein einen »Wettbewerb für den Lageplan einer Weltausstellung« aus. Die preisgekrönten Entwürfe liefen bezeichnenderweise unter den Namen »Verlorene Liebesmüh«, »Fromme Wünsche«, »Behüt Dich Gott, es wär so schön gewesen«, »Traum«[8].

1898 rief die Königliche Akademie des Bauwesens in Berlin, die am 9. Mai 1880 gegründet worden war, dazu auf, die bauliche Entwicklung der Stadt Berlin nach künstlerischen und technischen Gesichtspunkten zu planen. Die Anregung blieb im wissenschaftlichen Mikrokosmos der Akademie hängen[9]. Erst 1906 wurde die Idee für eine Gesamtplanung wieder aufgegriffen: In der Sitzung vom 18. Januar der »Vereinigung

7 1. Flugschrift des Ansiedlungsvereins Groß-Berlin (1908): K. von Mangoldt.

8 Werner Hegemann, Der Städtebau nach den Ergebnissen der allgemeinen Städtebau-Ausstellung, 1. Teil, Berlin 1911, S. 76.

9 Albert Hofmann, Groß-Berlin, sein Verhältnis zur modernen Großstadtbewegung ..., in: Deutsche Bauzeitung H. 4, 1910, S. 184.

Abb. 1: Vogelperspektive der ersten beiden Bauperioden der Gartenstadt Falkenberg von Bruno Taut
(1. Bauperiode: Akazienhof, 2. Bauperiode: Gartenstadtweg)

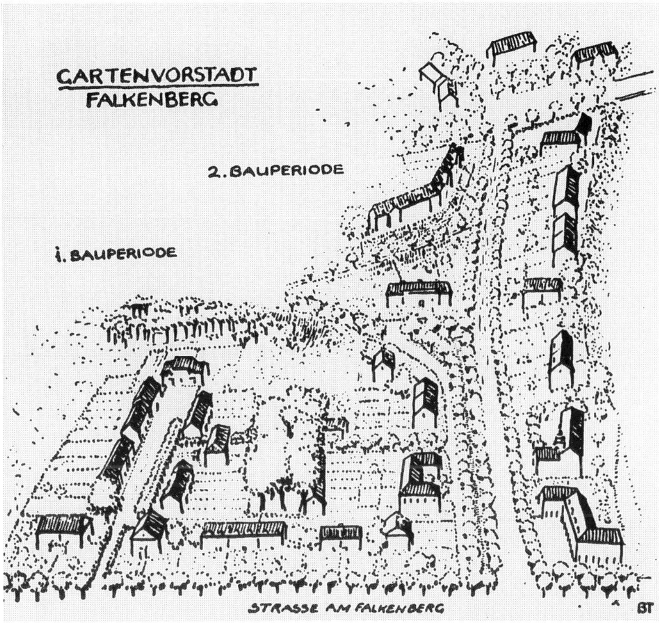

Abb. 2: Akazienhof
(Aufnahme 20er Jahre)

Abb. 3: Reihenhäuser im Akazienhof, Aufnahme: Fas Keuzenkamp 1991

Abb. 4: Reihenhäuser Gartenstadtweg, Aufnahme: Fas Keuzenkamp 1991

Abb. 5: Gartenstadtweg, Aufnahme: Fas Keuzenkamp 1991

Berliner Architekten« wurde dem von Emanuel Heimann, dem Regierungsbaumeister, sowie von Theodor Goecke und Albert Hofmann gefaßten Antrag zugestimmt, daß *für Groß-Berlin ein einheitlicher Bebauungsplan aufgestellt werde, der den Forderungen des modernen Städtebaus gerecht wird und es im besonderen ermöglicht, größere Flächen von der Bebauung freizuhalten*[10]. Die Reichshauptstadt sollte sich endlich ihrer Verantwortung und »Würde« bewußt werden, denn, so beklagte Werner Hegemann: *Die Stadt besaß keine wirklichen Bürger mit Einfluß und Geschmack, sondern litt unter einem wegen seiner Folgen geradezu sträflichen Absentismus. Wer Kunstbedürfnisse verspürte, ging nach Italien oder schwärmte von Nürnberg und ließ unterdessen den Gendarmenmarkt und Opernplatz verkommen. Wer Natur brauchte, ging nach Tirol und überließ den Grunewald und das Tempelhofer Feld der Bebauung*[11].

Der Ansiedlungsverein Groß-Berlin von 1908

Der Mißmut war groß – die Aufforderung zur Tat war ausgesprochen. Erst zwei Jahre später wurden diese Planungsvorschläge von sozialengagierten Pragmatikern aufgegriffen. Karl von Mangoldt gründete am 13. Februar 1908 in Berlin den »Ansiedlungsverein Groß-Berlin«. Man raisonierte gegen den privatwirtschaftlichen Bodenmonopolismus und forderte den Staat auf, ein »Stadterweiterungsamt Groß-Berlin« einzurichten. Rechtliche Grundlagen für das Erbbaurecht, für die Rentengutsreform oder das Genossenschaftswesen sollten ausgearbeitet, der Miettreiberei ein Riegel vorgeschoben werden[12]. Die entsprechende Publikation wurde vom gleichen Verlag wie die Flugschriften der Deutschen Gartenstadtgesellschaft verlegt. Die anarcho-utopische Gruppe »Neue Gemeinschaft« in Nikolassee unterstützte den »Ansiedlungsverein Groß-Berlin« ebenso wie die Gartenstadtbewegung, waren doch die Ziele vergleichbar, wenn sich auch die Gartenstadtbewegung vorerst außerhalb des Staatsbürokratismus entwickeln wollte.

In der ersten Nummer der Zeitschrift »Gartenstadt« des Jahres 1908 erschien prompt ein »Aufruf zur Gründung einer Gartenstadt bei Berlin«, der an zahlreiche Tageszeitungen und Fachzeitschriften zum Abdruck übersandt und in Industriekreisen verbreitet wurde[13]. 1909 verabschiedete die achte Hauptversammlung der Deutschen Gartenstadtgesellschaft eine Resolution: *Die achte Generalversammlung der Gartenstadtgesellschaft protestiert auf das lebhafteste gegen jeden Versuch, die Bebauungsbestimmungen für Groß-Berlin abermals im Sinne der Zulassung größerer Baudichtigkeit zu verschlechtern. Sie erklärt im Gegenteil, in Übereinstimmung mit den Absichten des geplanten Generalbebauungsplanes, eine durchgreifende Reform … im Sinne viel weiterer Weiträumigkeit und der Einbürgerung des Kleinhauses für unbedingt notwendig und unaufschiebbar*[14].

10 Ebd., S. 197.
11 Hegemann (wie Anm. 10), S. 87.
12 Flugschrift des Ansiedlungsvereins (wie Anm. 9), ebd.
13 Gartenstadt, 2. Jg., Nr. 1–2, 1908 (Beilage zur Zeitschrift »Hohe Warte«).
14 Gartenstadt (wie Anm. 15), 3. Jg., H. 7, Nov. 1909. Die Resolution wurde von K. von Mangoldt verfaßt.

Gemeinnützige Baugenossenschaft Groß-Berlin

1910 fand die vielbeachtete Städtebauausstellung von Berlin statt. Gleichzeitig wurde die »Gemeinnützige Baugenossenschaft Groß-Berlin e.V.« gegründet[15]. Obwohl Karl Scheffler[16] und Theodor Goecke[17] ihre Fachautorität für eine Berliner Gartenstadt einsetzten, kritisierte B. Wehl in »Der Städtebau« die mutwillige Verzögerung einer Berliner Gartenstadtgründung: *An einer Gartenstadt ist nichts zu verdienen, darum hat sich das Privatkapital dieses ... Geschäftszweiges noch nicht bemächtigt ... Die Feinde der Gartenstadtsiedlungen sind die Gemeinden, welche sich aus antisozialen oder steuerlichen Gründen dagegen stemmen und – äußerlich harmlos – durch willkürliche hohe Straßenbauforderungen ihren Widerstand kund tun*[18].

Endlich: Die Gartenstadt Falkenberg bei Grünau

Zwischen der Gründung der »Gemeinnützigen Baugenossenschaft Groß-Berlin e.V.« im Jahre 1910 und dem Baubeginn der ersten Berliner Gartenstadt in Falkenberg im Jahre 1913 mußte das Bauland gefunden werden. Ein Terrain in Eichwalde und das schließlich durch einen Optionsvertrag gesicherte 75 ha große Gut Falkenberg des Second-Lieutenant Richter (Gemeinde Altglienicke) bei Grünau standen zur Verfügung. *Welche Schwierigkeiten selbst da entstanden, wo Land zu haben war, haben wir zur Genüge hier in Falkenberg erfahren, wo kein Mittel unversucht gelassen wurde, um die ›Proleten, Atheisten, Obst- und Hühnerdiebe, Anarchisten‹ an der Sicherung eines bescheidenen Anteils am deutschen Boden zu hindern*[19]. Die Gartenstadt Falkenberg sollte auf ihrem Gesamtgebiet in insgesamt 1 500 Wohneinheiten rund 7000 Personen beherbergen. 15 % der Gesamtfläche wurden als Grünfläche ausgewiesen. Jede Wohneinheit sollte mit einer Gartenfläche von 130 bis 275 qm ausgestattet werden. Der Bebauungsplan wurde zunächst von Hans Bernoulli (Basel, früher Berlin) ausgearbeitet, entsprach jedoch den Wünschen der Gemeinde nicht, weil er gewisse örtliche Bedingungen unberücksichtigt ließ. Seit 1913 wurde der damals 33jährige Architekt Bruno Taut (1880–1938) durch Vermittlung von Hans Bernoulli für die Deutsche Gartenstadtgesellschaft tätig; er übernahm dessen Vorprojekte für die Gartenstadt Falkenberg.

Auch wenn Taut dem Entwurfsprozeß als individuelle Leistung oder der »Architek-

15 Vgl. dazu »Der Falkenberg«, zwanglose Worte zum Weiterdenken, Nr. 1, 1915, und Gartenstadt (wie Anm. 15), 8. Jg., H. 7, Juli 1914.

16 Karl SCHEFFLER, Berlin. Ein Stadtschicksal, 2. Aufl., Berlin 1910, S. 258: ... *das Land zum Wohnen, so daß rings um die Industrie- und Arbeiterstadt ein Kranz von Gartenstädten entsteht, untereinander und mit dem Zentrum gut verbunden, jede in sich ein kleiner Organismus, in dem es sich behaglich und bequem und gesund wohnen läßt.*

17 Theodor GOECKE, Die bauliche Ausgestaltung von Groß-Berlin, in: Neudeutsche Bauzeitung 1913, S. 58: ... *dazu habe ich einmal ausgeführt: Von Groß-Berlin zur Gartenstadt! – welch ein Abstand!*

18 B. WEHL, Warum gibt es noch keine Gartenstadt bei Berlin?, in: Der Städtebau, 9. Jg., 1912, H. 3, S. 33 f.

19 Adolf OTTO, Wie es war und wie es wurde, in: Denkschrift Falkenberg 1913–1923, S. 22.

tur als Kunst« immer wieder beredte Plädoyers gewidmet hatte, verstand er Planungsarbeit als Teil eines integralen Gesamtschaffens für eine neue Zeit. Die formalästhetischen Überlegungen für einen neuen Wohnungsbau sollten nach Taut ganz im Sinne der sozial-ästhetischen Programmatik der Gartenstadt nicht abstrakt als reine l'art pour l'art-Übung und nicht isoliert vom gesellschaftlichen Kontext verstanden werden. Das »Formal-Neue« erhielt seine eigentliche Bestimmung und Bestätigung im »Sozial-Neuen«. *Es hat sich*, so Taut wörtlich, *eine neue Idee gebildet, eine tatsächlich moderne Idee, eine Idee, die verspricht, zur Weltanschauung zu werden, zum Allgemeingut, die großen Aufgaben, nach denen wir rufen, uns zu bescheren. Diese Idee ist der soziale Gedanke ... (Sorge für den Kleinwohnungsbau, Schaffung von Kolonien, Reform der Lebensinhalte). Ich brauche ... nicht zu sagen, daß dieser Gedanke in unseren Gartenstadtbestrebungen seinen schönsten Ausdruck gefunden hat, und daß hier die Aufgabe des heutigen Architekten liegt. Hier ist das Feld, auf dem wir Architekten unsere Zeit zum Ausdruck bringen können. Unsere Zeit hat keine Luxusbedürfnisse ...*[20].

Taut beobachtete mit zunehmendem Interesse die zeitgenössischen Tendenzen auf dem Gebiet der Siedlungs- und Gesamtplanung des Kleinwohnungsbaus usw. In der Zeitschrift »Gartenstadt« veröffentlichte er eine ausführliche Beschreibung seiner Falkenberger Planung. Man erkennt darin Anleihen an Unwin und Parkers Letchworth, ein damals vieldiskutiertes »Imago« neuzeitlichen Städtebaus. Der Falkenberger Plan zeigt einen platzartigen und verkehrsberuhigten Straßenzug von 35–40 m Breite als topographische Leitfigur, die der gesamten Anlage mit angegliederter kommunaler Infrastruktur wie Kirchen, Schulen, Lehrerhaus, Turnhalle, Läden usw. sozusagen als »Rückenmark« dient. Auch die in die Falkenberger Hauptfigur einmündenden Wohnstraßen mit ihrer großzügigen Grünplanung, den bildprägenden »Point-de-Vues« und den raumbildenden Fluchtlinien sind Merkmale der Berliner Gartenstadtplanung.

In der ersten Bebauungsphase von 1913 entstand der Akazienhof, ein aus der englischen Gartenstadt tradierter platzartiger, verkehrsberuhigter »Wohnhof«. Taut orientierte sich darüber hinaus an der »märkischen Dorfaue«. Der Akazienhof erscheint auf dem Plan als symmetrisch geplanter Raum: Die Mitte bildet unter den Reihenhäusern ein zweigeschossiges Etagenwohnhaus, welches von der Front der Reihenhäuser entschieden zurückgenommen ist. Dieses Haus betont die Querachse des kleinen Platzes. Aber auch seine Längsachse erscheint auf den ersten Blick kompositorisch gesichert, nur betritt man den Platz nicht in der Achse, und die kurze, symmetrische Abschlußreihe ist in der entgegengesetzten Richtung aus der Platzachse geschoben. Die Störungen wirken aber nicht als Minderungen eines barocken Platzraumes. Anstelle eines komponierten Platzes im Sinne des Barock erlebt man hier ein Zusammenstehen von Gebäuden um einen Raum herum. Es wird kein Stadtbild geschaffen, weder ein barockes noch ein mittelalterliches – es wird eine neue Art des Miteinander-Lebens von Wohngebäuden demonstriert[21]. Die einfach gestalteten Einfamilienhausreihen- und Mehrfamilienhäuser auf Rechteckgrundriß kennzeichnen die planerische Zurückhal-

20 Bruno Taut, Kleinhausbau und Landaufschließung. Vortragsmanuskript 1913, S. 3.
21 Julius Posener, Berlin auf dem Wege zu einer neuen Architektur. Das Zeitalter Wilhelms II., München 1979, S. 558 ff.

tung Tauts. Dennoch, immer wieder erreichte der Architekt durch eine unterschiedliche und intensive Farbgebung, durch Pergolen und Lattenspaliere, durch betonte Eingangsbereiche die Individualität des Einzelhauses. Die Beschränkung der Mittel, dies war seine feste Überzeugung, erzwinge keine Beschränkung der architektonischen Ausdrucksmöglichkeiten. Ideen werden konzentriert und auf eine kleine Anzahl reduziert, die die Einheitlichkeit ausmachen, dies waren die Gestaltungsgrundsätze von Bruno Taut. Trotz Beibehaltung der Grundstruktur, d. h. trotz rationaler Anwendung gleicher Grundrisse sollten sich die Einzelhäuser durch leichte Modifizierung voneinander abheben. Im Gartenstadtweg (2. Bauperiode) wurde die Zeile durch Niveausprünge gegliedert. Die Betonung, das straßenräumliche Hervorziehen der Kopfbauten erzeugte eine sensible Spannung. Die Drempelkonstruktion erhöhte die nutzbare Dachfläche. Bei den einfachen, eher »ärmlichen« in die Gesamtplanung eingestreuten Mehrfamilienhäusern erhielt der Treppenhausbereich eine Betonung durch einen ornamentierten Fassadenanstrich. Trotz extremer Andersartigkeit dieser Gebäude (Etagenwohnungen) konnte eine freie Verwandtschaft zur Zeile erreicht werden. Die sorgfältige Durcharbeitung des farblichen Fassadenmotivs hob den Gebäudewert für die »Minderbemittelten« an.

Insgesamt erreichte Taut ein maßvolles, sensibles gestalterisches Ausbalancieren. Die Detailfreude, die Materialvielfalt v. a. die ausgewogenen Proportionen dieser Eichfachhäuser und immer wieder die freudvolle Farbe setzte einen Meilenstein im kulturellen Kampf für eine notwendige Alltagsarchitektur.

Eines der wichtigsten Merkmale des ursprünglichen Gesamtplans ist die Trennung von Wohn- und Verkehrsstraßen (Wirtschaftswege), die Schaffung verkehrsberuhigter Bereiche. Zur Erbauungszeit war dies noch kein so dringliches Postulat, heute erweist sich aber gerade dieses Element als kommunikationsfördernde Planungsleistung: Das Spiel der Kinder, der ungefährdete Fußgängerverkehr wird dadurch erleichtert. Die Straße stellt – besonders, wenn sie wie im Akazienhof durch Baumbepflanzung und Vorgartenkultur gestalterisch belebt wird – kein Gefahrenmoment dar, sie ist vielmehr eine halböffentliche Erweiterung des individuellen Wohnraums. Die im Volksmund »Tuschkastensiedlung« genannte Wohneinheit sollte, vielleicht auch wegen ihrer provokativen Farbigkeit, eine wichtige kulturpolitische Rolle im Berlin der Weimarer Republik spielen.

Mietermitbestimmung in Falkenberg

Nicht nur die Planung und Projektierung der verschiedenen Bautypen, auch Ermittlung und Klärung der Bewohnerwünsche wurden in Versammlungen anhand von Plänen, Zeichnungen und Modellen diskutiert: *... die Majorität der Genossenschaftsmitglieder hatte ihr endgültiges Ja zu geben*[22]. Bruno Taut hob die aktive Auseinandersetzung mit den Wünschen und Bedürfnissen der zukünftigen Bewohner immer wieder hervor: *Was ist aber die wichtigste Voraussetzung für jede Siedlung, wenn die Qualität ihrer Anlage und die Harmonie des Lebens in ihr zu dem höchsten Niveau gelangen soll? Es ist das Interesse der Bewohner an der ganzen Siedlung. Dieses Interesse muß über den*

22 Bruno Taut, Siedlungsmemoiren. Shorin-san, Jassau, 24. August 1936, S. 3 (Manuskript).

Zaun um das eigene Haus (der bei einer Siedlung eigentlich überhaupt keine Berechtigung mehr hat) weit hinausgehen und die Interessen der gesamten Siedlung umfassen. Die einzige Möglichkeit, um dieses Interesse hervorzurufen und wachzuhalten, liegt in der Bildung einer Genossenschaft, bei der jeder in der Siedlung wohnende Mitglied sein muß. Die Mitgliedschaft gibt ihm die Rechte auf sein Haus oder seine Wohnung und in den Angelegenheiten der Siedlung mitzureden, legt ihm aber auch ... die Pflichten auf, nicht nur sein eigenes Haus und die Umgebung in Ordnung zu halten, Rücksicht auf die Nachbarn zu nehmen usw., sondern sich auch um die ganze Siedlung zu kümmern. Es entsteht dadurch ein Genossenschaftsgeist[23].

Gemeinschaft statt Gesellschaft

In Falkenberg entstand schon während der Fertigstellung der ersten beiden Bauetappen – die schlußendlich auch die letzten waren – vor dem Ersten Weltkrieg, sicherlich auch dank der homogenen Bewohnerschaft und deren frühen Einbeziehung in den Planungs- und Gestaltungsprozeß ein beachtenswertes Gemeinschaftsleben, das von Taut selbst, aber auch später von den Arrangeuren des gemeinnützigen Wohnungsbaus im Berlin der zwanziger Jahre mit Interesse beobachtet wurde. Der gemeinsame Großeinkauf von Konsum- und Haushaltsartikeln, die Errichtung einer Kinderkrippe, eines Kindergartens, eines Schulgartens, die Installierung einer eigenen Bücherei, eines Tanz- und Singclubs, die Abhaltung künstlerischer Abende für Erwachsene gehörten nach der Devise »Gemeinschaftsarbeit bringt Gemeinschaftsgeist« zu den Aktivitäten der Falkenberger; der gewählte Bewohnerausschuß schließlich veranstaltete Turn- und Spieltage für die Schulpflichtigen. Die schulentlassenen Jugendlichen fanden sich in der Arbeiterjugend und im Touristenverein »Die Naturfreunde« zusammen, Musik-, Sänger- und Schachgruppen boten den Genossen und Genossinnen Gelegenheit zu gemeinsamer Freizeitbetätigung. Eine siedlungseigene Krankenkasse und eine Krankenstation mit Arzt sorgten schließlich für die Gesundheit der Siedler.

Am berühmtesten waren die Falkenberger Volksfeste. Kurz vor Kriegsbeginn, im Juli 1914, wurde das erste Fest »uffn Akazienhof« veranstaltet[24]. Die später organisierten Festlichkeiten in den 20er Jahren sind nicht nur für die Falkenberger Siedler, sondern für die werktätige Bevölkerung der ganzen Stadt Berlin ein Anziehungspunkt geworden; es kamen Tausende von Besuchern. Natürlich kann man für diese breitgefächerte Kulturarbeit nicht den Architekten Taut allein verantwortlich machen. Primär war es der Einsatz der Bewohner selbst, der die Siedlung nicht zu einer individualistischen Schlafstadt verkommen ließ. Die langjährige Beziehung der Siedler mit »ihrem« Architekten spielte zum Beispiel im Jahr 1924, zehn Jahre nach der Fertigstellung des ersten Teils, wieder eine Rolle, als Taut im Zuge einer von ihm in ehrenamtlicher Arbeit geleisteten Siedlungserweiterungsplanung ein Festspielhaus entwarf, das freilich aus finanziellen Gründen nicht fertiggestellt werden konnte.

Die Falkenberger Feste wurden inhaltlich und organisatorisch von Mitgliedern der

23 Bruno TAUT, Siedlungen für Japan (Manuskript).
24 Festschrift Falkenberg 1913–1923 (wie Anm. 21), S. 24f.

Ensembles der Freien Volksbühne und der Reinhardt-Bühne mitgetragen. Büchners »Dantons Tod« wurde hier aufgeführt, befreundete Mitglieder des Friedrichshagener Kreises wie Julius Hart, Erich Mühsam oder die Kampffmeyers trifft man als Vortragende in Falkenberg an. Erich Weinert trug hier sein Gedicht vom »Roten Feuerwehrmann« vor, Eisensteins Film »Panzerkreuzer Potemkin« wurde zum ersten Mal auf der Falkenberger Freilichtbühne gezeigt, und Gret Palucca leitete eine Falkenberger Gymnastikgruppe im Ausdruckstanz.

Die Gartenstadt: Auslöser für Siedlungsbau

Die Falkenberger Feste wurden Auslöser für zahlreiche Nachfolge-Veranstaltungen in den Tautschen Siedlungen der zwanziger Jahre, im Schillerpark (Spar- und Bauverein) oder in den Gehag-Siedlungen in Berlin-Britz und Berlin-Zehlendorf. Die von den Reformtheoretikern der Vorkriegszeit formulierte Sozialästhetik gemeinschaftsfördernder Raumformen wurde in den gemeinnützigen Siedlungen der zwanziger Jahre kraftvoll und verständlich für viele realisiert.

Der Erkenntnis der Vorkriegszeit eingedenk, blieb der Architekt Bruno Taut den kulturpolitischen Zielen der Reformbewegung treu. Er war einer der prominentesten und profiliertesten Beantworter einer von der Gartenstadtgesellschaft im Jahre 1931 gestellten Frage: »Was ist eine Großsiedlung und welche Bedeutung hat sie für die Gartenstadt?«. Eine Großsiedlung sei nicht zufällig, sondern deshalb so groß, weil in ihr die gesamten Lebensbedürfnisse der Bewohner organisch gegliedert seien. Die Größe sei nicht nur ein Gebot rationeller Errichtung und Verwaltung, sondern ebenso und mehr noch eine Notwendigkeit, die Beziehungen zwischen Gemeinschaft und Individuum zu ordnen: *Unter Ordnung verstehen wir einen gesellschaftlichen Zustand, in dem die für alle gleichartigen Bedürfnisse gemeinschaftlich, zentral, kollektiv … erfüllt werden, so daß das eigentlich individuelle Bedürfnis umso größeren Spielraum erhält. Die Möglichkeit zum Sichzurückziehen gehört in die Skala des gleichen Bedürfnisses. In dieser Definition der Großsiedlung sind natürlich nicht allein zentrale Wäschereien, zentrale Kinderkrippen, Kindergärten u. dgl. enthalten, sondern darüber hinaus muß die Versorgung mit Nahrung genauso wie der regulierte Komsumabsatz gemeinschaftlich geregelt werden. Mit anderen Worten: Die Eigenbrutzelei der immer weniger zu Hause sitzenden Frau wird durch gemeinschaftliche Bibliotheken, Übungs- und Vortragsräume und Säle, durch Volkshäuser u. dgl. ersetzt werden, so daß von hier aus wahrscheinlich eine andere Gestaltung des Wohnungsgrundrisses einsetzen wird … Das Problem darf nicht lauten: wie werden die Wohnungen kleiner gemacht?, sondern: wie wird das Leben der Gesamtheit und des Einzelnen reicher und produktiver?*[25]. Taut wandte sich mit seinem Votum gegen die seit 1928 diskutierte »Wohnung für das Existenzminimum«. Nicht der stete Rückzug auf das sogenannte ökonomisch Machbare dürfe Leitbild sein bei der Planung von Siedlungen – gesellschaftliche Emanzipation und individuelle Selbstverwirklichung, davon war er überzeugt, waren die übergeordneten Ziele und garantierten die »neue Zeit«.

25 Zitiert in: Gartenstadt, 15. Jg., H. 1, 1931, S. 9f.

Die von lebensreformerischen, literarischen Alternativlern vorausgedachten Gartenstadtsehnsüchte hatten in den Berliner »Roaring Twenties« ihre Ziele beinahe erreicht. Die kleingebliebene Berliner Gartenstadt Falkenberg in Grünau sandte ihre Ideen in die ganze Stadt; nach dem Zweiten Weltkrieg stand die Siedlung unter dem Schutz der Denkmalpflege der damaligen DDR. 1992/93 führt die Berliner Bau- und Wohnungsgenossenschaft 1892 e.G., die nach der Vereinigung der beiden Staaten wieder Besitzerin der bislang großen unbebauten Gebieten am Falkenberg geworden ist, einen Erweiterungswettbewerb der Gartenstadt Falkenberg durch: Die Vergangenheit nimmt teil an der Zukunft.

Die Anfänge der Gartenstadtbewegung in Südwestdeutschland

VON JÖRG SCHADT

Verfolgt man den Gang und die Realisierung der Gartenstadtidee vor 1914, so fällt auf, daß Südwestdeutschland, genauer gesagt die Oberrheinische Tiefebene und hier vor allem das Großherzogtum Baden, seit 1905 zu einem Einfallstor und Schwerpunktgebiet geworden ist. Bereits vor Ausbruch des Ersten Weltkriegs waren in Karlsruhe, Mannheim, Ludwigshafen und Straßburg von der Idee und dem Begriff der Deutschen Gartenstadtgesellschaft (im folgenden DGG) getragene Gartenvorstädte entstanden oder eben im Entstehen begriffen. Noch eindrucksvoller wird dieses Bild, wenn wir die Städte, die selbst Mitglied der DGG geworden sind, und ferner diejenigen hinzuzählen, in denen sich Ortsgruppen der genannten Gesellschaft und darüber hinaus Gartenstadtgenossenschaften gebildet haben: Breisach, Durlach, Konstanz, Heidelberg, Freiburg, Pforzheim, Offenburg, Rastatt und Donaueschingen wären hier zu nennen. Würde man diese Resonanz in Beziehung zur Fläche und Bevölkerung des Landes setzen, so würde Baden vermutlich an der Spitze der Entwicklung im Deutschen Reich stehen. Im benachbarten Württemberg war das Echo weit geringer.

Von den vor Kriegsausbruch entstandenen Siedlungen haben vor allem Karlsruhe und die heute als Ensemble unter Denkmalschutz stehende Gartenstadt Mannheim Bedeutung erlangt und die Aufmerksamkeit der Zeitgenossen auf sich gezogen, und zwar weltweit, wie die Besuche aus den Vereinigten Staaten und Australien zeigen. Die ersten historischen Darstellungen sind auf lokaler Basis durch Festschriften der Gartenstadtgenossenschaften Karlsruhe[1] und Mannheim[2] erfolgt. Erst die 1976 erschienene Dissertation von Kristiana Hartmann[3], in der erstmals die in der Gartenstadtbewegung gebündelte Vielfalt von Reformideen analysiert und zwei bedeutende Siedlungen, Berlin-Falckenberg und Dresden-Hellerau, vorgestellt wurden, regte die weitere architekturhistorische Forschung an, so daß nun in den Doktorarbeiten von Thomas

1 Festschrift zum 75jährigen Bestehen der Gartenstadt Karlsruhe e. G., Karlsruhe [1982]. Ansonsten ist zu verweisen auf Axel SCHOLLMEIER, Gartenstädte in Deutschland – ihre Geschichte, städtebauliche Entwicklung und Architektur zu Beginn des 20. Jahrhunderts (Kunstgeschichte: Form und Interesse, Bd. 28), Münster 1990.

2 Lothar JACOB, Eine Idee macht Geschichte. Betrachtungen eines Außenstehenden. 1910–1985. 75 Jahre Gartenstadtgenossenschaft Mannheim, Hamburg 1985.

3 Kristiana HARTMANN, Deutsche Gartenstadtbewegung. Kulturpolitik und Gesellschaftsreform, München 1976.

Hafner[4] und Axel Schollmeier[5] auch die Entwicklung in Südwestdeutschland stärker berücksichtigt wird. Daneben liegt eine Reihe von historischen sowie stadtgeographisch oder soziologisch orientierten Examensarbeiten an den Universitäten Mannheim[6] und Freiburg i. Br.[7] vor. Diese Arbeiten sind in Zukunft durch sozialgeschichtlich orientierte Forschungen zu untermauern und zu ergänzen. Im folgenden sollen – bezogen auf das ehemalige Land Baden – einige Beobachtungen zur Frage vorgetragen werden, welche gesellschaftlichen und politischen Kräfte die Gartenstadtbewegung getragen und durchgesetzt haben.

Der Siegeszug der Gartenstadtbewegung in Baden in verhältnismäßig kurzer Zeit ist mehreren Umständen zuzuschreiben. Auch hier lastete auf den Städten ein Bedarf an preiswerten Mietwohnungen für die *minderbemittelte Bevölkerung*, als deren Fürsprecher sich die Gartenstadtinitiatoren immer verstanden haben. Ferner zeigte sich um die Jahrhundertwende ein neuerwachtes Naturgefühl als Teil der Lebensformbewegung. Kein Geringerer als der badische Malerpapst Hans Thoma, der 1899 von seinem Gönner Großherzog Friedrich I. zum Direktor der staatlichen Kunsthalle in Karlsruhe und zum Professor der dortigen Kunstschule und in dieser Eigenschaft auch zum Mitglied der Ersten Kammer des badischen Landtags berufen worden war, hat diesem Gefühl auch im Parlament wiederholt Ausdruck gegeben. In unserem Zusammenhang erfolgte dies am 18. Juni 1910, als er zu einer Petition der badischen Gruppen der DGG im Namen der Ersten Kammer Stellung nahm. *Die Gartenstadtbewegung*, so führte er aus, *ist in ihrem tieferen Urgrund gewiß aus der Sehnsucht hervorgegangen, daß der Mensch so viel wie möglich wieder mit der Natur im Zusammenhang leben möchte, daß die Freude an der Natur wieder zu einer schöneren Lebensharmonie führen könnte aus der Einförmigkeit des Tagewerks heraus, als es die so oft überhitzten künstlichen Vergnügungen der Stadt zu bieten vermögen*[8]. Noch bevor er auf die Sache selbst zu sprechen kam, hat er diesen Auftritt zu einem Plädoyer für den Artenschutz benutzt, für die Vögel und die Forellen, und er beklagte dabei insbesondere, daß an den Feld-, Wald- und Bachrändern als Folge einer von ihm als verfehlt angesehenen Forstpolitik die Hecken und Büsche, der Schlehdorn und die Vogelbeerbäume verschwinden sollten. Und erst nachdem er sich für die Nistgelegenheiten der Tiere ausgelassen hatte, glaubte er sich – etwas schelmisch – als Wohnungspolitiker genügend qualifiziert, um

4 Thomas Hafner, Kollektive Wohnreformen im Deutschen Kaiserreich (1871–1918). Anspruch und Wirklichkeit, Stuttgart 1988.

5 Wie Anm. 1.

6 Waltraud Lahres, Funktional- und sozialgeographischer Vergleich der Gartenstädte Nürnberg-Gartenstadt und Nürnberg-Langwasser am südlichen Stadtrand von Nürnberg, Zulassungsarbeit zur wissenschaftlichen Prüfung für das Lehramt an Gymnasien, maschinenschriftl. 1978 (Exemplar Geographisches Institut der Universität Mannheim). Ute Hügli, Wohnumwelt, Wohn- und Spielsituation von Kindern, Soziologische Diplomarbeit, Mannheim 1980 (Exemplar Stadtarchiv Mannheim).

7 Christoph Ruch, Untersuchungen zur Geschichte Freiburg-Haslachs zwischen 1919 und 1931, Staatsexamensarbeit Freiburg i. Br. 1987 (Exemplar Stadtarchiv Freiburg i. Br.).

8 Amtliche Berichte über die Verhandlungen der Badischen Ständeversammlung Nr. 121 vom 24. 6. 1910, S. 425, auch abgedruckt in: Generalanzeiger (Mannheim) 284 vom 23. 6. 1910, S. 1. Ähnlich äußerte sich Fritz Wichert bei einem Vortrag im Oktober 1910 in Karlsruhe (Stadtarchiv Mannheim, Nachlaß Fritz Wichert, vorläufige Signatur 564).

auf die Bestrebungen der Gartenstadtbewegung einzugehen. Die »Sehnsucht zur Natur« und der »Zug aufs Land« sind eine Reaktion auf die zunehmende Industrialisierung und Technisierung und die dadurch bedingten Schädigungen und Belastungen des Naturhaushalts. Dieses Naturgefühl geht durch die gesamte zeitgenössische Publizistik. Sie ergriff nicht nur das Bürgertum, sondern auch die Arbeiterschaft, wie die Gründung der Naturfreundebewegung in Baden seit 1905 zeigt, einer Organisation im Umfeld der Sozialdemokratie, die zwar klein war, aber sich durch nonkonformistischen Reformeifer und Aktionismus damals und später auszeichnete.

In einem derartigen Klima konnte die *Gartenstadt* leicht die Wirkung eines Zauberworts erlangen, das alle möglichen Sehnsüchte transportieren und deshalb begrifflich leicht ausfransen konnte. Zeitgenössische Äußerungen und Statistiken leiden daher gelegentlich unter dem Mangel an sauberer Definition, und die Propagandisten der DGG sahen sich auch zur Abgrenzung gegenüber anderen ähnlichen Siedlungsformen privater Spekulation gezwungen.

Die Gartenstadtinitiatoren strebten ursprünglich autarke Städte auf dem Lande an und wollten daher eine Binnenkolonisation einleiten. So gesehen, hatte die Oberrheinische Tiefebene mit ihrem flachen und sandigen Boden eine Tradition, wenn man an die Niederlassung von westeuropäischen Glaubensflüchtlingen in Form von Dörfern und vor allem an die »auf der grünen Wiese« planmäßig angelegten Residenzen wie Mannheim, Karlsruhe und Rastatt des 17. und 18. Jahrhunderts denkt. In diesen Hauptstädten fanden einige Gartenstadtdenker die architektonischen Gesamtkunstwerke vor, wie sie der Jugendstil wieder forderte. *Kunst,* so schrieb einer ihrer Chefdenker, der Architekt Karl Ernst Osthaus aus Hagen, *strebt immer nach Ordnung, und ich sehe nicht ein, warum der Plan einer auf freiem und ebenen Gelände nach einheitlichem Plan gebauten Gartenstadt nicht die Regelmäßigkeit Mannheims aufweisen sollte*[9]. Nicht zufällig sind deshalb die kunstgeschichtlich bedeutendsten Gartenvorstadtschöpfungen im Umfeld von Karlsruhe und Mannheim entstanden. Sie sind im Grundriß, in den Bedingungen wie in der sparsamen Formensprache durchaus von dem architektonischen Geist der Mutterstädte genährt worden. Der Klassizismus Weinbrenners im 19. Jahrhundert war übrigens wie die Gartenstadtarchitektur des 20. Jahrhunderts auch von Sparsamkeitsüberlegungen geprägt.

Diese historisch-geographische Affinität, aber ebenso die Attraktivität der wachsenden Großstadt Karlsruhe, in der um jene Zeit berühmte Künstler und Dirigenten wirkten und in die – was von Zeitgenossen mit besonderem Stolz vermerkt wurde – selbst Frankfurter zum Einkaufen kamen[10], haben einen Mann angelockt, der die Initialzündung gab. Dies war Hans Kampffmeyer[11], der als Sohn eines niederschlesischen Mühlenbesitzers 1876 geboren wurde und nach dem Abitur zunächst Architektur

9 K. E. OSTHAUS, Die Bedeutung der Gartenstadtbewegung für die künstlerische Entwicklung unserer Zeit, in: Hans KAMPFFMEYER, Die deutsche Gartenstadtbewegung, Berlin 1911, S. 99 (Artikel reproduziert bei HARTMANN [wie Anm. 3], S. 163).

10 Willy HELLPACH, Wirken in Wirren – Lebenserinnerungen, Bd. 1, 1948, S. 451 ff.

11 HARTMANN (wie Anm. 3). Der Lebenslauf von Kampffmeyer findet sich in seiner Dissertation: Hans KAMPFFMEYER, Die Entwicklung eines modernen Industrieortes und die Lehren, die sich daraus für die industrielle Ansiedlungspolitik ergeben, Karlsruhe 1910, S. 96.

studiert hatte, sich aber wegen einer Lungenerkrankung auf das Gartenfach verlegt und hauptsächlich in den königlichen Gärten in Dresden sowie in Berlin und Leipzig gearbeitet hatte. Nach längeren Reisen in Europa und Nordafrika ließ er sich im Herbst 1905 in Karlsruhe nieder, um an der Kunstakademie zu studieren. Dies bedeutete die Wende in seinem Leben. Er entschloß sich, wie er in seinem Lebenslauf zu seiner Dissertation 1910 ausführt, *von nun an ganz* [der Gartenstadtbewegung] *zu leben*[12]. Zu diesem Zweck nahm er volkswirtschaftliche Studien an der TH Karlsruhe und der Universität Heidelberg auf, wo er als Schüler von Alfred Weber mit einer Arbeit über die Genese der mitten »auf freiem Felde« badischerseits entstandenen Industriesiedlung Rheinfelden promovierte.

Rasch wurde er Generalsekretär der DGG, die in Berlin ihren Sitz hatte, und warb als wortgewaltiger Agitator auf Kongressen und Vortragsreisen in Deutschland und Österreich für seine Sache. Er tat dies für eine bescheidene Vergütung und auf unsicherer Grundlage, wie die Bettelbriefe in den Akten der Mitgliedsstädte[13] zeigen. Eine Besserstellung scheint er erst erreicht zu haben, als er 1911 Vorsitzender des badischen Landeswohnungsvereins wurde. 1909 erschien aus seiner Feder »Die Gartenstadtbewegung«, ein zu seiner Zeit viel gelesenes Buch, das auch heute immer noch den besten Überblick bietet[14]. Hans Thoma hat in seiner oben zitierten Rede weitgehend dieses Werk resümiert. Im gleichen Jahr dürfte er auch die Mustersatzungen für Gartenstadtgenossenschaften verfaßt haben, die eine taktische Handlungsanweisung darstellen. Wie die Mitgliederliste von 1909 ausweist, ist durch seine Arbeit Baden die bedeutendste Basis der Gartenstadtgesellschaft in Süddeutschland geworden. Dies gilt vor allem für Karlsruhe, wo ihr hauptsächlich Künstler der Kunstakademie und des Staatstheaters beigetreten waren.

Aus dem biographischen Material der Mitglieder und der Aktivisten läßt sich ablesen, daß die Gartenstadtbewegung eine jugendliche Bewegung war. Die meisten der bekannten Mitglieder waren in den Jahren zwischen 1870 und 1880 geboren, also wie Kampffmeyer um die dreißig, als sie sich anschlossen. Es war eine aufnahme- und begeisterungsfähige Generation, sehr oft in lebensreformerischen Vereinen wie den Antialkoholikervereinen oder auch im Wandervogel tätig. Auch in dem im Jahre 1907 erweiterten Vorstand der Gesellschaft ist Baden überproportional vertreten: der Nationalökonom Carl Johannes Fuchs, ein angesehener Wohnungsreformer an den Universitäten Freiburg und Tübingen, die Künstlerprofessoren Max Läuger und Hans Thoma, der Oberbaurat Baumeister und der Fabrikinspektor Rudolf Fuchs sowie der Redakteur und Landtagsabgeordnete Wilhelm Kolb, allesamt aus Karlsruhe. Im Zusammenhang mit den Bemühungen in Mannheim 1909/10 ließen sich auch dort einflußreiche Persönlichkeiten gewinnen wie der Kunsthallendirektor Fritz Wichert, Gründer des »Freien Bundes zur Einbürgerung der bildenden Künste«, der Reichstags- und Landtagsabgeordnete Ludwig Frank und die Dozentin an der Handelshochschule Elisabeth Gottheiner-Altmann, eine führende Persönlichkeit der bürgerlichen Frauenbewegung.

12 Ebd., S. 96.
13 Stadtarchiv Karlsruhe und Konstanz.
14 Kampffmeyer, Die Gartenstadtbewegung, Leipzig 1909, z. A. 1913.

1908 hatte der Großherzog Kampffmeyer eine Audienz gewährt[15], und es ist auffällig, daß seitdem die ganze großherzogliche Familie einschließlich des Prinzen Max von Baden durch Besuche der Ausstellungen der Gesellschaft und der neuerrichteten Gartenstädte ihr Wohlwollen zum Ausdruck brachte. Zweifellos hatte die Bewegung bedeutende Vertreter der geistigen und künstlerischen sowie der politischen und administrativen Elite Badens gewonnen. Für die Wertschätzung, die Kampffmeyer bei der badischen Regierung genoß, spricht auch, daß sie ihn zum 1. November 1912 zum Landeswohnungsinspektor im Range eines Regierungsrats in das Ministerium des Innern berief. Von dieser Position aus versuchte er das Anliegen der Gartenstädte und des genossenschaftlichen Wohnungsbaus durch die Gründung des badischen Baubunds (1917) oder des Deutschen Volkshausbunds zu unterstützen. Der letztere sollte den Bau von Volkshäusern oder Gemeindehäusern auf dem Lande wie in der Stadt betreiben, die als Mehrzweckeinrichtungen und zugleich als Herzstück der Gartenstädte den kulturellen, religiösen, sozialen und politischen Bestrebungen dienen und allen Bevölkerungskreisen, vor allem jedoch den Minderbemittelten, offenstehen sollten. Diese sollten an die Stelle der Kriegsdenkmäler treten, die er als Folge des Weltkriegs in einer Horrorvision wie ehedem nach dem Krieg von 1870/71 aus dem Boden schießen sah.

Kampffmeyer, der sich 1918 zum Verdruß der etablierten Parteien durch die Gründung eines Kunst- und Kulturrats in die revolutionäre Entwicklung einschaltete[16], wurde 1919 als Siedlungsreferent nach Wien gerufen, wo er als Chef einer verselbständigten Magistratsabteilung wesentlich den sozialen Wohnungsbau mitprägte, bis er 1928 als Generalsekretär des Internationalen Verbandes für Wohnungswesen nach Frankfurt ging, wo er 1932 gestorben ist. Seine letzte Ruhestätte hat der rastlose und vielgereiste Europäer auf dem Friedhof von Karlsruhe-Rüppurr gefunden.

Der badische Staat hatte bald Gelegenheit, auf die Gartenstadtbewegung zu reagieren. Auf die Petition der DGG von 1910 nach Bereitstellung öffentlicher Mittel zur Förderung des Kleinwohnungsbaus, nach Abgabe von *ausnahmsweise billigem* Gelände des Staates sowie nach Erleichterungen bei der Entsorgung der Gartenstädte[17] hat die Regierung zu erkennen gegeben, daß die *Bestrebungen der DGG ... aus wirtschaftlichen, gesundheitlichen und ästhetischen Gesichtspunkten auch seitens der staatlichen Behörden tunlichste Förderung* verdienen[18], wenngleich sie aus Gründen des Gleichheitsgrundsatzes und des Haushalts der ersten Forderung eine Absage erteilte. Der Landtag ist ohne Diskussion diesem Votum einstimmig beigetreten, das heißt auch mit den Stimmen der Sozialdemokraten. Dementsprechend hatte die für staatliche Liegenschaften zuständige Forst- und Domänendirektion die Anfrage der Karlsruher Initiato-

15 GLA 60/1738.

16 Heinrich KÖHLER, Lebenserinnerungen des Politikers und Staatsmannes 1878–1949, hg. von Josef BECKER, Stuttgart 1964, S. 80, 91. Peter BRANDT und Reinhard RÜRUP (Bearb.), Arbeiter-, Soldaten- und Volksräte in Baden 1918/19, Düsseldorf 1980, passim.

17 Der Wortlaut der Petition findet sich in: Die Gartenstadt 4. Jgg., Heft 4, April 1910, S. 40f. (Ablichtung Stadtarchiv Mannheim, Dokumentationsbestand Gartenstadtbewegung Nr. 13).

18 Amtliche Berichte über die Verhandlungen der Badischen Ständeversammlung Nr. 141 vom 15. 7. 1910, S. 2750.

ren bereitwillig unterstützt und Land auf dem Gebiet des Dorfes Rüppurr zu einem Preis von 2 Mark pro Quadratmeter angeboten. Schon 1905 hatte sich nämlich in Karlsruhe eine Ortsgruppe der DGG gebildet, die sich – so wie es später in der Mustersatzung empfohlen ist – zunächst nach billigem Land umsehen sollte, um den Start einer Genossenschaft zu sichern.

Im März 1907 ist in Karlsruhe daraufhin die erste Genossenschaft dieser Art in Deutschland gegründet worden. Die Stadt Karlsruhe, in die Rüppurr zu jener Zeit einverleibt werden sollte, hielt sich jedoch zurück und verlangte einen ordnungsgemäßen Bebauungsplan, eine städtischen Anforderungen entsprechende Kanalisation sowie vorherigen Straßenanschluß. Dies überstieg jedoch die Finanzkraft der Genossenschaft, so daß sie dieses Projekt nicht weiterverfolgte und statt dessen Verhandlungen mit Durlach aufnahm, die sich aber ebenfalls zerschlugen. Deshalb kam die Genossenschaft auf das Angebot in Rüppurr zurück, und im Februar 1910 machte der Karlsruher Stadtrat eine Kehrtwendung, so daß die Haupthindernisse beseitigt und mit dem Bau der Siedlung 1911 begonnen werden konnte.

Die wirklichen Gründe für das anfängliche Zaudern der Stadt Karlsruhe mögen in Skepsis oder Mißtrauen zu suchen sein. Man wollte wohl abwarten, wie sich die Genossenschaft entwickeln würde. Es könnte aber auch durchaus, was sich aktenmäßig freilich nicht belegen läßt, auf den Einfluß der Haus- und Grundbesitzervereine, den stärksten Widersachern, zurückzuführen sein. Ihren Machenschaften fielen Projekte dieser Art in Stuttgart, Braunschweig und München zum Opfer. Karlsruhe ist mit seinem Zögern eher eine Ausnahme unter den Kommunen am Oberrhein. Ganz anders die Mannheimer Stadtverwaltung, die sich – wie die verschiedenen Denkschriften des großen Oberbürgermeisters Otto Beck deutlich machen – gegenüber wohnungspolitischen Fragen der Arbeiterschaft sensibilisierter zeigte. Sie unterstützte die Gartenstadtbestrebungen durch Bereitstellung von Gelände in Erbpacht und Mitarbeit städtischer Bediensteter im Aufsichtsrat der Genossenschaft von Anfang an viel aktiver. Der Rechtsrat Otto Moericke, neben Ludwig Landmann einer der juristisch ausgebildeten Mitarbeiter Becks, war so in dieser Sache engagiert, daß er selbst als Redner, Berater und »Geburtshelfer« in anderen Städten wirkte[19]. Da die Rechtsratsstelle in Mannheim gewissermaßen eine Kaderschmiede für kommunalpolitische Karrieren war und Landmann später Oberbürgermeister von Frankfurt, Moericke Bürgermeister in Speyer sowie Oberbürgermeister von Konstanz wurde, hatte Mannheim mit seiner Gartenstadterfahrung in dieser Hinsicht eine Multiplikatorfunktion. In diesem Zusammenhang muß auch der Mannheimer Bürgermeister Dr. Julius Finter genannt werden, der im Aufsichtsrat der Mannheimer Gartenstadtgenossenschaft tätig war, bevor er 1919 zum Oberbürgermeister von Karlsruhe gewählt wurde.

Verfolgt man die öffentliche Agitation, die Vortrags- und Ausstellungskampagnen der DGG seit 1910, die Debatten in den Bürgerausschüssen von Karlsruhe, Mannheim und Ludwigshafen, die vor allem bei der Vergabe von städtischem Land und bei der

19 Otto Moericke, Erinnerungen, mit einer Einleitung von Werner Trapp, Sigmaringen 1985, S. 47 ff. Ders., Die Bedeutung der Kleingärten für die Bewohner unserer Städte (Schriften des Badischen Landeswohnungsvereins II), angekündigt als »demnächst erscheinend« und mit Inhaltsangabe in: Die Gartenstadt 6. Jgg., Heft 9, September 1917, S. 165.

Übernahme von Anteilen der Gartenstadtgenossenschaften zu entscheiden hatten, und beobachtet man schließlich die Gründung und die Führungsauslese der Gartenstadtgenossenschaften selbst, so lassen sich folgende gesellschaftliche und politische Gruppen als tragende Kräfte ausmachen:

1. Vor allem traten Liberale aus dem Einzugsbereich des Nationalsozialen Vereins Friedrich Naumanns in Erscheinung, also Kräfte, die eher dem linken Spektrum des Liberalismus zuzurechnen sind. Dazu gehört der schon genannte Mannheimer Rechtsrat Otto Moericke.
2. Besonders fällt die Mitarbeit von führenden Kräften der badischen Sozialdemokratie ins Auge, die vor allem dem Reformismus und Revisionismus zuzuordnen sind, wie Wilhelm Kolb, Ludwig Frank und der Karlsruher Rechtsanwalt Eduard Dietz, einer der Väter der badischen Verfassung von 1919, ferner die Arbeitersekretäre Richard Böttger in Mannheim, Oskar Trinks in Karlsruhe, Wilhelm Engler in Freiburg, die gewerkschaftlicher Arbeit verpflichtet waren. Frank und Kolb verfolgten innerhalb der deutschen Sozialdemokratie gegen Bebel und die Linke eine Politik des Wandels durch Annäherung an die bestehende gesellschaftliche und staatliche Ordnung, eines Wandels, der für den Staat, aber auch für ihre eigene Partei gelten sollte.
3. Ferner, wenngleich etwas schwächer, nahm auch das Zentrum vor allem durch Männer aus dem Arbeitnehmerflügel Anteil. Einer der wenigen katholischen Geistlichen innerhalb der DGG war der Donaueschinger Stadtpfarrer Heinrich Feuerstein. Bei der Gründung der Gartenstadtgenossenschaft Freiburg war außerdem der spätere Reichskanzler Josef Wirth beteiligt.
4. Die Gründung und die weitere Entwicklung der Gartenstädte und der sie tragenden Genossenschaft in Mannheim und Karlsruhe ist nicht denkbar ohne die wohltätige Unterstützung und Mitarbeit von Industriellen.
5. Auffällig ist der Anteil von Juden, die politisch hauptsächlich in den Lagern der Liberalen und der Sozialdemokraten standen. Die Juden, die ihre gesellschaftliche Stellung einem eben erst vollzogenen Emanzipationsvorgang verdankten, haben in Baden ihrerseits andere auf Egalität gerichteten Bestrebungen gefördert und sind so zu einem wichtigen Ferment bei der Herausbildldung einer demokratischen Kultur des Landes geworden.
6. Ebenso konnte sich die Gartenstadtbewegung auf die Frauenbewegung berufen, aus der sich die schon erwähnte Elisabeth Gottheiner-Altmann, eine Mannheimer Jüdin, und die erste weibliche badische Fabrikinspektorin Marie Baum für und in den Gartenstädten Mannheim und Karlsruhe engagiert haben. Da sich die Gartenstadtbewegung der Mitbestimmung der Frau in den Genossenschaften verschrieben hatte, ergab sich eine Kooperation beider Bewegungen wie von selbst.

Die Aufzählung der politischen und gesellschaftlichen Kräfte nimmt sich wie eine Vorwegnahme der späteren Weimarer Koalition aus. Auch wenn sich dies bis jetzt nicht belegen läßt, so sahen die Denker in den Gartenstädten und ihren Genossenschaften durchaus auch ein Modell der Zusammenarbeit widerstrebender Parteien in einer durch Klassenspaltung zerklüfteten Gesellschaft. Kampffmeyer jedenfalls lobte in seinem genannten Abriß von 1909 die friedliche Zusammenarbeit der verschiedensten politischen Parteien in der Gartenstadtbewegung[20]. Vielleicht hat ihn, der aus Preußen mit seinen erstarrten politischen Verhältnissen kam, auch das andere, durch soziale Nähe gekennzeichnete politische Klima in Baden so lange in Karlsruhe gehalten, ein Klima, das seit der Wahlrechtsreform von 1904 auch das erste sozialliberale Bündnis in der deutschen Geschichte gezeitigt hatte. Jedenfalls haben sich hier schon vor der Revolution von 1918 alle Parteien auf Landes- und auf kommunaler Ebene als durchaus bündnisfähig erwiesen. Der Reformimpuls der Gartenstadtidee verpuffte sehr rasch, und sie verwirklichte sich in einer permanenten Anpassung an die »Realitäten« und in einem Prozeß der Desillusionierung. Auch in Baden sind keine eigenständigen Gartenstädte, sondern nur Gartenvorstädte entstanden. Dieser Wandel läßt sich auch in der Zweckbestimmung der Satzungen der ältesten badischen Genossenschaft (Karlsruhe) feststellen[21].

In der Sozialstruktur sind die ersten Genossenschaften und ihre Mieter hauptsächlich von mittelständischen Berufen und bestenfalls einzelnen Vertretern der gehobenen Arbeiterschichten geprägt worden. Bedienstete der Eisenbahn und der Post spielten in Karlsruhe und Mannheim eine große Rolle, konnten sogar ganze Straßenzüge der Gartenstädte dominieren. Näher betrachtet, sind auch die badischen Gartenvorstädte gemessen an den ursprünglichen Vorstellungen in sich Bruchstücke geblieben. Sie haben sich fast ausschließlich zu Wohnstädten entwickelt. Zudem sind die von Kampffmeyer so forcierten Gemeinschaftseinrichtungen, wie zum Beispiel die Volkshäuser, mit Ausnahme von Kindergärten nicht gebaut worden. Sie haben sich auch nur allmählich zu eigenständigen Stadtteilen mit eigenen Schulen, Kirchen, Läden und medizinischer Versorgung entwickelt. Aber immerhin sprechen die frühen Feste der Gartenvorstädte Karlsruhe und Mannheim in den zwanziger Jahren für ein Gemeinschaftsleben, das intensiver als in anderen Stadtteilen dieser Zeit ist. Dennoch haben die Gartenstädte ein Beispiel für die weitere Planung und Entwicklung badischer Städte gegeben, wenn zum Beispiel der für die Mannheimer Stadtentwicklung zuständige Dezernent 1927 meint, daß *sie in ihrer bewußt schlichten und sachlichen Formengebung ein Stück jener Zukunftsstadt sind, die wir ersehnen*[22].

20 Kampffmeyer (wie Anm. 14), S. 59.

21 In der Satzung von 1907 hatte es noch rigoros geheißen: *§ 2. Gegenstand des Unternehmens ist die Verwirklichung der Ziele der Deutschen Gartenstadtgesellschaft durch Siedelungen bei Karlsruhe. Insonderheit soll innerhalb einer solchen Siedelung eine gemeinnützige Regelung der Bodenrente und der Wohnungsmiete angestrebt werden. Unter Zugrundelegung eines technisch und künstlerisch befriedigenden Bebauungsplanes sollen den Bewohnern gesunde und schöne Wohn- und Arbeitsstätten und Gelegenheiten zum Gartenbau geboten werden. Ferner sollen gemeinnützige Einrichtungen aller Art geschaffen werden, die der Bildung von Geist und Körper dienen.* – Jetzt lautete der entsprechende Paragraph 1914 folgendermaßen: *Der Zweck der Genossenschaft ist vornehmlich darauf gerichtet, minderbemittelten Familien oder Personen gesunde und zweckmäßig eingerichtete Wohnungen in eigens erbauten Häusern zu billigen Preisen zu verschaffen. Um diesen Zweck dauernd sicherzustellen, sollen die Häuser und Grundstücke nur in Miete abgegeben werden. Daneben sollen nach Maßgabe der verfügbaren Mittel gemeinnützige Einrichtungen geschaffen werden.*

22 Josef Zizler, Die Zukunftsgestaltung von Mannheim, in: Badische Heimat, Jahresheft 1927, 1927, S. 146.

Wandel der Waldfunktionen am Beispiel des Heidelberger Stadtwaldes

VON FRIEDRICH-FRANZ KOENEMANN

Der Wald, die Rohstoff- und Einkommensgrundlage vom Mittelalter bis zum 19. Jahrhundert

Im Jahre 1386 gründete Kurfürst Ruprecht I. von der Pfalz die Heidelberger Universität. Um die Bedeutung der kleinen Siedlung Heidelberg unterhalb der Burg, die hauptsächlich von Fischern bewohnt war und keine Feldgemarkung besaß, aufzuwerten und als Regierungssitz überhaupt erst existenzfähig zu machen, verfügte sein Nachfolger Ruprecht II. 1392 kurzerhand die Umsiedlung der Bewohner des unweit in der Ebene gelegenen Dorfes Bergheim in die neu gegründete Heidelberger Vorstadt[1]. Diese zunächst reichlich rigoros erscheinende Maßnahme war wohl begründet und brachte für die zukünftige Universitätsstadt mancherlei Vorteile:

1. Die Einwohnerzahl vervielfachte sich.
2. Heidelberg, dessen Gemarkung bisher auf die Talsohle am Neckar beschränkt war, gewann durch die Eingemeindung Wälder, Felder, Weingärten, Weiden und Wiesen hinzu.
3. Die Sicherheit der Stadt in Kriegszeiten wurde dadurch erhöht, daß das Dorf Bergheim verschwand und feindliche Truppen sich vor den Toren der Stadt nicht festsetzen konnten.

Eine wesentliche Voraussetzung für das weitere Gedeihen einer Stadt war durch den Erwerb des großen Waldareals, des sogenannten Alten Stadtwaldes, geschaffen. Das Holz war die einzige Energiequelle des Mittelalters, und ohne Wald konnte damals keine Stadt bestehen, weil es ohne Holz keine Prosperität gab. Der Alte Stadtwald dürfte sich größenmäßig im Laufe der Jahrhunderte wenig verändert haben, da die Höhen und Hänge des Kleinen Odenwaldes sich wegen ihrer Bodenbeschaffenheit nicht für Siedlungen oder landwirtschaftliche Nutzung eignen. Heute, am Ende des 20. Jahrhunderts, hat sich die Stadtwaldfläche durch Eingemeindungen weiterer benachbarter Ortschaften auf 3400 ha verdoppelt.

Die alte Stadt Heidelberg besaß also von jeher nur wenig Feldfluren. So mußte sich die damals noch ländliche Bevölkerung eine Lebensgrundlage in ihrem Wald sichern. In erster Linie holte man natürlich dort das notwendige Bau- und Brennholz. Von wirtschaftlicher Bedeutung war aber auch die Waldweide für Rinder, Pferde, Ziegen und Schweine, die zahlenmäßig für jede Familie limitiert wurde. Viele Waldorte tragen bis heute Bezeichnungen wie »Kühruhe«, »Roßbrunnen«, »Gaisberg« und »Saupferch-

1 Herbert DERWEIN, Flurnamen von Heidelberg, Heidelberg 1940, S. 27.

eck«, die von jener alten Waldnutzung Kunde geben. Nicht nur in Heidelberg, sondern überall war die Waldweide üblich und eine gute Einnahmequelle für die Waldeigentümer, sofern Eichen und Buchen Mast abwarfen, das heißt Samenjahre hatten. Es ist überliefert, daß in den 60 qkm großen Lußhardtwald bei Bruchsal in einem guten Mastjahr bis zu 20000 Schweine eingetrieben wurden. 10000 Gulden war der Gewinn, den der Bischof von Speyer dafür aus seinem Wald ziehen konnte[2].

Die Arbeit im Walde bot damals vielen Menschen Verdienstmöglichkeiten. Beim Einschlag des Nutz- und Brennholzes wurden viele Hände gebraucht. Große Schwierigkeiten bereitete der Abtransport des Holzes aus dem Bergwald. Es wurde auf schlittenähnlichen Fahrzeugen geschleift, steile Holzrutschen führten als »Einbahnstraßen« bergauf und daneben senkrecht zu Tal; den Verlauf dieser sogenannten Ochsenhohlen kann man noch heute im Wald verfolgen. Auch Bäche und Flüsse waren Transportwege zu damaliger Zeit. Da der Stadtwald aus Laubbäumen mit nur wenigen, aber sehr begehrten Eichen bestand, mußte das meiste Bauholz als Nadelholz auf dem Wasserwege herbeigeschafft werden. Es kam aus den Einzugsbereichen der Enz und der Nagold im Schwarzwald. Peter Friedrich von Walpergen überliefert uns auf einer schönen Federzeichnung von 1763 das Bild eines großen Holzfloßes aus Tannenstämmen, das gerade am Marstallgebäude vorüberzieht[3].

Eine weitere Verdienstmöglichkeit im Wald bestand in der Nutzung des Holzvorrats zur Umwandlung in Holzkohle. Diese war früher die einzige Energiequelle, mit der Eisen verhüttet werden konnte. An vielen Stellen im Stadtwald können heute noch die Plätze nachgewiesen werden, auf denen die Kohlenmeiler rauchten. Der »Kohlhof« und der »Kohlplattenweg« haben daher ihre Namen. Die sogenannte Große Kohlplatte des 18. Jahrhunderts ist die Stelle, auf der heute der Leopoldstein steht. Durch die Umwandlung des Holzes in Kohle verringert sich das Gewicht, was den Transport erleichtert. – Pottasche, die man für die Seifenfabrikation und die Glasherstellung benötigte, wurde ebenfalls gleich im Walde erzeugt. Hierfür wurden große Mengen Strauchwerk, Holz und Rinde, an Ort und Stelle verbrannt. In den Rückständen, der Asche ist Kaliumkarbonat (K_2CO_3) enthalten, das in verpichten Töpfen (= Pötten!) verschickt wurde. Bei dieser Art der Produkterzeugung ging man ungeheuer verschwenderisch mit dem Rohstoff um[4].

Eine Tätigkeit im Walde, bei der auch Frauen Verdienstmöglichkeiten fanden, war die Gewinnung von Lohrinde. Die Rinde junger Eichen, die sogenannte Spiegelrinde, wurde von stehenden Stämmchen abgezogen, getrocknet und gebündelt. Jetzt konnte sie leicht auf Tragtieren zu Tal gebracht werden, wo sie in Lohmühlen zermahlen und zur Lederherstellung verwendet wurde. Eichenlohrinde hat ca. 6 % Gerbstoffgehalt.

Das Grundgestein des Stadtwaldes, der Buntsandstein, wurde seit dem Mittelalter als Ausgangsmaterial für viele Werkstücke benutzt. In zahlreichen Steinbrüchen, die

2 Hans HAUSRATH, Forstgeschichte der rechtsrheinischen Teile des ehemaligen Bistums Speyer, Berlin 1898, S. 108.

3 Peter Friedrich VON WALPERGEN, Federzeichnung von 1763, Kurpfälzisches Museum Heidelberg Nr. Z 2148.

4 Gerhard MITSCHERLICH, Zustand, Wachstum und Nutzung des Waldes im Wandel der Zeit, Freiburg, S. 10, 11.

zum Teil dem Kurfürsten, zum anderen der Stadt gehörten, wurden Quadersteine zum Bauen, für Treppenstufen, Fensterleibungen usw. gewonnen. Im Walde herumliegende Felsen wurden zu Futtertrögen und Sauerkrautkübeln verarbeitet. Der obere Geröllhorizont des mittleren Buntsandsteins (sm c2) bildet östlich des Königstuhls häufig die Gipfel der Bergzüge. Wegen der großen Härte und Widerstandsfähigkeit dieses Sandsteins wurde er zu Mühl- und Mahlsteinen verarbeitet[5]. Auf dieses Handwerk hatten sich etliche Familien von Mühlsteinmachern spezialisiert, die im Ortsteil Schlierbach noch bis zum vorigen Jahrhundert lebten. Halbfertige Stücke ihrer Arbeit von unterschiedlicher Größe und Dicke liegen noch im Wald versteckt.

Die forstliche Bewirtschaftung der Wälder war früher grundsätzlich anders als heute. Zum besseren Verständnis forstlicher Begriffe sind am Schluß dieser Abhandlung verschiedene Ausdrücke erläutert. Man unterscheidet Nieder-, Mittel- und Hochwaldwirtschaft. Alle drei Wirtschaftsarten wurden bis 1851 im Heidelberger Stadtwald nebeneinander praktiziert. Der Niederwaldbetrieb wurde, wie überall in den deutschen Mittelgebirgen, oft mit landwirtschaftlicher Zwischennutzung, der sogenannten Hackwaldwirtschaft, verbunden. Zur Ergänzung der kärglichen Agrarproduktion rodete man einzelne Waldflächen oder säte zwischen die Wurzelstöcke anspruchslose Getreidearten ein, zum Beispiel Buchweizen, ein Knöterichgewächs. Eine solche Hackwaldwirtschaft war immer nur wenige Jahre erfolgreich, weil die Ertragskraft des Oberbodens schnell erschöpft war[6].

Als außerordentlich schädlich für die Waldböden erwies sich die sogenannte Streunutzung, weil sie die Böden ihres natürlichen Schutzes und ihrer Düngung beraubte. Man brauchte jedoch das herabgefallene Laub als Einstreu in den Viehställen während des Winters, weil das wenige Stroh von den Feldern nicht ausreichte. Darum wurde auch hier auf den Wald zurückgegriffen, alles Laub sorgfältig zusammengerecht und zu Tal gebracht. Anfang dieses Jahrhunderts wird in den Forstakten der durch die Streunutzung katastrophale Waldzustand von Heidelberg-Handschuhsheim beklagt. Aber der Forsteinrichter erklärte noch 1903, »... daß eine vollständige Einstellung der Streunutzung ein Ding der Unmöglichkeit sein dürfte«[7].

Und nun zur Jagd, die zwar früher viele Menschen in Nahrung setzte, bei der aber zu allen Zeiten auch die Leidenschaften mitspielten. Das Jagdrecht stand bis 1849 den Fürsten zu, die die Jagd oft mit großem Pomp und Prunk betrieben. Vom Hofjägermeister bis zum Hundeführer, vom berittenen Jäger bis zum Einkreiser zu Fuß war dann jeder geschickte Mann im Walde. Hinzu kamen die Bauern, die oft in der Fron Treiberdienste leisten mußten. Immer wurde zahlreiches Jagdpersonal gebraucht, je nachdem ob Hirsch, Wildschwein oder der Auerhahn bejagt werden sollten. Auch außerhalb der Jagdzeiten beschäftigte man Leute, die als Falkner arbeiteten, die die Fasanerien betreuten, Enten fütterten und in den Bächen Krebse und Forellen für die

5 H. THÜRACH, Geologische Spezialkarte des Großherzogtums Baden, Erläuterungen zu Blatt HD, Heidelberg 1909, S. 46 u. 89.

6 Hans HAUSRATH, Die Hackwaldwirtschaft im badischen Odenwald, Forstwissenschaftliches Centralblatt 25, 1903, S. 603–619.

7 Friedrich F. KOENEMANN, Der Heidelberger Stadtwald vom 17. bis zum 20. Jahrhundert, Heidelberg 1987, S. 102.

fürstliche Hofhaltung fingen. Insgesamt waren die Wälder im Mittelalter und in der frühen Neuzeit viel lichter als heute. Es gab Blößen und große Partien, auf denen üppig das Beerkraut wucherte. Walderdbeeren, Himbeeren und Brombeeren sowie je nach Standortsgüte auch Blau- und Preißelbeeren konnten reichlich geerntet werden; Pilze und Haselnüsse ergänzten den Speisezettel aus dem Wald. Sogar der einzige Süßstoff bis zur Einfuhr des tropischen Rohrzuckers kam aus dem Wald: Die Biene war ursprünglich ein Waldtier. Sie lieferte den begehrten Honig und Wachs zur Herstellung von Kerzen für Kirchen und Stuben. Auch heute noch bringen die Imker zur Zeit der Eßkastanienblüte ihre Bienenvölker in den Stadtwald.

Zusammenfassend kann bis zum Beginn der Industrialisierung gesagt werden: Der Wald wimmelte von Menschen, die hier die verschiedensten Berufe ausübten und die ihren Nutzen aus ihm zogen. Er hatte in erster Linie die Funktion, für die Bevölkerung als Rohstofflieferant und Arbeitsplatz zu dienen.

Großflächenaufforstungen und der Übergang zum Erholungswald

Im 16. und 17. Jahrhundert waren die stadtnahen Hänge des Königstuhls und des Gaisberges wohl aus Gründen der Verteidigung sehr waldarm. Die ständigen Übernutzungen des Waldes, aber auch Waldbrände waren häufig und hatten daher zu katastrophalen Zuständen geführt. Gleich nach dem Orléansschen Krieg 1693 und nach dem Wiederaufbau der Stadt wurde der trostlose Zustand des Waldes oft beklagt[8]. Nichts als Birken, Salweiden, Ginster, Brombeer- und Himbeergestrüpp, unterbrochen von Heidelbeer- und Heidekrautflächen, bedeckten die Berghänge. Der Raubbau am Walde war weit fortgeschritten, die Holznot stand vor der Tür! Nun wurden einschneidende Maßnahmen zur Aufrechterhaltung der Holzversorgung erforderlich. Die kurpfälzische Forstverwaltung ließ zur Erfassung der Waldfläche die Wälder vermessen; die Waldpläne von 1791 sind im Stadtarchiv noch erhalten. 1803 kam Heidelberg an das Großherzogtum Baden, das 1833 ein straffes Forstgesetz zur Besserung der Rohstofflage erließ[9]. § 29 lautete: *Kein Teil des Waldes darf öde gelassen werden …* Mit diesem Gesetz wurde es den Gemeinden mit großem Waldbesitz gestattet, ein kommunales Forstamt zu installieren. Auf ihren Wunsch erhielt die Stadt Heidelberg 1837 das Recht, eine eigene Forstverwaltung zu errichten. Der Amtsvorstand hatte die gleiche Amtsgewalt wie seine staatlichen Kollegen (FG § 2 Abs. 3). Mit der Errichtung einer eigenen Forstbehörde wurde dennoch eine von der staatlichen Bewirtschaftung anderer Kommunalwälder getrennte Entwicklung eingeleitet.

Zunächst aber standen erst einmal der Waldaufbau und die Eindämmung des enormen Holzdiebstahls als wichtigste Aufgabe im Vordergrund, die Steigerung des Holzaufkommens war ganz eindeutig die Hauptaufgabe. Um dieses Ziel schneller zu erreichen und die devastierten Flächen wieder mit leistungsfähigen Baumarten zu bestocken, beschloß der Gemeinderat[10] auf Vorschlag des neuen städtischen Forstamtsleiters, von der bisher geübten Nieder- und Mittelwaldwirtschaft abzugehen und

8 Derwein (wie Anm. 1), S. 90.
9 Badisches Forstgesetz von 1833, Freiburg 1950.
10 Karl Krutina, Heidelberger Stadtwald, Heidelberg 1909, S. 21.

den gesamten Stadtwald als Hochwald zu bewirtschaften (1851). Im Klartext hieß dies: Die bisher mit Strauchholz bedeckten Waldflächen sollten künftig mit Nadelbaumarten bepflanzt werden können, da eine Wiederbewaldung mit nutzholztüchtigen Baumarten und natürlichem Stockausschlag von Eichen und Buchen nicht mehr zu erwarten war. Forstleute planen auf hundert Jahre; so war diese forstliche Planung, immer im Hinblick auf die Nutzfunktion des Waldes, noch nicht voll zum Tragen gekommen, als 1864 durch den Forstamtsleiter Friedrich Obermeyer eine neue Variante der Entwicklung eingeleitet wurde. Die staatliche Forstaufsichtsbehörde in Karlsruhe ließ weiterhin im regelmäßigen Turnus alle zehn Jahre ein Forsteinrichtungswerk zur Feststellung des Vorrats und zur Planung der Einschlagsmenge aufstellen, aber die darüber hinausgehende Gestaltung des Waldes durch die leitenden Forstbeamten der Stadt muß im Zusammenhang mit den Plänen der Stadtverwaltung gesehen werden.

Von alters her war Heidelberg eine Wohnstadt für Professoren und Studenten der Universität gewesen. Im 19. Jahrhundert gewann sie Bedeutung für den Fremdenverkehr und übte in zunehmendem Maße Anziehungskraft auf wohlhabende Rentiers und Pensionäre aus, die sich Heidelberg gerne als Alterssitz aussuchten. Und schließlich bot sich die Stadt schon vor dem Ersten Weltkrieg als Wohnsitz für leitende Persönlichkeiten aus der Nachbarschaft, dem Wirtschaftszentrum Mannheim-Ludwigshafen, an. Diese Ausrichtung auf die Wohnstadtfunktion war auch für den Haushalt der Stadt günstig, denn die bis 1919 gültige Besteuerung des Einkommens und des Kapitalvermögens durch die Gemeinden brachte für Heidelberg ein gutes Aufkommen aus diesen beiden Steuerarten. Mit dem Ertrag aus diesem Steueraufkommen stand Heidelberg, pro Kopf der Bevölkerung berechnet, an der Spitze der badischen Städte[11]. So kam es, daß wenige Jahrzehnte nach den großzügigen Aufforstungen in der Mitte des 19. Jahrhunderts der Wald von der Heidelberger Stadtverwaltung nicht mehr allein als Finanzquelle unter dem Gesichtspunkt der Rentabilität gesehen wurde, vielmehr sollte er gleichzeitig die neue, nun wichtig werdende Funktion als Erholungswald erfüllen. Die Stadtverwaltung beschloß Ende des vorigen Jahrhunderts, die klimatischen Vorzüge zu nutzen und aus Heidelberg einen »Terrainkurort« zu machen. Hotelneugründungen in gesunder Höhenlage wie das Schloßhotel und das Kohlhofhotel, die Keimzelle der heutigen Herzheilstätte auf dem Königstuhl, hatten den Siedlungsbereich erweitert. Für den Kurbetrieb, bei dem dem Stadtwald eine spezielle Rolle zugedacht war, wurde 1892 eine »Terrainkurkarte nach Prof. Dr. Oertels System« herausgegeben, wie sie in ähnlicher Art schon für Meran, Bozen, St. Blasien und Baden-Baden bestand[12]. Nach dieser Karte konnte der Arzt dem Patienten den Grad der Wegsteigung und die zu begehende Wegstrecke im Stadtwald verordnen.

Seit den siebziger Jahren des vorigen Jahrhunderts ergänzten die städtischen Forstamtsleiter nach eigenen Vorstellungen die Bewirtschaftung des Stadtwaldes durch Anpflanzung ausländischer Baumarten[13], sie schufen schöne Waldkulissen mit kon-

11 Hermann Overbeck, Heidelberg und die Rhein-Neckar-Lande, Festschrift zum Geographentag 1963, Heidelberg, S. 91 f.

12 Terrainkurkarte: Heidelberg und Umgebung 1892, StadtA Nr. B 87 e/1.

13 Claus Matthes, Ausländische Holzarten im Heidelberger Stadtwald, hg. vom Städtischen Forstamt, Heidelberg 1954.

trastreicher Herbstfärbung und betrieben ganz bewußt das, was wir heute gezielte Landschaftsplanung nennen. Die Posseltslust wurde gebaut und mit einer reizvollen Grünanlage umgeben, der Speyererhofpark entstand auf früherem Ackergelände, das Areal des Wolfsbrunnens wurde neu gestaltet, und ebenso kümmerte man sich um die Einbindung der Schloßruine in den bewaldeten Hintergrund. Zu Beginn dieses Jahrhunderts schuf der städtische Forstamtsleiter Karl Krutina parkähnliche und plenterwaldartige Waldbilder und stellte sich damit in scharfen Gegensatz zu den waldbaulichen Richtlinien der damaligen badischen Landesforstverwaltung.

Die städtischen Forstbeamten Obermeyer und Krutina öffneten den Stadtwald der Bevölkerung und dem Fremdenverkehr. Sie kamen damit den Wünschen der Heidelberger entgegen, die durch einen »Gemeinnützigen Verein« und den »Schloßverein« erhebliche Geldmittel auch für die Waldgestaltung in Schloßnähe zur Verfügung stellten. Aus Vereinsmitteln wurden im Benehmen mit dem Forstamt Spazierwege gebaut und viele sauber behauene steinerne Wegweiser im Stadtwald aufgestellt; Schutzhütten in unterschiedlicher Bauweise für die Wandersleute kamen hinzu. Mitten im Wald, auf halber Höhe des Berges, pflanzte Krutina 1905 an einer Straßenkurve auf großer Fläche Rhododendren und Azaleen, um den schönen Blick auf die Altstadt freizuhalten. Ein gut bestücktes Arboretum wurde in der Nähe, von der Stadt aus leicht zu erreichen, angelegt. Nach mehr als hundert Jahren sind heute die imposanten Sequoiadendron (Mammutbäume) besonders sehenswert.

Unter diesen beiden Forstamtsleitern nutzte die Stadt ihren Waldreichtum jetzt auch zur Belebung des Fremdenverkehrs, und um den heimischen Gebirgswald besser zu erschließen, baute sie 1890 eine Bergbahn vom Kornmarkt bis zur Molkenkur. Mit deren Weiterführung bis auf den Gipfel des Königstuhls im Jahre 1907 ist dieser erst richtig zum Hausberg der Heidelberger geworden. Mit dieser Bergbahn konnte jeder den »Natur-Kurpark« von der Stadt aus bequem erreichen und von bewaldeten Höhen aus sich an weiten Blicken über Rhein- und Neckartal erfreuen.

Doppel- und Mehrfachfunktionen von Waldflächen

Heute, am Ende des 20. Jahrhunderts, bedeckt der Heidelberger Wald noch immer etwa die gleiche Fläche wie in alten Zeiten. Aber sein Aufbau und die Baumartenzusammensetzung haben sich wesentlich verändert[14]. Das früher überwiegend heranwachsende und stets begehrte Brennholz ist jetzt kaum mehr zu verkaufen. Der Wald hat nun die Aufgabe, Nutzholz zu produzieren, das einer industriellen Verwendung zugeführt werden kann. Aus Qualitätsstämmen werden Furniere gewonnen, Sägeholz wird zu Balken und Brettern aufgeschnitten und das Schwachholz wird zu Spanplatten und Zellulose verarbeitet. Die Nutzfunktion des Waldes ist also geblieben, es hat sich nur die Aufgabenstellung gewandelt. Die Holzproduktion ist nach wie vor von großer

14 Koenemann (wie Anm. 7), S. 45, 131. Heidelberger Stadtwald (Waldbestockung in Prozent der Fläche): 1812: 96,8 % Laubholz, 1,4 % Nadelholz, 1,8 % Wege usw. 1965: 53 % Laubholz, 47 % Nadelholz. Waldbetriebsformen im Stadtwald in Prozent der Fläche: 1812: 20,2 % Hochwald, 43,8 % Laubmittelwald, 34,2 % Laubniederwald, 1,8 % Wege, Steinbrüche usw. 1965: 97,8 % Hochwald, 2,2 % Wege, Steinbrüche usw.

Bedeutung, denn einerseits kann der Holzbedarf der Bundesrepublik Deutschland nur zur Hälfte aus dem eigenen Land gedeckt werden, andererseits müssen die neu hinzugekommenen Aufgaben des Waldes, nämlich die Schutz- und Sozialfunktionen, aus den Holzerlösen finanziert werden, bevor Steuermittel in Anspruch genommen werden können. Sowohl die Schutz- als auch die Sozialfunktion haben unterschiedliche Gewichte, je nachdem in welcher Gegend die Wälder liegen und in wessen Eigentum sie stehen. Beim Waldbau ist in Planung und Vollzug auf jede dieser Funktionen Rücksicht zu nehmen.

Zur Sicherung der verschiedenen Waldfunktionen wurde der Heidelberger Stadtwald mit nahezu seiner gesamten Fläche von damals 3200 ha schon 1953 zum Landschaftsschutzgebiet erklärt. 1956 wurden innerhalb dieser Fläche drei Naturschutzgebiete mit fast 10 ha Größe ausgeschieden, um die urwüchsige naturnahe Waldgesellschaft der Blockwälder zu bewahren[15].

Wald und Wasser

Seit 1872 gibt es in Heidelberg eine öffentliche Wasserversorgung; sie wurde damals ausschließlich aus Quellen gespeist, die im Stadtwald lagen. Heute, nach hundert Jahren und der Eingemeindung vieler Nachbargemeinden, die Wasser für Industrieanlagen oder landwirtschaftliche Intensivkulturen brauchen, liegt der Wasseranteil aus dem Stadtwald immer noch bei rund 15 %. Die Stadtteile Schlierbach, die Altstadt bis zur Sophienstraße und die Hanglagen von Neuenheim, Handschuhsheim und Ziegelhausen können sogar zu 100 % mit Quell- und Grundwasser aus dem Buntsandstein des bewaldeten Odenwaldes und des Königstuhlmassivs versorgt werden[16]. Alle Quelleinzugsgebiete wurden 1961 vom Hydrologen Dr. Schneider kartiert. Das für die Wassergewinnung relevante Waldgebiet hat eine Größe von 2350 ha, das sind 73 % der gesamten Stadtwaldfläche. Hiervon liegen 1050 ha nördlich und 1300 ha südlich des Neckars[17]. Auf fast ¾ seiner Fläche hat der Stadtwald also die Funktion, den Schutz der Quelleinzugsbereiche zu sichern.

15 Landschaftsschutzgebiete: Verordnung des Regierungspräsidenten Nordbaden zum Schutz von Landschaftsteilen im Stadt- und Landkreis Heidelberg und im Landkreis Mannheim vom 12. 12. 1953. Drei Naturschutzgebiete: Verordnung vom 19. 5. 1956 aufgrund von § 15 Abs. 1 des Reichsnaturschutzgesetzes vom 26. 6. 1935 und von § 7 Abs. 5 der Durchführungsverordnung zum Reichsnaturschutzgesetz vom 31. 10. 1935 durch den Regierungspräsidenten Nordbaden.

16 Edgar Kochowski, Leiter der Wasserversorgung, Stadtwerke Heidelberg Aktien Gesellschaft, mündliche Auskunft vom 28. 11. 1989 und Schreiben vom 28. 2. 1991: »Der Quellwasseranteil, der aus dem Buntsandstein des Odenwaldes stammt, beträgt bei einer Gesamtabgabemenge von rd. 13 Mio. m^3 Trinkwasser pro Jahr ca. 1,2–1,5 Mio m^3, abhängig von den Quellschüttungen bzw. von der jährlichen Witterung. Das Wasserwerk Schlierbach, das ebenfalls Wasser aus den Gesteinen des Odenwaldes fördert, speist ca. 1,5 Mio m^3 Trinkwasser in das entsprechende Versorgungsnetz ein.«

17 Forstamt Heidelberg, Forsteinrichtungswerk für den Heidelberger Stadtwald vom 1. 10. 1965, aufgestellt von Friedrich F. Koenemann und Ulrich Hauck.

Erosionsschutz

Wie schon erwähnt, eignen sich Hänge und Höhen des Stadtwaldes nicht für Siedlungen und landwirtschaftliche Nutzung. Anläßlich der Forsteinrichtung von 1965 wurden die Steillagen mit mehr als 40% Neigung kartenmäßig erfaßt. Die Auswertung ergab, daß fast 1000 ha oder 30% der Waldfläche dazu zählen, mit zum Teil extremen Steillagen bis zu 80% Gefälle[18]. Der auf solchen Flächen stockende Wald hat als vornehmste Aufgabe die eines Bodenschutzwaldes. Die Steilhänge dürfen wegen der drohenden Erosions- und Erdrutschgefahr unter keinen Umständen entwaldet werden, denn die Verkehrswege im Neckartal wären ohne den Schutz des Waldes immens gefährdet.

Immissionsschutz

Der Ruf nach mehr Lebensqualität ist ein Begriff unserer Tage. Wir legen Wert auf saubere Luft und gesundes Wohnen. Aber Rauch und Industrieabgase, Staub und Lärm, der von Autos und Eisenbahnen ausgeht, sind Störfaktoren, die von außen auf uns einwirken und die man unter dem Begriff der Immission zusammenfaßt. Der Wald ist diesbezüglich von großer Bedeutung, denn seine ausgleichende, schützende Wirkung auf das Klima ist unbestritten. Selbst einzelne Bäume können ihre Umgebung verändern, indem nur durch ihr Vorhandensein eine Art Kleinklima entsteht. Baumkronen mit ihren unzähligen Blättern oder Nadeln filtern Luftverunreinigungen aus, und sie schützen gleichzeitig vor scharfen Ostwinden oder heißer Sonneneinstrahlung. Gesunde, durch Wald geschützte Wohnlagen sind besonders begehrt. Hierzu zählen in Heidelberg die Wohngebiete im Neckartal und die Waldparksiedlung Boxberg. Aber auch das Krankenhaus Speyererhof und die Herzheilstätte Königstuhl sind durch ihre Lage in dieser Weise bevorzugt. Sie alle erhalten durch den Immissionsschutz, der vom Walde ausgeht, ihre hohe Wohnqualität. Leider ist stellenweise die Belastbarkeit der Waldbäume schon überschritten, sie weisen deutlich die typischen Krankheitserscheinungen der neuartigen Waldschäden auf.

Freizeit und Erholung

Im Ballungsraum Rhein-Neckar mit den Großstädten Mannheim, Ludwigshafen und Heidelberg hat der Wald eine weitere wichtige Funktion: Er steht in seiner ganzen Größe den Menschen als Erholungsraum bei der Freizeitgestaltung zur Verfügung. Der Heidelberger Stadtwald hat dabei einen hohen Stellenwert. Nicht nur an schönen Sommertagen wird er gerne aufgesucht: Die höchste Besucherfrequenz ergibt sich an klaren, sonnigen Wintersonntagen. Wenn dann noch eine leichte Schneedecke den Boden bedeckt, sind nicht nur die Waldparkplätze überfüllt, sondern jede Wegemündung und alle Straßenränder sind reihenweise mit Autos zugestellt. Jedermann möchte

18 Rhein-Neckar-Zeitung vom 6. 9. 1989: »Auf dem 300 ha großen Waldgebiet bei Schlierbach mit extremer Steillage, bis 80%, ist der Wald vornehmlich Bodenschutz, wie Oberforstrat Werner Erb erklärte.«

um diese Zeit die klare, kalte Höhenluft im winterlich verschneiten Wald genießen. Zwar sind dann überall im Wald Wanderer, Skiläufer und andere Sportler anzutreffen, doch haben sich deutliche Schwerpunkte herausgebildet. Nördlich des Neckars liegen sie im Sieben-Mühlental und am Heiligenberg, im südlichen Teil des Stadtwaldes zwischen Königstuhl und Kohlhof, am Gaisberg und um den Speyererhof.

Bewertungswechsel

Fast überall dient der Wald den Menschen in mehrfacher Funktion, eine genaue Abgrenzung ist nicht möglich. Es hat sich aber ergeben, daß im Laufe der Zeit eine veränderte Gewichtung der Funktionen erfolgt, nach der einmal die eine, dann die andere eine größere Bedeutung erlangt. Am deutlichsten zeigte sich dies nach Kriegsende, als 1945 und 1946 kein Heizmaterial für die Wohnungen aufgetrieben werden konnte und die Forstverwaltung durch einschneidende Maßnahmen der Selbstgewinnung von Brennholz zustimmte. Jede andere Waldfunktion trat damals in den Hintergrund, es galt allein, das Bedürfnis nach Brennholz zu befriedigen. Kein Mensch kann sich heute die damaligen Zustände mehr vorstellen, und doch liegt es gerade 40 Jahre zurück, daß Familien mit Beil, Säge und Handwagen in den Wald zogen, um sich das vom Rathaus genehmigte Brennholz vom Förster zum Einschlag anweisen zu lassen. Bei diesen Brennholzhieben vor der Währungsreform wurden jährlich 45000 cbm Holz eingeschlagen, das war jedesmal mehr als die doppelte Menge des normalen Hiebssatzes[19]. Als sich in den fünfziger Jahren die Verhältnisse wieder normalisiert hatten, kam das Erdöl auf den Markt und verdrängte in kurzer Zeit die herkömmlichen Heizstoffe wie Holz, Kohle und Koks.

Preis-Kosten-Schere

Darauf folgte der gewaltige Aufschwung der deutschen Industrie. Der Holzpreis war zunächst noch gebunden, und als endlich die Preise freigegeben wurden, stießen sie auf einen liberalisierten Markt. Holz konnte sowohl aus dem ehemaligen Ostblock und Skandinavien wie auch aus den Tropenländern zollfrei eingeführt werden. Die Waldarbeiterlöhne mußten aber auf die Höhe der Industriearbeiterlöhne angehoben werden. So ist es nicht verwunderlich, daß die Preis-Kosten-Schere immer weiter auseinanderklaffte und nicht nur der Forstetat der Stadt Heidelberg, sondern alle Forstbetriebe mit hohem Laubholzanteil in die roten Zahlen gerieten. Diese Entwicklung führte zu Beratungen im Heidelberger Gemeinderat, und dieser beschloß 1971, die eigene Forstbehörde nach über 130jähriger Selbstverwaltung aufzulösen und die Bewirtschaftung und Beförsterung des Stadtwaldes der Landesforstverwaltung von Baden-Württemberg zu übertragen[20]. In einem solchen Fall werden nämlich die Kosten für die Bewirtschaftung, das heißt für die forsttechnische Betriebsleitung, vom Land getragen und die Kosten für die Beförsterung, also für den forsttechnischen Vollzug, durch eine

19 Forsteinrichtungswerk vom 1. 10. 1954, aufgestellt von Oswald FUCHS und Herbert MÜLLER.
20 Heidelberger Gemeinderat, Beschluß vom 18. 2. 1971. 17 Stimmen ja, 11 Stimmen nein, 3 Stimmen Enthaltung.

Pauschale abgegolten, wobei auch hier die Landesforstverwaltung einen Teil der Personalkosten übernimmt. Die Aufhebung des städtischen Forstamtes bewirkte somit eine Kostensenkung für die Stadt. Die Landesforstverwaltung trägt diese Kosten für den Kommunalwald deshalb, weil es sich hier, ebenso wie beim Staatswald, um öffentlichen Wald handelt, dessen Funktionen überwiegend der Allgemeinheit zugute kommen. Wenn unter diesem Gesichtspunkt eine solche Zuwendung vom Land erbracht wird, ist es nicht unangemessen, die alte Forderung zu wiederholen, aus Landesmitteln einen entsprechenden Zuschuß an Städte zu zahlen, die diese Aufgaben durch eigene Bedienstete wahrnehmen lassen. Dies wäre ein angemessener Ausgleich gegenüber jenen Gemeinden, deren Wälder vom Staat bewirtschaftet und beförstert werden. Eine solche Regelung ließ sich in Bayern erreichen, wo zum Beispiel die Stadt Augsburg vom Freistaat Bayern entsprechende Zuwendungen erhält.

Kartierung der Waldfunktionen

Wir haben gesehen, daß man an den Wald heute andere Anforderungen stellt als noch vor wenigen Jahrzehnten. Für die Bewirtschaftung spielen die verschiedenen Waldfunktionen eine bedeutende Rolle. Um über deren Lage und Ausdehnung einen Überblick zu gewinnen, beauftragte das Ministerium für Ernährung, Landwirtschaft und Umwelt von Baden-Württemberg die Forstdirektionen im Jahre 1975, eine Kartierung der Waldfunktionen durchzuführen. Die Schutz- und Erholungsfunktionen der Wälder aller Besitzarten sollten erfaßt und kartenmäßig dargestellt werden. Bei der Kartierung wurden diejenigen Flächen hervorgehoben, die für das Gemeinwohl von besonderer Bedeutung sind und bei denen die jeweilige Funktion die Waldwirtschaft bestimmen oder mindestens wesentlich beeinflussen muß. Die Karte wurde als Übersichtsplan im Maßstab 1:50000 erstellt und wird allen planenden Behörden und Stellen für ihre Arbeit zur Verfügung gestellt. Seit Frühjahr 1989 wird dieses Kartenwerk von der Forstlichen Versuchsanstalt Freiburg überarbeitet[21]. In der neuen Waldfunktionskarte werden jene Waldbiotope besonders kartiert, die Überdurchschnittliches in ihrer Funktion als Schutzwald für die Allgemeinheit leisteten. Hinzu kommen Waldflächen, die für den Natur- und Artenschutz unersetzlich sind.

Schluß

Am Beispiel des Heidelberger Stadtwaldes sollten die Waldfunktionen erläutert werden; es wurde gezeigt, wie die Anforderungen der Menschen sich ständig, auch kurzfristig, ändern. Die Wohlfahrtswirkungen des Waldes sind sehr vielgestaltig. Überwog einst die Nutz- und Einkommensfunktion, so sind heute für die Kommunalverwaltungen die Schutz- und Erholungsfunktionen weit wichtiger geworden. Bei der Langfristigkeit der forstlichen Planung und Waldbewirtschaftung ist es daher in unserer schnellebigen Zeit eine schwierige Aufgabe, den häufig wechselnden Anforderungen der Gesellschaft an ihren Wald gerecht zu werden.

21 Landesforstverwaltung Baden-Württemberg, Mitteilungen 3/89, Stuttgart.

Anhang

Erläuterung einzelner forstlicher Begriffe

Altersklassenwald: siehe Plenterwald.

Eichenheister sind junge Forstpflanzen von 1,5 bis 2,5 m Größe. Sie werden in Forstbaumschulen herangezogen, in denen ihre Bewurzelung für die Verpflanzung auf die Freifläche im Walde vorbereitet wird.

Die *Forsteinrichtung* (= Forsttaxation) bildet das Fundament zur langfristigen Sicherung einer gleichbleibenden Holzproduktion. Ohne sie ist eine geregelte Forstwirtschaft nicht möglich. Die Hiebsmenge für einen ungleichalterig und artenreich aufgebauten Wald zu errechnen, ist eine schwierige Aufgabe. Der Forsteinrichter strebt danach, beim Holzeinschlag eine Übernutzung, das heißt eine Minderung des Holzvorratskapitals, zu vermeiden und so eine ständig gleichbleibende Nutzung sicherzustellen; man nennt dies die Wahrung der *Nachhaltigkeit.* – Für jeden Waldeigentümer, beim Kommunalwald also für jede Gemeinde, wird ein eigenes *Forsteinrichtungswerk* mit genauen Waldkarten erstellt. In diesem Forsteinrichtungswerk werden a) die Betriebsmaßnahmen im abgelaufenen Jahrzehnt einer Bewertung unterzogen, b) nach der Holzvorratsinventur die Planung für das kommende Jahrzehnt festgelegt. Dazu gehören die Höhe des Holzeinschlags *(Hiebssatz)*, Verjüngungsmaßnahmen und Baumartenwahl, Wegneubauten und anderes. Um diese Arbeiten für jeden Waldteil festlegen zu können, sind umfangreiche Vorarbeiten erforderlich, die bei größeren Waldungen etwa ein Jahr beanspruchen. Seit Ende des 18. Jahrhunderts werden alle öffentlichen Waldungen periodisch einer gründlichen Überprüfung dieser Art unterzogen.

Hiebssatz: von der Forsteinrichtung festgesetztes Nutzungssoll, siehe Forsteinrichtung.

Kernwuchs: siehe Hochwald.

Der *Mittelwald* trägt Kennzeichen der Niederwald- und der Hochwaldwirtschaft. Auch hier wird das schwache Holz, das sogenannte Unterholz, turnusmäßig genutzt, sofern sich aber schöne gerade Stämme, besonders bei den Eichen, herausgebildet haben, läßt man sie als sogenanntes Laßreisel weiterwachsen, sie gehören dann zum sogenannten Oberholz, bis sie nach 100 und mehr Jahren einen Durchmesser erreicht haben, der sich für eine handwerksmäßige Verarbeitung eignet. Sind auf der Fläche nicht ausreichend Laßreisel vorhanden oder sind sogar Fehlstellen ohne Baumbewuchs entstanden, so werden zur Ergänzung *Eichenheister* von 1,5 bis 2,5 m Größe gepflanzt, die einen gewissen Wachstumsvorsprung haben. Dieser ermöglicht es ihnen, mit den raschwachsenden *Stockloden* mitzukommen. Die Mittelwaldwirtschaft entspricht nicht mehr den heutigen Anforderungen, da die Nutzholzerzeugung völlig unzureichend ist.

Unter *Hochwald* verstehen die Forstleute einen Wald, der aus Samen oder jungen Pflanzen, aus sogenannten *Kernwüchsen*, hervorgegangen ist. Dabei kommt es nicht etwa auf die Baumhöhe an, auch eine Pflanzung von 10 cm hohen Fichten gehört zur Hochwaldbetriebsform. Wirtschaftsziel ist immer die möglichst große Naturholzproduktion.

Nachhaltigkeit: siehe Forsteinrichtung.

*Niederwald*wirtschaft ist die älteste Art einer Waldnutzung. Bei dieser Wirtschaft wird das Ausschlagsvermögen der Laubbäume (Eiche, Hainbuche, Buche, Eßkastanie, Hasel, Weide) ausgenutzt. Wird bei einem jugendlichen Baum der Stamm vom Wurzelstock abgetrennt, so erscheinen aus schlafenden Augen neue Triebe, die später zu einem neuen Stamm oder auch vielstämmig heranwachsen; siehe *Stockloden*. Das Ausschlagsvermögen des Wurzelstocks nimmt mit zunehmendem Alter ab. Bei der Niederwaldwirtschaft wird der Wald also nicht durch Samen oder Jungpflanzen verjüngt, sondern man nutzt allein das Stockausschlagsvermögen der Laubbäume aus, so daß keine Kulturkosten entstehen. Die Ernte erfolgt im Turnus von einem bis zu 40 Jahren. Natürlich wächst in so kurzer Zeit noch kein Starkholz heran, der Niederwaldbetrieb ist vielmehr ganz auf die Erzeugung von Lohrinde, Brennholz, Rebpfählen, Faschinen oder Zweigen für die Korbflechterei abgestellt.

Plenterwald wird dadurch gekennzeichnet, daß alle *Altersklassen* auf kleinster Fläche in bunter Mischung beieinander stehen. Im Plenterwald stehen also stärkste Stämme mit jüngerem und heranwachsendem Holz kleinflächig zusammen. Dadurch wird der verfügbare Wuchsraum vom Boden bis zur Gipfelhöhe vielstufig genutzt. Das Ziel der Wirtschaft ist darauf gerichtet, diesen Waldaufbau dauernd zu erhalten. Der Laie hält dies für einen natürlichen Waldaufbau. In Wirklichkeit ist der Plenterwald ein künstliches Gebilde, das nur durch ständige Pflege im Gleichgewicht zu halten ist. Nur wenige Baumarten eignen sich für diese Wirtschaftsweise. Die Verjüngung erfolgt fortlaufend durch natürlichen Samenabfall der Altbäume. – Den Gegensatz zum Plenterwald bildet der *Altersklassenwald*, eine Wirtschaftsform, bei der auf der gleichen Fläche alle Bäume zu einer Altersklasse gehören (Altersklasse I: 1–20 Jahre, II: 21–40 Jahre, ... VI: 101–120 Jahre, VII: 121–140 Jahre). Periodisch erfolgt nach der Ernte des Altbestandes die Wiederbegründung. Dies geschieht entweder durch natürliche Verjüngung am Saum oder auf größerer Fläche, oder künstlich durch Saat oder Pflanzung.

Stockloden sind Schößlinge von 0,20 bis 1,50 m Länge, die aus einem Wurzelstock austreiben, dessen Stamm gefällt wurde. Die neuen Triebe erscheinen dort aus sogenannten schlafenden Augen. Ihre Nahrung beziehen sie über den Wurzelstock, der über ein weit verzweigtes Wurzelsystem verfügt, das der jetzt abgetrennte Baum hervorbrachte. Wegen des großen Wurzelwerks verfügen die Stockloden über eine sehr gute Nährstoffversorgung und haben daher ein entsprechend üppiges Wachstum.

Diskussionsbeiträge zu den einzelnen Referaten

DISKUSSION ZUM VORTRAG LORENZ

Kirchgässner: Herrn Lorenz wie auch Herrn Oberbürgermeister Schultis möchte ich als Laie fragen: Wie faßt man eigentlich derartige Klimaverschlechterungen? Hungersnöte etwa, die in den Chroniken besonders dramatisch dargestellt werden, sind ja im Laufe der vorindustriellen Zeit nicht gerade selten, bei der Frage der Klimaverschlechterungen ist man freilich als Laie überfordert. Ich möchte hier nur an die sehr kontrovers diskutierte Frage erinnern, ob im 15. Jahrhundert tatsächlich eine Klimaverschlechterung stattgefunden hat oder nicht. Diese soll sogar die Heringszüge, die für die Ernährung der breiten Bevölkerung in den immer noch gehaltenen kirchlichen Fastenzeiten wichtig waren, förmlich umgestellt haben.

Eine zweite Frage, die etwas näher liegt, bezieht sich auf die Holzarten, die gerade von hier und vom Murgtal den Weg nach Holland gefunden haben. Wenn ich recht verstanden habe, war die Fichte im Vordringen – ist ausgerechnet Fichtenholz, das doch relativ weich ist, überhaupt für Ozeanschiffe geeignet?

Lorenz: Was ich Ihnen zu Klimaverschlechterung und Seuchen vorgetragen habe, ist der Literatur entnommen. Den methodischen Aufwand, der dahintersteckt, kann ich hier nicht vorstellen. Was ich aber in den Quellen fassen kann, ist die Tatsache, daß im 14. Jahrhundert Dörfer und Städte veröden. Für die Berechnung der Klimaverschlechterung muß auf die Spezialliteratur verwiesen werden.

Was den Wald beziehungsweise die einzelnen Holzarten angeht, die aus dem oberen Murgtal hinweggeführt worden sind, so ist zunächst einmal wohl die Tanne in starkem Umfange geschlagen worden, denn die Fichte kommt erst seit dem 13./14. Jahrhundert in deutlicherer Ausbreitung vor. Vordem schwankte von Standort zu Standort die Zusammensetzung, wir finden 60% Buche und 40% Tanne, aber auch 40% Buche und 60% Tanne. Die Tanne liefert Bauholz, und Buchenholz kann man für vielerlei Zwecke verwenden. Denken wir hier nur an die Glasbläserei, die damals im Schwarzwald noch stark vertreten war und sich bevorzugt an die Buche gehalten hat.

Ennen: Was die Klimaverschlechterungen angeht, so ist zumindest in Europa wie in Amerika der Bonner Professor Hermann Flohn bekannt und zu exakten Auskünften auch in der Lage. Seine Listen fassen allerdings oft Jahresräume von fünf bis zu zehn Jahren zusammen. Wir Historiker benötigen ja mitunter Kenntnis vom Klima eines ganz bestimmten Jahres. Möchte ich also wissen, ob das Aufhören der Pest in Bonn im Sommer 1666 durch eine Periode trockener Hitze mitbedingt war, weil die pestübertragenden Flöhe bei großer trockener Hitze absterben, dann nützt mir ein Diagramm mit vollen Jahrzehnten nichts. Herr Flohn ist aber zu Auskünften bereit; ich kann nur empfehlen, seine gedruckten Forschungsergebnisse zu Rate zu ziehen oder sich an ihn selbst zu wenden.

Lorenz: Ich selber habe mich, was die Temperaturschwankungen und Klimaentwicklungen Arbeiten von Herrn Bulst und von Herrn Mc Neal herangezogen.

Löffler: Die Frage des Vorsitzenden bezog sich auf Veränderungen des Klimas beziehungsweise unser Wissen hierüber. Erste Messungen gibt es erst seit etwa 100 Jahren; sie sind von England ausgegangen. Man muß sich freilich fragen, was hier Messung bedeutet – die damaligen Begriffe sind andere als heute, es geht ja nicht nur um den Niederschlag und um die Temperatur, sondern ebenso um die Länge der Vegetationszeit usw., aber auch um die Zahl der Schneefalltage, Nebeltage und anderes mehr. Unser Wissen aus früheren Zeiten rührt zum einen aus der Dendrochronologie, also aus der Jahrringmessung an Bäumen. Diese reicht sehr weit zurück; wenn ich recht weiß – etwa aufgrund von Eichenfunden im Moor – bis 10000 vor Christus. Sodann hat man Aufschlüsse über Untersuchungen in Gletschern, also auch wieder gewissermaßen »Jahresringe«. Man kann den CO_2-Gehalt der damaligen Luft ermitteln. Man hat ferner Kenntnis über Veränderungen der Meeresspiegel an den Küsten, dann über die Erträge der Landwirtschaft und die Erträge des Weinbaus. So summiert sich dies alles zu einem Bild, das sicherlich lückenhaft bleiben wird. Ob man etwa 2 Grad Veränderungen nachweisen kann, wage ich persönlich zu bezweifeln, denn 2 Grad Jahresdurchschnittstemperatur weniger geht schon in Richtung Eiszeit. Hoffen wir, daß nicht heutzutage anthropogene Klimaveränderungen bevorstehen – wir alle kennen ja das Problem des tropischen Regenwaldes, des Treibhauseffektes usw. – Ich erlaube mir noch eine Frage: Sie sprachen von Pestwellen seit 1347. Ich meine, es hätte schon früher auch Pestwellen gegeben?

Lorenz: Die genannten großen Pestepedemien liegen zwischen 1347 und 1383. Aber seit etwa 1300 fassen wir auch Vorgänge, für die häufig der Begriff »Pest« verwendet wird, obwohl es sich vermutlich um andere epidemische Krankheiten handelt. Deswegen habe ich nur von Krankheitsepedemien gesprochen.

Wesoly: Ich muß gestehen, ich habe Schwierigkeiten, zwei Vorstellungen miteinander zu verbinden. Wir haben gehört, daß Wald etwas wichtiges und kostbares war, denn man konnte aus ihm großen Nutzen ziehen. Auf der anderen Seite ist uns zumindest seit Otto Brunner bewußt, daß Herrschaft im Mittelalter lange Zeit Herrschaft über Leute bedeutete. Mir ist das noch einmal sehr deutlich geworden, als ich bei meiner Arbeit für den Rheinischen Städteatlas vor kurzem eine Urkunde Heinrichs IV. in der Hand hatte. Offenbar hatte der König große Mühe, denjenigen Teil des Waldes zu begrenzen, den er 1065 verschenken wollte. Man griff hierbei für die Beschreibung auf Flüsse, einen Bach und eine Straße zurück. Die Frage, die ich in diesem Zusammenhang stellen möchte, lautet folgendermaßen: Wann wird der Wald in der Vorstellung der Menschen so kostbar, daß man genaue Grenzen zieht, indem man Steine setzt oder auf andere Weise seinen Besitz kenntlich macht?

Ich möchte noch einen weiteren Aspekt ansprechen: Im Raum Bonn, in dem ich nach meinem Wechsel zum Amt für Rheinische Landeskunde jetzt lebe, ist die Niederwaldkultur verbreitet gewesen. Zu Anschauungszwecken und zur Landschaftspflege wird diese Art der Waldnutzung von den Forstämtern im Siebengebirge heute noch betrieben. Ich könnte mir vorstellen, daß es in Württemberg diese Kultur – nämlich junge Bäume abzuschneiden, damit man durch die mehrfache Verzweigung Stangenholz erhält – zumindest in den Weingegenden ebenfalls gegeben hat. Man brauchte ja solches Holz zu Kammerladen und anderen Zwecken im Weinbau. Ich wüßte deshalb gerne, ob es in Württemberg auch Niederwald gegeben hat und ob er sogar in Gegenden verbreitet war, in denen kein Wein angebaut wurde.

Lorenz: Von größeren Bemühungen um die Niederwaldwirtschaft im Bereich Württembergs ist mir leider nichts bekannt. In Sachen Grenzziehung kann man beobachten, daß im frühen und hohen Mittelalter vor allem natürliche Gegebenheiten wie Bach- und Flußläufe, Höhenzüge, Berge und andere markante Punkte zur Grenzbeschreibung herhalten mußten. In den Quellen werden aber sehr früh auch schon Markierungen an Bäumen erwähnt. Seit etwa dem 15. Jahrhundert verwendet man Grenzsteine.

Kirchgässner: Kritisch wird es meist dort, wo der Bergbau im Wald anfängt; in diesen Fällen kommen die Abgrenzungen relativ präzise.

Koenemann: Die Niederwaldwirtschaft ist bereits im ausgehenden Bronzezeitalter bekannt gewesen; sie ist die älteste Art der Waldbewirtschaftung. Dies wurde in einem Buch über Waldwirtschaftsformen dargelegt, das ich vor Jahren eingesehen hatte.

Richter (Stuttgart): Darf ich noch einmal zu dem Thema zurückführen, zu den »Beziehungen zwischen Forst und Stadt im spätmittelalterlichen Württemberg«? Mich bewegt die Frage, wie weit wir es konkretisieren könnten, was jetzt nur im allgemeinen Überblick umrissen worden ist. Wir haben gestern abend am Beispiel der Stadt Nagold sehr eindringlich vorgetragen bekommen, daß der Wald und die Flößerei, die sich hier durch den vorhandenen flößungsfähigen Fluß ergeben hat, eine sehr bedeutende wirtschaftliche Rolle gespielt haben und daß mit dem Einstellen dieses Wirtschaftszweiges dann eine ganz neue Industrie in der Möbelproduktion entstanden ist. Ich möchte deshalb fragen: Wie weit kann man am Beispiel von Württemberg oder einem anderen Lande das Landesspezifische innerhalb der einzelnen Epochen herausarbeiten – oder ist alles, was man findet, allgemeinspezifisch, so daß es dann nur eines Beispieles bedürfte?

Lorenz: Ich wage für das Mittelalter nicht davon zu sprechen, daß es eine spezielle württembergische Art gibt, mit dem Wald umzugehen und Waldwirtschaft zu betreiben. Ich sehe zwar, wie Forsten – das hat die Arbeit von Herrn Kieß 1958 gezeigt – beim Aufbau des Territoriums eine Rolle spielen. Aber schon die Art und Weise, wie Gemeinden oder Städte mit dem Wald umgehen, sind auch und gerade für den Raum Württemberg sehr vielfältig. Wir haben Reichsstädte wie beispielsweise Reutlingen, die um den Wald kämpfen müssen, da sie von württembergischem Territorium umgeben sind. Wir haben aber auch Städte, die seit alters her mit Wald begabt (beispielsweise Dornstetten oder Altensteig) und in Waldregionen entstanden sind. Wir haben schließlich die Residenzstädte, also Stuttgart, Tübingen oder Urach, wo die Situation wieder anders aussieht. Diese Vielfalt zu beschreiben, hat Herr Kieß unternommen, der besonders auf die Holzversorgung abgehoben hat, während ich heute eher versucht habe, die Zusammenhänge mit der Umwelt aufzuzeigen, insbesondere den Raubbau am Wald. Ich konnte das Thema nicht in voller Breite darstellen und habe praktisch nur die erste große ökologische Krise des Mittelaltes geschildert, der sich rasch weitere anschlossen. In dieser Periode des Zusammenbruchs, die in der Regel unter dem Begriff »Agrardepression des 14. Jahrhunderts« zusammengefaßt wird, kommt es für vielleicht 100 Jahre zu einer Beruhigung.

Was für mich mit Blick auf Württemberg als Desiderat besteht, ist die Tatsache, daß in der Literatur, auf die auch Herr Oberbürgermeister Schultis gestern schon verwiesen hat, oftmals das Verdikt zu finden ist, wonach die Forstordnungen Württembergs seit dem 16. Jahrhundert sehr ressourcenfreundlich dafür gesorgt hätten, daß der Wald geschont und gehegt wurde, daß also hier schon eigentlich eine moderne Forstwirtschaft mit forstwirtschaftlichen Maßnahmen sichtbar wird. Ich glaube, dieses Urteil geht in erster Linie auf die Arbeit von Frau Hauff zurück, die die Forstgesetzgebung Württembergs untersucht hat. Das Urteil wird doch durch den Vortrag bestätigt, den Herr Wandel vor über zehn Jahren in Villingen gehalten hat; er untersuchte die württembergische Forstgesetzgebung hinsichtlich ihrer Einwirkung auf die Umwelt.

Das ist aber nur die eine Seite der Medaille. Wir haben eine Fülle von Beispielen, die zeigen, daß man in Stuttgart in der Praxis eine genau entgegengesetzte Haltung eingenommen hat. Hier wurde der Wald gewissermaßen vor den Untertanen geschützt, deren alte Nutzungsrechte beiseitegedrängt wurden, damit der Herzog um so besser den Wald ausplündern, verkaufen und merkantil nutzen konnte. Das schlimmste Beispiel bietet der Grindenschwarzwald, wo die Calwer Holländer-Holzkompanie mit Stuttgarter Erlaubnis gegen bare Münze in der zweiten Hälfte des 18. Jahrhunderts Kahlschlag betrieben hat, so daß um 1800 diese Landschaft entlaubt war. Das letzte, was dort an Wald stand, brannte dann auch noch ab; den Feuerschein soll man bis Eßlingen gesehen haben. Mittels Wiederaufforstung hat sich die Forstwirtschaft bemüht, mit verschiedenen Bäumen den Schaden zu beheben. Hier ist nur noch die Fichte in der Lage, diese Flächen teilweise zu bedecken. Diese Katastrophe hatte die Bevölkerung ins Elend getrieben, wie die Auswanderungszahlen aus diesem Gebiet nach Amerika im frühen 19. Jahrhundert sehr deutlich belegen.

Weiterhin denke ich an die älteste Maßnahme, die mir von württembergischer Seite bekannt ist; sie betrifft den Raum um Dornstetten und fällt in das Jahr 1428: Graf Ludwig verfügte, daß die Untertanen nicht mehr an den Bächen Holz schlagen durften. Herr Kieß hat in seinem Beitrag schon darauf hingewiesen, wie wichtig Bäche und Flüsse sind. Er hat sie, glaube ich, als das Schienennetz des Mittelalters bezeichnet, also als Infrastruktur, die ermöglichte, daß man Holz auf Flüssen wegführte. Mit Karren oder Fuhrwerken Holz wegzubringen, wäre mißlich gewesen; nur mit der

Flößerei konnte man große Holzbestände transportieren. Der Graf entzog also seinen Untertanen Nutzungsrechte, auf die sie seit alters her Anspruch hatten. Er schloß in der gleichen Zeit mit einem Sägewerksmühlenbesitzer drei Verträge, die sich abschriftlich erhalten haben. In diesen werden die entsprechenden Gebiete am Wasser jetzt dem Sägewerksbesitzer übergeben, der sie völlig abholzen durfte, hierfür freilich aber auch entsprechende Summen nach Stuttgart zu zahlen hatte. Folglich erzielte man in Stuttgart nicht geringe Einnahmen, indem man Waldnutzungsrechte der Bevölkerung, die vom Walde leben mußte, beiseitegeschoben und für sich selber reserviert hat. Sie wurden in den genannten Verträgen den Sägemühlenbesitzern übergeben; die Bevölkerung durfte nur noch im tiefsten Wald, wo es keine Bäche mehr gab und man auch das Holz nicht ohne große Anstrengungen wegführen konnte, ihrem Gewerbe nachgehen.

Andermann: Zweierlei wollte ich bemerken: Zum einen sind solche Waldschenkungen, wie Herr Wesoly sie vorhin erwähnt hat, natürlich noch öfter bezeugt. Herr Lorenz hat in seinem Vortrag bereits die Lußhardt angesprochen, die schon im 11. Jahrhundert von Kaiser Heinrich IV. den Speyrer Bischöfen geschenkt worden ist. Wenn wir schon bei der Speyrer Kirche sind, so sollten wir auch den linksrheinischen Bienwald nicht vergessen; gehen wir etwas weiter nach Osten, so gibt es da – wiederum als königliche Schenkung – den Wimpfener Bannforst im Besitz der Wormser Kirche. Das alles sind Waldungen, deren Grenzverlauf nicht zuletzt mit Hilfe von Wasserläufen beschrieben und einigermaßen konkret festgelegt worden ist. Was die Waldaussteinung betrifft, bin ich zwar kein Fachmann, aber es will mir doch scheinen, als seien derartige künstliche Grenzziehungen im 15. Jahrhundert noch lange nicht die Regel gewesen; da hat es sicher erhebliche regionale Unterschiede gegeben. Wenn ich etwa an meine Erfahrungen mit den Quellen aus dem Gebiet des Neckar-Odenwald-Kreises denke, so habe ich den Eindruck, als habe die Aussteinung des Waldes dort in der Regel erst um die Wende vom 15. zum 16. Jahrhundert mit den zunehmenden Konflikten um Waldnutzung und Waldeigentum eingesetzt. Erst mit diesen Auseinandersetzungen zwischen Herrschaft und Gemeinde haben dort offenbar Steinsetzungen in größerem Umfang begonnen. Zum anderen – ich bitte um Verzeihung, wenn ich vielleicht etwas zu naiv frage – möchte ich gerne wissen, wie es sich denn eigentlich mit der Quellenüberlieferung der spätmittelalterlichen Waldgeschichte in Württemberg verhält. Beraine – hier muß man wohl von Lagerbüchern sprechen – sind doch in dieser Hinsicht gewiß nicht allzu ergiebig. Oder erfährt man daraus auch etwas über unterschiedliche Baumbestände? In neuzeitlichen Dorfordnungen kann man immer wieder von einer Begrenzung der Ziegenbestände lesen, um damit einen allzu starken Verbiß im Wald zu verhindern. So findet man in den Quellen dies und das. Aber wie ist es um die hier interessierende Überlieferung aus dem späten Mittelalter bestellt? Welche Quellen stehen uns da zur Verfügung? Ich habe, offen gestanden, keine rechte Vorstellung von dem, was man hier erwarten darf, und wüßte in dieser Hinsicht gerne etwas mehr.

Kieß: Ich wollte noch eine Frage zunächst beantworten: Sie haben nach Hartholz und Weichholz gefragt. Da hat es sich so verhalten, daß auch Eichen nach Holland transportiert wurden, und zwar nicht geflößt, weil sie zu schwer waren, sondern sie wurden als Oblast mitgenommen. Ich habe erst dieser Tage gelesen, daß man für ein Kriegsschiff in Holland oder England viertausend Eichen benötigt hat. Ich darf des weiteren eine allgemeinere Frage beantworten: Es wurde nach Steinsetzung und nach Einschätzung der Größe der Wälder gefragt. Ich habe durchaus den Eindruck, daß das stark davon abhängt, ob wir uns in einem dichten Siedlungsgebiet befinden oder in einer weniger dicht besiedelten Region. Auch unser Südwestraum ist ja immerhin noch sehr gegliedert und ist kein einheitliches Gebiet. Wenn man an die relativ waldlosen Gebiete etwa um Ludwigsburg denkt oder überhaupt an den mittleren Neckarraum, dann ist es offensichtlich, daß dort genauere Vorstellungen vorhanden waren. Ich denke immer an das wunderbare Beispiel, daß Heinrich (VII.) der Stadt Wimpfen – ich glaube 1226 – ein »Forestum« als Allmende geschenkt hat, eine – ich verwende hier gerne den Begriff – Fernallmende. Sie war etwa 15 Kilometer von der Stadt entfernt, ist heute noch ein Stadtwald von Wimpfen und durch eine Forststraße mit der Stadt verbunden. Ein derartiges Gebiet war sicherlich genau bekannt. Dagegen ist in Bereichen, wo es sehr viel Wald und wenig Siedlungen gab, sicherlich alles viel später. Man kann es sehr deutlich sehen, daß im 16. Jahrhundert Gadner bei seinen Beschreibungen, bei seinen

Karten und auch in den Lagerbüchern noch sehr ungenau war, während ein Jahrhundert später der berühmte Kieser festgestellt hat, daß gewaltige Fehler vorgekommen sind und daß die Bauern, wie es sich herausgestellt hat, bei dem Wunsch nach einer Aussteuer für ihre Töchter ihre Wälder haben klein schätzen lassen, während sie in Notzeiten diese Wälder wieder groß schätzen ließen. Das sind Details, an denen man sieht, wie die Messung Fortschritte gemacht hat. Mir scheint es deshalb wichtig zu sein, daß man zwischen dichtbesiedelten und weniger dichtbesiedelten Gebieten unterscheidet. So sind zum Beispiel im Umkreis des Schussenbeckens bei Ravensburg wesentlich genauere Vorstellungen über die Teile des Altdorfer Waldes vorhanden, als man das im Schwarzwald erwarten kann. Zunächst haben wir also Naturgrenzen vor uns wie Flüsse, markante Berge und dergleichen, dann als nächste Stufe die sogenannten Lauchbäume, die Grenzbäume, die ja vergänglich waren, dann erst kommen die Steinsetzungen.

Dieser Unterschied gilt auch für die Versorgung der Städte. Sie war viel schwieriger in waldlosen Gebieten, und hier kommt es zur Flößerei und zur Schaffung von Fernallmenden, wie etwa 1310 zum Eintritt der Reichsstadt Reutlingen in die riesige Markgenossenschaft des Schönbuchs. Ich muß gestehen, daß mir aus dem 14./15. Jahrhundert keine genauen Beschreibungen der Baumarten bekannt sind. Im übrigen sollte noch auf das Buch von Max Scheifele über die Murgschifferschaft hingewiesen werden, das letztes Jahr erschienen ist und einen konkreten Einblick in die Verhältnisse des Nordschwarzwaldes bietet.

Lorenz: Es steht noch eine Frage nach der Überlieferung im Raum, die Herr Andermann und Herr Kieß angesprochen haben: Wir sind in der relativ glücklichen Lage, daß Herr Frenzel für die Zeit bis 1300 durch seine paläobotanischen Untersuchungen weite Bereiche des Nordschwarzwaldes bis 1300 sehr präzise beschreiben kann, z. B. welche einzelnen Bäume hier anzutreffen sind usw. Herr Hausburg hat mit Archivmaterial weiterzukommen verstanden, und die Situation ist, von den Archivalien her gesehen, seit ungefähr 1450 relativ gut. Hausburgs Problem bestand darin, daß Bezeichnungen verwendet wurden, die heute nicht mehr geläufig sind, daß also etwa Rottanne für Fichte steht. Mit diesen Schwierigkeiten muß man sich auseinandersetzen. So haben wir vor allem in dem Zeitraum zwischen 1300 und 1450 mit größeren Schwierigkeiten zu kämpfen. Hier muß man vor allem unorthodoxe Wege gehen. So gibt es beispielsweise eine ganze Menge Urkunden im privatrechtlichen Sektor, wo Wiesen oder Wald verschenkt und detaillierte Angaben gemacht werden. Ich denke hier beispielsweise an eine Schenkung von 1324 an das Kloster Kniebis, in der ausdrücklich von Ahorn gesprochen wird. Solche Einzelnachrichten müßte man zusammentragen, um über die Paläobotanik hinaus ein Mosaikbild zu gewinnen, das man dann gegen die Folie hält, um konkretere Linien festzustellen. Was Herr Frenzel für das Obere Murgtal für die Zeit seit 1000 v. Chr. herausgearbeitet hat, ergibt frühe Siedlungsspuren, die seit 600 v. Chr. auf verstärkte Besiedlung hinweisen. Auch in den Schenkungen an Kloster Reichenbach, die in schöner Ausführlichkeit im Schenkungsbuch dieses Gotteshauses aufgezeichnet und jetzt auch in der Edition von Herrn Molitor zur Verfügung stehen, ist aufgeführt, was geschenkt wird – häufig nämlich Wiesen, also bereits kultiviertes Land. Das heißt Parzellen, die bereits gerodet waren und auf denen Vieh weidete; auch diesem Schenkungsbuch kann man teilweise entnehmen, welche Baumsorten dort standen.

An der Geschichte des Waldes fesselte auch, wie unterschiedlich und vielfältig die Methoden sind; ich darf hierbei noch einmal an die Forschungen von Hans Jänichen erinnern. Es ist immer wieder verblüffend, wenn man beobachtet, wie Herr Jänichen versuchte, mit dieser oder jener Methode das Dunkel der Geschichte aufzuhellen. In seiner Geschichte der Sägemühlen kann er nachweisen, daß hier im Schwarzwald seit dem frühen 15. Jahrhundert Sägemühlen vorhanden sind. Die Durchsicht der Lagerbücher und die Sortierung der entlegensten Quellen brachte den Nachweis, daß auch im Bereich des Oberen Murgtales seit dem 14. Jahrhundert Sägemühlen auftauchen. Was nun konnte man sägen? Das Nadelholz, denn damals war Hartholz nicht sägbar. Auch das ist wieder ein Indiz dafür, daß in dieser Zeit hier schon Nadelhölzer standen. Ein weiteres Indiz ist die Harzerei. Geharzt wurde die Fichte, aber auch die Kiefer und in geringem Umfange die Tanne, demnach wieder Koniferen. Wenn man dieses Gebiet untersucht, so trifft man in den Urkunden des ausgehenden 14. Jahrhunderts bereits auf den Familiennamen »der Harzer«, um nur ein Beispiel zu nennen. Um 1400 begegnen uns dann die ersten Verträge in

Urkundenform zwischen den Herren von Fürstenberg, die bestimmte Waldanteile im Schwarzwald besitzen, und Baiersbronner Harzern, also war schon im 14. Jahrhundet das Harzgewerbe hier üblich. Auch dies ist wieder ein Indiz für die Baumarten und damit für die Vegetationsgeschichte. Man muß eben mühselig aus vielen Bereichen die einzelnen Fundstellen zusammentragen, doch ich finde, es ist auch faszinierend zu sehen, wie viele verschiedenen Lebensbereiche, wenn sie gebührend betrachtet werden, dann zu Ergebnissen führen und unser Bild abrunden helfen.

Kieß: Vielleicht sollte man sich auch von der Vorstellung lösen, daß die Wälder im Mittelalter so dicht waren, wie wir sie heute aufgrund der hervorragenden Arbeit unserer Forstleute seit dem 19. Jahrhundert kennen. Wir müssen vielmehr mit lichten Wäldern rechnen, wo vielleicht auch eher einmal eine Wiese Platz hatte und die gesamte Situation anders war, als wir sie uns heute vorstellen.

DISKUSSION ZUM VORTRAG HIRSCHMANN

Kirchgässner: Jedes Mal, wenn ich solche Referate höre und die entsprechenden Bilder sehe, taucht für mich die für einen Historiker eigentlich unzulässige Frage auf, was aus dem deutschen Südwesten geworden wäre, hätten wir nicht die schrecklichen Zerstörungen des Dreißigjährigen Krieges und die noch viel schlimmeren der gleich darauf anschließenden Franzosenkriege gehabt. Natürlich ist diese Frage im Grunde genommen müßig, und eine Antwort darauf ist nicht möglich, aber gerade das Gegenbeispiel, wie Herr Hirschmann es uns eben gezeigt hat, ist doch außerordentlich interessant und vermag unseren Horizont über unsere engere Landschaft hinaus auszuweiten.

Schwarzmaier: Vielleicht darf ich gerade an die Ausführungen von Herrn Kirchgässner anknüpfen. Bei Herrn Hirschmann ist der Gedanke der Verteidigungsanlagen, das heißt der militärischen Anlage der Reichsstadt Nürnberg, sehr stark zum Ausdruck gekommen. Wenn ich den Plan richtig in Erinnerung habe, dann verhält es sich wohl so, daß sich die Gärten nach dem Dreißigjährigen Krieg im Glacis zwischen den äußersten Verschanzungen und Sternschanzen der Stadt und der inneren Befestigungsanlage befunden haben, also im Schußfeld des Militärs, das bei jeder Belagerung gebraucht worden ist. Meine Frage, die Herr Hirschmann bereits bei Beginn seines Vortrags kurz angedeutet hat, geht darauf hinaus, ob eigentlich eine Gartenanlage dieser Zeit sozusagen eine Anlage auf Widerruf gewesen ist, die sofort wieder beseitigt werden mußte, wenn die Militärs das verlangten. Mit anderen Worten: Hat der Rat von vornherein verlangt, daß Gartenhäuser und Gartenanlagen wieder geschleift werden, wenn es die militärischen Erfordernisse notwendig machten? Das Gegenteil wäre natürlich die Möglichkeit, daß man nach dem Dreißigjährigen Krieg mit keinem Krieg mehr rechnete und daß man deshalb die Gärten sozusagen auf den Frieden hin gebaut hat. Beide Situationen sind uns vertraut, die eine etwa in Freiburg, wo mit der Vaubanschen Befestigungsanlage die Vorstädte niedergelegt werden mußten, um ein Schußfeld zu haben, wo also allein die Militärs bestimmten. Das Gegenstück wäre Karlsruhe, wo man nach dem Frieden von Rastatt eine Stadtanlage aus Schloß, Park, Gärten und Stadt errichtete, die nicht mehr befestigt war und auch nicht verteidigt werden konnte, für die eine solche Möglichkeit gar nicht vorgesehen war und wo natürlich dann der Park mit den Gärten einen vollkommen anderen Stellenwert erhält.

Hirschmann: Mir ist nicht bekannt, daß solche Vorbehalte bei Besitzwechsel gemacht worden sind; sie sind auch nicht mehr notwendig geworden. Ich glaube, wenn auf lange Sicht eine Belagerung stattgefunden hätte, wäre der Abbruch der Gärten wieder geschehen, aber Nürnberg hat ein günstiges Schicksal gehabt: Bei den Franzosenkriegen in der zweiten Hälfte des 17. Jahrhunderts ist die Gefahr einer Belagerung nie mehr so akut geworden, und im Siebenjährigen Krieg, als preußische Freicorps vor Nürnberg eintrafen, hat man ihnen die Tore geöffnet und ist mit einer Kontribution davongekommen. Dasselbe gilt für die Napoleonische Zeit; es kam im Gebiet um Nürnberg nie mehr zu einer Belagerung und zu Kämpfen wie zum Beispiel in Regensburg 1809, aber auch in anderen Städten. Daher rührte der große Vorzug, daß diese Gärten alle erhalten geblieben sind. Daß die Gartenanwesen und die Gärten zum großen Teil heute nicht mehr vorhanden sind, ist erst eine Folge der baulichen Entwicklung während des 19. Jahrhunderts. Bei dem Luftkrieg um Nürnberg ist gerade das Stadtviertel St. Johannis, in dem sich die meisten Gärten befanden, relativ gut weggekommen.

Baer: Da Herr Hirschmann in einem Vergleich auch Augsburg angesprochen hat, möchte ich hierzu noch ein paar Ergänzungen bringen. Im Unterschied etwa zu Nürnberg oder Ulm hatte Augsburg über die Stadtgrenzen hinaus kein eigenes Territorium. Es grenzte im Osten an das Herzogtum Bayern, im Westen an die Markgrafschaft Burgau sowie im Süden und Norden an das Hochstift Augsburg. Insofern konnten nur innerhalb der Stadt und in ganz begrenztem Maße außerhalb der Stadtmauer Gärten angelegt werden, die sich in der Regel an die feste Geschlossenheit des Stadtmauerrings anschmiegten. Von diesen Gärten gab es schon früh eine ganze Menge, wie etwa mittelalterliche Tauschurkunden- oder Verkaufsurkunden aussagen, in denen sehr oft von Haus- und Hofsach mit Baumgarten die Rede ist. Das ist der eine Gesichtspunkt, der schon für das 14. und 15. Jahrhundert in Augsburg gilt. Sodann gibt es die berühmten patrizischen Gartenanlagen aus der Renaissance- beziehungsweise Barockzeit. Hier sind besonders die Fuggerschen Gärten zu nennen, denn die Fugger haben schon zu Beginn des 16. Jahrhunderts besonders in der sogenannten Augsburger Vorstadt, der Jakober-Vorstadt, nicht nur Prunkgärten, sondern auch Nutzgärten angelegt, die sogar die Bewunderung des berühmten französischen Essayisten Michel de Montaigne erregten, der sich 1581 für einige Tage in Augsburg aufhielt. Besonders unter Hans Fugger erreichte die Fuggersche Gartenkultur einen Höhepunkt. Die Augsburger Gartenkunst kulminierte noch einmal in der Barockzeit, als ein neues Patriziat – hier sind besonders die Schnurbein zu nennen – oder auch ein von auswärts zugezogenes Patriziat – als Beispiel mögen die Gignoux dienen – nach französischem und italienischem Vorbild prächtige neue Gartenanlagen in der Stadt errichteten. Diese Gartenanlagen befanden sich nun allerdings außerhalb der alten Stadtmauern. Sie entstanden besonders im Bereich der alten Kernstadt im Osten und dem Bahnhofsgelände im Westen.

Hirschmann: Ich danke für diese Ergänzung. Selbstverständlich konnte ich in diesem kurzen Zeitraum eben nur wenigstens diese drei anderen Städte erwähnen. Ich habe ohnehin mein Zeitlimit etwas überschritten.

Kirchgässner: Ich habe eine Zusatzfrage: Wer kam eigentlich in den Besitz eines solchen Gartens? Gärten sind ja auch heute noch sehr oft heftig umkämpfte Vorrechte. Offenbar war dieser Besitz nicht ständisch abgeschlossen; Herr Hirschmann sprach ja von unterschiedlichen Besitzergruppen. Vergab der Rat seine Genehmigungen nach irgendwelchen feststehenden Kriterien und, wenn ja, nach welchen?

Hirschmann: Das war sehr unterschiedlich. Es ist richtig, daß der Rat die Gärten vergeben hat, häufig sind sie aber auch vererbt worden, das heißt wie andere Bauerngüter auch in der Erbleihe weitergewandert. Die finanzielle Seite wäre noch zu untersuchen; auch hier wäre – wie bei meinem Vorgänger gesagt wurde – noch mancherlei Forschung zu betreiben. Auf jeden Fall war die Vergabe nicht auf das Patriziat beschränkt, also auf die ratsfähigen Geschlechter, sondern auch alle ehrbaren Bürger konnten solche Gärten erhalten. Ich habe aus den Katasterübersichten, die Nagel angefertigt hat, den Eindruck, daß von seiten der Stadt kein großer Einfluß genommen wurde, sondern daß der Vorbesitzer den Garten an den Erben weitergeben konnte. Waren keine Erben vorhanden oder gab es keine Interessenten, so konnte eine andere Familie zum Zuge kommen. Ebenso findet man das Beispiel, daß Gärten auch an Italiener oder an reformierte Niederländer übergeben wurden, freilich immer nur zu Nutzeigentum.

Bauer: Ich habe noch eine Frage: Sie haben in Ihrem Vortrag anklingen lassen, daß es auch unterschiedliche Ansiedlungen gegeben hat, wahrscheinlich im Bereich dieser Gärten des 18. Jahrhunderts. Dabei ist mir aufgefallen, daß dies beispielsweise für München sehr wichtig ist. Hier haben wir im 16./17. Jahrhundert eine ausgesprochene Gartenvorstadt, die Au, die sich später in eine Ansiedlung für vorindustrielle Unterschichten verwandelt hat, wie im Bereich des Burgfriedens, der Isarvorstadt und des Lehels ist auch aus solchen Gartenanlagen, die ja zum Teil verfallen waren, eine sehr starke unterschichtliche Siedlung entstanden. Gibt es in diesem Zusammenhang für Nürnberg auch Erkenntnisse?

Hirschmann: Daß eine besondere Siedlung entstanden wäre, ist nicht der Fall. Gerade die Hesperiden-Gärten, die ich angesprochen habe, sind im 19. Jahrhundert – als die Stadt über den Mauerring hinauswuchs – in der gleichen Grundstücksform beibehalten worden. Es wurden aber manchmal Gärten vereint, zwei Streifen zusammengelegt und dann zum Teil große Miethäuser darauf errichtet oder kleine Fabriken in die Gärten gelegt; es ist relativ doch manches erhalten geblieben. Es war eben in Nürnberg eine besondere Situation; ich habe mir die Stadtpläne von München, von Frankfurt und Augsburg auch angesehen, doch war dort die Lage nicht so günstig, daß sich ein breiter Burgfriedensbereich rings um die Stadt so gleichmäßig ausgedehnt hat und daß dadurch die Gartenanlagen so vorteilhaft zu liegen gekommen sind.

Wüst: Betrachtet man die residenziellen Gartenanlagen des 17./18. Jahrhunderts, dann stechen einem die Heerscharen an qualifizierten Hofgärtnern ins Auge. In diesem Zusammenhang drängt sich förmlich die Frage auf, wie sich die städtische Oberschicht, das Patriziat und andere oligarchische Schichten, hinsichtlich der ja sehr arbeits- und pflegeintensiven Beibehaltung dieser Gartenkultur arrangiert haben. Gab es hier möglicherweise Austauschprogramme mit den Nürnberg benachbarten Residenzen Ansbach und Bayreuth, die ja höfische Gärtner in großen Park- und Gartengebäuden direkt vor Ort hatten, oder haben Nürnberger Patrizier ihre Gartenkultur in Eigenregie arrangiert?

Hirschmann: Ein solcher Austausch ist mir nicht bekannt, und ich glaube, daß die Nürnberger Gärtner ein so kräftiger Berufsstand waren, daß sie das selbst leisten konnten. Ich kann in diesem Fall und jetzt in der Diskussion darauf abheben, daß noch mein Großvater solch einen Garten vor 1900 in Nürnberg betrieben hat, wo er der Pachtgärtner war, während das Herrenhaus der bekannten Familie Merkel gehörte, aus der Paul Wolfgang Merkel stammte. Seit dem Dreißigjährigen Krieg waren meine Vorfahren immer Pachtgärtner in diesen »Gärtnersgärten«. Was den Einfluß von Hofgärtnern betrifft, so könnte ich hier höchstens an Ansbach und Bayreuth denken, doch bestanden dorthin meistens keine sehr guten Beziehungen; mir ist hiervon nichts bekannt.

Bischoff: Erlangen war seit 1708 die sechste Hauptstadt und Nebenresidenz des Fürstentums Brandenburg-Culmbach und zuletzt 1764–1817 mit der Hofhaltung der Markgräfinwitwe Sophie Caroline besetzt. Im fürstlichen Schloßgarten waren immer wieder – auch in leitender Stellung – Gärtner aus Nürnberg tätig. Für die großen termingemäßen Arbeiten gewann man die zusätzlich nötigen Arbeitskräfte durch Verhängung von Strafen für leichte Vergehen mit sogenannter Hofgartenarbeit, also für Wege anlegen, Heckenschneiden usw. Seit 1786 wurde der Barockgarten in einen Schloßgarten »nach englischem Geschmack« umgestaltet.

Baer: Mir fällt eine weitere Komponente ein, die in diesem Zusammenhang sicherlich nicht uninteressant ist: Im 16. Jahrhundert gab es in Augsburg die sogenannten Gartenbrüder. Es handelte sich um Wiedertäufer, die man mit diesem Schimpfnamen belegte, weil sie in den Gärten, vorwiegend in der Nähe der Stadtmauer, ihre Versammlungen abhielten. Diese meist den Unterschichten der Bevölkerung angehörenden Gruppen wurden allerdings auch anderwärts kaum geduldet.

Hirschmann: Nicht bekannt!

Bischoff: Die Nürnberger bezeichnen Wöhrd als Ausland. Ich habe selbst einmal in Wöhrd gewohnt und habe das am eigenen Leib erfahren. Nein, die reformierte Gemeinde, die sich 1650 aus ungefähr einem Drittel aus ehemaligen Reformierten der Oberpfalz, dann aus Niederländern und schließlich auch aus langsam zuziehenden Hugenotten aus Frankreich zusammensetzte, hatte bis um 1700 in Stein ihren Gottesdienstsitz, und 1702/03 bis 1806 ist sie mit ihrem Gemeindesitz und Gottesdienstsitz in einen Garten von Wöhrd gezogen.

Hirschmann: Das ist richtig, aber soweit ich es sehe, ist dies etwas anderes, als Herr Baer gemeint hat.

Baer: Das war eine organisierte Gemeinde.

Hirschmann: Das war eine organisierte, reformierte Gemeinde, die man einesteils nicht gerne in Nürnberg gesehen hat, weil sie nicht lutherisch war. Im Jahr 1705, als während des Spanischen Erbfolgekriegs die Gefahr wuchs, daß Angriffe auf Nürnberg kämen, hat man ihnen jedoch erlaubt, sich in diesem Garten bei Wöhrd ein Bethaus zu errichten, weil in Stein, das mir selbst sehr vertraut ist, die alte Kirche nicht mehr benutzt werden sollte. Das war nun eine Honoratiorenschicht, die man andererseits auch gerne als Kaufleute in Nürnberg gehabt hat, während der Personenkreis, den Herr Baer meinte, Wiedertäufer waren und Leute, die man nicht gerne gesehen hat. Um auf die andere Frage noch einmal zurückzukommen: Ich habe, glaube ich, angedeutet, daß bei den Gärtnern sich auch Leute der sehr niedrigen, unteren Bevölkerungsschicht befanden und zum Mißfallen des Rates Unterschlupf fanden, die aber als Arbeiter doch sehr beliebt und geschätzt waren. Man könnte auch noch das Stichwort »Stümpler« erwähnen: Handwerker, die in Nürnberg nicht das Recht hatten, eine Meisterstelle innezuhaben; diese haben sich ebenfalls in solchen Gärten verkrochen. Bei der Arbeit an diesem Vortrag schien mir eigentlich am interessantesten, daß zwei so gegensätzliche Schichten, die Obereigentümer mit ihren Gartenfesten usw. und diese Unterschicht nebeneinander in diesem Bereich wohnten.

Wunder: Eine Frage zur Funktion dieser Gärten: Es wurde darauf hingewiesen, daß sie eine private Funktion hatten, daß sich also die Patrizier in heißen Sommertagen dort verlustiert haben. Aber Sie haben auch auf die repräsentative Funktion hingewiesen, daß nämlich zum Beispiel der König von Preußen dort logierte. Das war ja gleichsam ein offizieller Aufgabenbereich eines städtischen Gästehauses, wenn draußen in dieser Gartenzone ein Schlößchen zur Verfügung stand. War das nun eine Ausnahme oder war es die Regel, daß repräsentative Empfänge und ähnliches dort stattfanden? Ich erinnere mich, daß diplomatische Verhandlungen zum Beispiel zwischen den Reichskreisen jedenfalls zum Teil in solchen Gärten stattfanden. Ich nehme nicht an, daß die Leute unter Pomeranzen saßen; sie saßen wohl in den Schlößchen und haben dort verhandelt. Das würde auch auf eine offiziöse Funktion hinweisen, die man vermutlich in der engbebauten Stadt nicht wahrnehmen zu können glaubte.

Diefenbacher: Ich möchte von der Frage von Herrn Wunder nochmals auf die Ausführungen von Herrn Wüst zurückkommen, die auch Herr Bischoff aufgegriffen hat. Es gab in der Tat einen Austausch zwischen den Brandenburgisch-Ansbachischen beziehungsweise Bayreuthischen und den Nürnberger Gärtnern. Die Nürnberger Gärtner waren auch in Ansbach oder Bayreuth tätig. Darüber hinaus habe ich an Herrn Hirschmann folgende Frage: Sie sprechen nur die Hesperidengärten, also die barocke Gartenkultur im Burgfrieden an. Hat die Hesperidenbewegung auch auf die größeren Gärten innerhalb der Stadtmauer Einfluß gehabt, beispielsweise auf das Tuchersche Gartenanwesen?

Richter (Fürth): Ich kann vielleicht wieder an beide Fragenkomplexe anknüpfen, zunächst an den der offiziösen Funktion. Ich glaube nicht, daß sie an die Nürnberger Hesperidengärten allein geknüpft ist. Als zum Beispiel Friedrich Wilhelm III. 1796 Fürth zu Manövern besuchte, baute dort der Medailleur Johann Christian Reich, in ganz Europa wohl bekannt, ein eigenes Holzhaus an sein Anwesen an, um den König entsprechend repräsentativ zu bewirten und unterzubringen. Das lag einfach daran, daß anscheinend kein vergleichbar repräsentatives Gebäude im damaligen Fürth vorhanden war.

Zur Frage nach den Unterschichten noch folgendes: Der Rat der Stadt Nürnberg wie auch die angrenzenden Landesherren haben sich ja immer bemüht, deren Treiben etwas einzuengen beziehungsweise den Kontakt der Nürnberger Bürger hierzu zu unterbinden. Es gibt Mandate der Markgrafen von Ansbach zur Sonntagsheiligung aus den Jahren 1699, 1701, 1708 und 1717, wonach in den Vogelherden insbesondere von den Vogelstellern von Nürnberg am Sonntag nicht gefressen und gesoffen, nicht gespielt und nicht »mit verdächtigen Weibspersonen allerhand Ungebühr« getrieben werden solle. Im Zuge dieses Unterbindens der Kontakte nach »draußen« ist offensichtlich ein Versuch von Nürnberger Seite zu sehen, die Tore der Stadt an Sonntagen bis nach den Gottesdiensten verschlossen zu halten. Dagegen wehrten sich die Bürger. Es gibt gedruckte Suppliken an den Rat, die nur noch unterschrieben zu werden brauchten. Die Supplikanten argumentierten folgendermaßen: Diejenigen, die vor der Stadt Gärten besitzen, seien, wenn die Supplikanten ihre Feiertagsruhe haben und sich erholen können, damit man während der Woche wieder arbeiten könne, ohnehin schon draußen in den Gärten, und jenen könne es egal sein, ob am Sonntag die Tore und Türlein bis nach dem Gottesdienst geschlossen sind. Die aber, die in der Stadt wohnten, müßten die Möglichkeit haben, schon am Sonntagvormittag aus den Toren hinauszugehen. Ich konnte leider das genaue Datum noch nicht ermitteln, an dem dies stattgefunden hatte; es müßte um 1795 gewesen sein. Ob sich solche Versuche, die Tore zu schließen, beziehungsweise der Protest dagegen über einen längeren Zeitraum erstreckten, müßte noch untersucht werden.

Andermann: Herr Diefenbacher hat, wie ich meine, ein wichtiges Stichwort in die Diskussion eingebracht: die Gärten innerhalb der Stadt. Meines Erachtens sind auch sie ein wesentlicher Bestandteil der städtischen Gartenkultur. Da gibt es zum einen die Gärten innerhalb der Stadt, die ich einmal als Verlegenheitslösung bezeichnen möchte. Ich denke etwa an Speyer, wo nach der Zerstörung von 1689 im 18. Jahrhundert ein Großteil des ummauerten Stadtareals für Gärten genutzt wurde, weil niemand ein Interesse daran hatte, hier zu bauen. Zum anderen gibt es aber auch die Gärten, die infolge einer auf Zuwachs berechneten Stadterweiterung innerhalb der Mauer entstehen; ein Beispiel dafür gibt es in Ladenburg, wo sich die Stadtväter heute bedauerlicherweise darüber Gedanken machen, wie man diese seit Jahrhunderten überkommene freie Fläche zubauen könnte. Und schließlich ist an die beispielsweise in Eßlingen, aber auch anderwärts zu beobachtende Situation zu denken, daß die Schenkelmauern, die von einer höhergelegenen Burg zur Stadt herunterführen, Weingärten oder sonstige Gartenanlagen umschließen. Auch das ist doch beachtenswerte städtische Gartenkultur.

Kirchgässner: Noch eine organisatorische Frage: Wenn sich eine relativ breite, aus den Unterschichten kommende Menschenzahl hier hat aufhalten können, und dies dauerhaft, so mußten die Gartenbesitzer davon doch Kenntnis gehabt haben? Man hat sie als billige Arbeitskräfte geschätzt – wenn man sie nicht gewollt hätte, hätte man sie doch vertreiben können?

Hirschmann: Ich fange mit der letzten Frage an. Ich habe, glaube ich, angedeutet, daß alljährlich von den Waldamtsbediensteten Visitationen in diesen Gartenanwesen gemacht worden sind und daß sich die praktische Abwicklung herumgesprochen hat: »Jetzt kommt die Visitation wieder«. Daraufhin sind diese Leute in irgendwelchen Gärten und Gartenhäusern verschwunden oder versteckt worden. Ich habe auch Andeutungen in den Akten gefunden: »Da haben wir keinen Einlaß gefunden, das eine Zimmer wurde uns nicht aufgemacht«; so ähnlich hat sich das wohl abgespielt. Ähnlich war dies auch mit den Öfen; es war eine »heiße« Sache, wenn schnell wieder ein Ofen aufgestellt worden ist, der Holz brauchte; eine so gute Kontrolle und Organisation, wie wir sie im 20. Jahrhundert haben, hat es damals noch nicht gegeben. Aber es war dem Rat und der Oberschicht ein Anliegen und sehr unangenehm, daß Bettler, Tagelöhner und ähnliches mehr immer wieder auftauchten. Man hat sie angewiesen, den Ort zu verlassen, aber nach einem Jahr waren sie wieder da; etwa in dieser Weise verhielt es sich. Was die Stadtöffnung betrifft: Wenn ich das richtig erkannt habe, Herr Richter, so meinen Sie die Gartenbesitzer, die das Obereigentum hatten, die Ehrbaren; für diese hat die Zeit der Toröffnung keine Rolle gespielt.

Richter: Sie nutzten die Gartenhäuser offensichtlich über einen längeren Zeitraum, deshalb auch meine Frage, ob sie am Sonntagvormittag hinauskonnten oder nicht.

Hirschmann: Vor allem hatte jeder von ihnen ein Torzeichen in Händen mit dem Wappen darauf und der Abkürzung des Namens. Das brauchten sie bloß vorzeigen, dann durften sie jederzeit zur Stadt herein oder heraus. Aber diese speziellen Streitigkeiten oder Beanstandungen waren mir nicht bekannt – sie sind eine interessante Ergänzung! Sodann die Frage nach den größeren Gärten und den Gärten in der Stadt: Ich mußte meinen Vortrag begrenzen, doch diese Gartenkultur, die hier zu schildern war, hat es in anderen Gärten, auch in großen Gärten, nicht in der Form gegeben. Es hat eine beträchtliche Anzahl sehr großer Gärten auch im Osten und Süden der Stadt gegeben. Am größten war wohl der sogenannte Tuchergarten, der der Familie Tucher gehörte. Ihm beigeordnet war auch ein großer Komplex in der Altstadt, der aber nicht in dieser besonderen Form angelegt war. Aber da wäre eben noch manches in einzelnen Häusern der Altstadt zu erforschen. So wie es in anderen Städten manchmal ist – daß sich hinten an das Haus ein Garten anschließt –, war es in Nürnberg überwiegend nicht der Fall. Was sich in der Stadt an Gärten bewahrt hat, das waren einige Gärten der früheren Klöster, zum Beispiel das Areal des Germanischen Museums. – Schließlich noch zu der Frage der Repräsentation, die Herr Wunder angeschnitten hat. Man findet hier noch weitere Beispiele: 1754 fand zum Beispiel ein großes Gartenfest statt, an das sogar eine Medaille erinnert. Außerdem weiß ich, daß der Bamberger Bischof, wenn er, von Erlangen kommend, nach Nürnberg reiste, vor der Reformation schon an einem der Gärten in der Bucher Straße seinen Ornat angelegt hat und dann in dieser Amtstracht nach Nürnberg hereingekommen ist. Er ist also schon dort, außerhalb der Stadt, begrüßt worden. Hinweise kann es demnach geben, und ich kann mir auch denken, daß die eine oder andere Verhandlung zwischen Ratsherren und markgräflichen Räten sich auch in solchen Gärten abgespielt hat oder auch in den außerhalb der Mauer liegenden Patrizierschlößchen. Bekannt ist beispielsweise in Schoppershof das Schloß der Familie Peller. Der Friedensexekutionsrezeß von 1649 ist nicht in der Stadt unterschrieben worden, sondern in diesem Patrizierschlößchen.

Kirchgässner: Mit diesem Beitrag darf ich die wiederum lebhafte Diskussion schließen; wir danken allen, die daran teilgenommen haben. Wir sehen, daß auch dieser hier behandelte Bereich, der zunächst ja sehr speziell erscheint, rasch in die allgemeine Geschichte und auch in das Selbstverständnis städtischen Lebens hineinragt.

DISKUSSION ZUM VORTRAG BAUER

Kirchgässner: Für Mannheimer Bürger hat der Name Karl Theodor natürlich einen ganz besonderen Klang und weckt auch ganz besondere Assoziationen. Man ist in der neueren Zeit in der Beurteilung dessen, was gerade er und mit ihm das 18. Jahrhundert an kulturellen Werten hinterlassen haben, sehr viel vorsichtiger geworden. Immer mehr verstärkt sich der Eindruck, daß die stark nationalliberal und auch antiklerikal gefärbte Geschichtsschreibung des 19. Jahrhunderts im pfälzischen Bereich für den Barock herzlich wenig Verständnis hatte. Fragen möchte ich: Wenn Sie von Mannheim sprechen, meinen Sie dann den Schwetzinger Garten oder den Mannheimer Schloßgarten?

Bauer: Nein, denn dieser Garten war in der Mühlau angelegt, ist in den Koalitionskriegen dann aber wieder schnell zerstört worden. Dann hat man es auch in Neuburg versucht, selbst in Straubing hat es lange Diskussionen um einen Englischen Garten gegeben. Derartige Ansätze finden sich also überall, aber nach ein bis zwei Jahren ist alles wieder eingegangen. Nur Mannheim und München haben eine längere Wirkung entfaltet.

Spies: Ich möchte in diesem Zusammenhang noch ergänzend darauf hinweisen, daß der Park Schönbuch bei Aschaffenburg unter Friedrich Carl Joseph von Erthal auch unter Mitwirkung von Sckell angelegt worden ist und daß die anderen Parkanlagen in Aschaffenburg, also Fasanerie und

Schloßpark in den siebziger Jahren des 18. Jahrhunderts von einem französischen Park umgestaltet worden sind in einen Park, der einen englischen Landschaftsgarten darstellte. Dies ging also zeitgleich vor sich, wenn auch etwas früher als der Englische Garten in München.

Bauer: Ludwig I. hat später ebenso große Stücke auf Sckell gehalten und ihn als das wohl größte gärtnerische Talent bezeichnet. Ich habe bereits kurz angedeutet, wie Sckell eigentlich seinen besonderen Stil erst nach 1804 entfaltete, der in gewisser Weise von dem herkömmlichen Englischen Garten abstrahierte, der zum Teil sehr kleinräumig und mit allen möglichen Dingen vollgestellt war. Ich kann nur noch einmal auf den Nymphenburger Schloßpark hinweisen, der eigentlich in gewisser Weise die Idealvorstellung Sckells ist, mit einem französischen Parterre, mit einer beibehaltenen geraden Mittelachse, mit großen Bassins, die in Teiche verwandelt sind – also einer sehr glücklichen Mischung des Landschaftsparks mit gewissen, noch auf den französischen Garten zurückweisenden Strukturen. Dieses Hauptziel, das er in all seinen Schriften immer wieder verdeutlicht hat – die Kontaktnahme der verschiedenen Stände, das miteinander Promenieren, das »Sich-im-Blick-behalten« –, das alles ist eben wesentlich geworden. Und auch dies sehen Sie tatsächlich im Englischen Garten verwirklicht: Sie müssen, wenn Sie wieder in München sind, einmal bewußt erleben, wie großzügig die Wege angelegt sind. Sckell setzt sich sehr logisch damit auseinander, wenn er fragt, warum gewundene Wege eigentlich immer zum Englischen Garten dazugehören müssen. Das sei doch unsinnig. Der Mensch bestimme den Weg, und wenn er ein bestimmtes Ziel habe, so gehe er auf dem nächsten Weg darauf zu und benötige nicht unnötige Windungen. Nach seinem Prinzip gestaltete er auch Gärten mit großen Ausblicken, diesen »Ohas«, wie man in München sagt, die auf bestimmte Kirchturmspitzen oder, in der Ferne, auf Gebirgszüge ausgerichtet sind. Sckell ist also in der Tat unter den süddeutschen Landschaftsgärtnern ein Einzelfall und er hat sehr viel bewirkt. Ich sagte bereits, daß der Englische Garten in seiner Erstanlage von ihm initiiert ist, dann von anderen gestaltet, von ihm später aber wieder entsprechend seinen Kriterien verändert wurde. Der Englische Garten ist natürlich im 19. Jahrhundert zu einem immensen Areal weitergewachsen.

Kirchgässner: Ich frage mich oft, was eigentlich das Faszinosum dieses englischen Einflusses ausgemacht hat. An sich ist doch von dem, was man »englisches Wesen« nennen könnte, bei uns sonst wenig an Resonanz zu finden?

Bauer: Es ist in dieser Zeit, das heißt im 18. Jahrhundert, durchaus eine Anglomanie feststellbar. Man muß es im Zusammenhang mit dem »retour à la nature« sehen, die Bezogenheit, sich wieder unmittelbar mit der Natur zu beschäftigen, und dies nicht nur beim Spazierengehen, sondern auch im übertragenen Sinn. Hierfür sind aber die entscheidenden Einflüsse gerade von England gekommen. Außerdem waren die Engländer in dieser Zeit auch als Reisende schon sehr viel unterwegs, das müßte man wohl damit in Zusammenhang bringen.

de Longueville: Inwieweit hat sich denn der alte Englische Garten vom Ende des 18. und vom frühen 19. Jahrhundert bis heute erhalten? Ich denke hier daran, daß wir in den letzten 10 bis 15 Jahren eine sehr intensive denkmalpflegerische Bemühung um alte Gärten beobachten können. Baden-Württemberg hat beispielsweise die Denkmalpflege einige große Gartenkonzepte wiederherstellen lassen, nicht nur italienische und französische Gärten, sondern auch wieder englische Gärten. Hat man diesbezüglich ähnliche Vergleichsmaßstäbe in anderen Bundesländern – beispielsweise beim Englischen Garten – vorgenommen, oder was ist noch (wenn man so will) Originalbefund mit all den Problemen, die ein Originalbefund eines später wachsenden Gartens ja immer hat?

Bauer: Ich habe bereits ausgeführt, daß es gar nicht mehr erwünscht ist, den Originalbefund zu rekonstruieren. Sckell hat nach 1804 ziemlich ausgeräumt und den Garten verändert. Es wurden dann in der Zeit Ludwigs I. bestimmte Ausstattungen wieder eingebracht, so etwa der berühmte Monopteros im Jahr 1837. Der Garten hat mehrere Partien; wenn man hineingeht, so kommt zunächst ein großes Wiesengelände, danach ein altes Auwaldgelände, wo der Bewuchs dichter wird, aber gegen Schwabing zu kommen wir wieder auf eine weite Fläche mit einem See. Das wurde eigentlich grundsätzlich immer beibehalten. Der Englische Garten hat im Zweiten Weltkrieg ziemliche Verwüstungen erfahren. Damals ist der Chinesische Turm abgebrannt, es sind – vor allem in der Folgezeit 1946/1947 – durch Abholzungen große Schäden entstanden. In den letzten Jahren wurde sehr viel Geld investiert, während jetzt ganz aktuelle Probleme hinzukommen, das große Ulmensterben zum Beispiel in den letzten Jahren. Es wird auch laufend investiert, um den grundsätzlichen Charakter zu erhalten. Andererseits hat die Stadt natürlich auch an dem Garten wieder einiges »abgeknabbert«. Man hat Straßen durchgebaut, wie zum Beispiel zur Kennedy-Brücke, dann die Verbindung Schwabing-Bogenhausen schon in den dreißiger Jahren mit einer Omnibuslinie. Aber insgesamt spiegelt der Garten auch heute noch die Situation aus der zweiten Hälfte des 19. Jahrhunderts.

Kirchgässner: Karl Theodor hat durch diese Ausführungen neuerlich wieder an Sympathie gewinnen können; vor einigen Jahren hat man ihn ja eigentlich, wenn Altbayern in der Nähe waren, kaum loben dürfen.

Bauer: Ich glaube, daß sich hier – so hoffe ich – einiges bewegt. Es ist erstaunlich, wie sehr die bayrische Geschichtsschreibung auch heute noch an diesen grundsätzlichen Vorgaben festhält, wonach alles »Heil« eigentlich erst mit Max I. Josef beginnt, und wie schwer man sich tut, die Umbruchsituation vor Montgelas in einer ausgewogenen Art zu bewerten. Sicher ist Montgelas hier die Hauptperson. Aber auch jener Graf Rumford, der zunächst einmal durch seine Rumford-Suppe und ähnliche Volksbeglückungsmaßnahmen bekannt ist, bleibt eine politisch hochinteressante Person, die aufgrund eines diplomatischen Geheimauftrags am Hof Karl Theodors wirkte. Er war nämlich, wenn man es etwas überspitzt ausdrücken will, englischer Agent, der auf Karl Theodor angesetzt wurde und der diese Tätigkeit, obwohl er in einer so profilierten Position stand, auch weiter ausübte und alle möglichen Dinge dafür tätigte. Auch dies ist ein noch vollkommen unerforschtes Gebiet. Ich habe zu diesem Zwecke das Wiener Haus-, Hof- und Staatsarchiv aufgesucht und die Gesandtschaftsberichte eingesehen, um diese Rolle Rumforts näher zu entschlüsseln. Das sind aber Bereiche, die bislang kaum angesprochen wurden mit der einzigen Ausnahme eines Buches, das 1934 Putzi Hanfstängel, der nachmalige unselige Reichspressechef von Hitler, geschrieben hat – seine Dissertation, in der er sich mit dem belgisch-bayrischen Tauschobjekt und dabei auch mit Rumford beschäftigte. Seit dieser Zeit hat sich eigentlich niemand mehr mit der Karl Theodor-Zeit ausführlicher beschäftigt, soweit es die diplomatische und außenpolitische Seite betrifft. Ich kann mir vorstellen daß auch das Urteil über Karl Theodor, er sei in der Pfalz ein so hervorragend aufgeklärter Herrscher gewesen, in Bayern dagegen ein finsterer Despot, revidiert werden muß. Wir bekommen diese negative Überlieferung ja nur von der schreibenden Zunft der altbayrischen Patrioten in München, die natürlich alle ihren persönlichen Unmut in diese Überlieferungen hineinlegen; ich nenne hierfür als Beispiel nur Westenrieder. Aber eine gerechte Würdigung fehlt, und es ist doch erstaunlich, was die Regierung Karl Theodors alles versucht hat und daß sie und eigentlich auch schon Montgelas in vielen Bereichen vorbereitet hat. Das beginnt mit der Staatskirchenpolitik, ferner gibt es die Auseinandersetzung mit dem städtischen Gewerbewesen oder die Einschränkung eigentlich aller selbständigen Gewalten. Alles, was der »Staatsrevolutionär« Montgelas mit einigen Federstrichen erledigt hat, ist in den achtziger und neunziger Jahren des 18. Jahrhunderts im Ansatz schon vorhanden, wird freilich in einer wesentlich humaneren Form ausprobiert. Ich meine, man müßte sich jetzt auch im Interesse der Pfälzer Geschichtsforschung mit dieser merkwürdigen Situation, in der Karl Theodors Doppeldeutigkeit in Bayern aufscheint, ein wenig befassen.

Kirchgässner: Manchmal überlege ich mir, wie die Menschen in 200 Jahren über unsere Zeit urteilen werden. Um ein willkürliches Beispiel herauszugreifen: Wenn dann Publikationen über den Zustand unserer Gemeindefinanzen geschrieben werden, kommen wir ziemlich schlecht weg. Ähnlich wird es wohl bei Karl Theodor sein, der auch seine wirklich guten Züge hatte: Wer etwa einmal sein Vertrauen erworben hatte, den ließ er auch arbeiten – zumindest in seiner Mannheimer Zeit. Natürlich kann sich ein Herrscher auch in seinem Mitarbeiter täuschen. Manchmal mag eine gewisse Hast mit im Spiele gewesen sein, aber die kennen wir ja nun von Josef II. auch, und zwar in viel größerem Maße. Wenn wir darüber hinaus an die schrecklichen Lücken denken, welche die Kulturbarbarei der Säkularisation in unseren Quellenbestand gerissen hat, so sollte man im Beurteilen und vor allem im Verurteilen etwas behutsamer sein.

DISKUSSION ZUM VORTRAG WAGNER

Schadt: Wir danken Herrn Wagner aufrichtig für seine anschaulichen Ausführungen. Er hat sich in jüngster Zeit in dieses Thema eingearbeitet und wird im nächsten Jahr einen größeren Beitrag hierzu liefern. Es scheint mir dies ein Thema zu sein, das durch Mitteleuropa im gesamten 19. und 20. Jahrhundert hindurchgeht: die Entfestigungen und die Anlage von Parks. Mit scheint auch interessant zu sein, daß wiederum in der Geschichte der Begrünung unserer Städte in der Form der Anlage von Gärten oder Parks ein europäisches Phänomen mit dem Gärtner Lindal greifbar wird.

Schwarzmaier: Was Herr Wagner mit diesem schönen Beispiel der Entfestigung in Würzburg gezeigt hat, beweist, mit welcher Konsequenz die städtischen Bürger die Chance genutzt haben, eine militärische Anlage wieder in öffentlichen Besitz zu nehmen. Eine große Gemeinschaftsaufgabe war zu lösen, ohne daß dabei privates Eigentum in Anspruch genommen werden mußte, was ja mit Enteignung und ähnlichen Maßnahmen verbunden gewesen wäre. Ein anderes Beispiel oder eine andere Möglichkeit dieser Entfestigung fällt mit ein, wenn ich etwa an Philippsburg denke. Philippsburg ist kurz nach 1800, ich glaube 1807, entfestigt worden. Dort bestand nicht die Notwendigkeit, eine solche große Gemeinschaftsaufgabe in Angriff zu nehmen. Man ist dann so vorgegangen (es liegt ein wunderschöner »Entfestigungsplan« im Generallandesarchiv Karlsruhe), daß man das gesamte Festungsareal parzelliert und es auf die Bürger umgelegt hat, also auf diejenigen, die vorher die Leidtragenden der Festung gewesen sind. Sie sind damit die eigentlichen Nutznießer geworden und haben das getan, was wir auch heute wieder sehen (18. 11. 1989 in Berlin): Sie haben den Fall einer Mauer mit großer Freude quittiert und haben davon profitiert.

Wagner: Auch in Würzburg gab es diesen Prozeß, daß Bürger sich einzelne Grundstücke über das Nutzungsrecht als Besitz angeeignet haben. Unter Bürgermeister Zürn ist ein Großteil dieses Besitzes wieder zurückgekauft worden. Zum ersten Teil Ihres Beitrags: Im 19. Jahrhundert zeigt sich ja, daß Grünanlagen aus sozialer Verantwortung für die Bürgerschaft angelegt werden; man wollte also im Stadtraum Grünflächen schaffen, die bewußt unter dem Gesichtspunkt rascher Erreichbarkeit geplant und zur Regeneration der Bürger ausgestaltet wurden.

Hirschmann: Eine kleine Zusatzfrage: Wie war das Schicksal der Festung? Das Areal blieb ja im Staatsbesitz über die ganzen Höhen hinauf. Wurden diese auch gärtnerisch angelegt, und wie war die weitere Entwicklung?

Wagner: Links des Mains wurde die Festungseigenschaft erst 1867 aufgehoben, aber dieser Teil der ehemaligen Festungsanlagen blieb im Staatsbesitz und ist auch nicht – wie der Teil rechts des Mains – abgetragen worden. Heute ist die Situation so, daß im Zuge der Landesgartenschau, die im nächsten Jahr (1990) in Würzburg stattfindet, dieser linksmainische Teil systematisch begrünt und gärtnerisch durchgestaltet wird.

Wunder: Eine Bemerkung hierzu: Das Militärkommando hat ja nicht nur die Baumöglichkeiten in der Stadt eingeengt, sondern jegliche Entfaltungsmöglichkeiten der Bürger. Die Stadt stand praktisch unter Militärbefehl, und insofern war es regelrecht ein Befreiungsakt, wenn eine Stadt nicht mehr Festung war und diesen Charakter verloren hatte. Meine Frage zielt indes in eine andere Richtung: Wie sah es in Städten aus, in denen man nicht die Vorgabe der Militärs hatte? Dort hatte man diesen Gürtel, den man benutzen konnte. Gibt es Städte, in denen Grünanlagen sozusagen idealiter nach Bedürfnissen, wie man sie für die Bürgerschaft gesehen hat, angelegt worden sind, und wie sahen diese im Vergleich zu dieser Vorgabe aus, die man ja durch die Festungsanlagen hatte? War dies nicht schon ein Kompromiß, und in welcher Richtung hätten sich die Anlagen sonst entwickelt, wenn man nicht diesen Gürtel gehabt hätte?

Wagner: Ich meine, dies ist eine hypothetische Frage. Wenn man diesen Gürtel nicht gehabt hätte, wäre Würzburg wahrscheinlich nach und nach organisch gewachsen und hätte sich im Laufe der Zeit kontinuierlich ausgedehnt. So aber verlief das Wachstum in der Weise, daß man die Stadt bis zur Mitte des 19. Jahrhunderts im Innenraum verdichten mußte und nach Aufhebung der Festungseigenschaft und dem Bauverbot im ehemaligen Festungsgürtel auch zu der Zeit, als der Park schon angelegt war, jenseits des Glacis weitersiedelte und so praktisch Vorstädte hatte, die durch diesen Grüngürtel von der mittelalterlichen beziehungsweise neuzeitlichen Stadt getrennt blieben.

Wunder: Es liegt auf der Hand, daß man in Würzburg nichts anderes machen konnte. Aber es gibt in den Großstädten neue Viertel, die planmäßig angelegt werden, und da werden Parks systematisch als Quadrat in die Mitte gesetzt. Letztendlich könnte man auch amerikanische oder russische Städte nehmen, die im 19. Jahrhundert neu angelegt wurden. Auch hier wurde nach der damaligen Konzeption immer ein Park oder ein Theater oder die Kirche in den Mittelpunkt gesetzt. In Würzburg oder in anderen ehemaligen Festungsstädten hatte man diese Freiheit nicht. Aber in den Neubauvierteln in Berlin oder sonstiger Millionenstädte war es durchaus möglich. Gleiches gilt für die Vorstädte von Wien, dort sieht die Konzeption doch etwas anders aus. Ging es auch da um Wassergräben und kleine Seen, die man anlegte? Es waren wohl doch mehr Denkmäler und Bänke und ein paar Bäume in quadratischen Parks. Es war also eine andere Konzeption als die hier geschilderte Vorgabe durch Festungswerke.

Wüst: Sie führten als Gründe, die die Bürgerschaft gegen Lindahl aufgebracht haben, hauptsächlich ökonomische und finanzielle Erwägungen ins Spiel. War außerdem aber im 19. Jahrhundert nicht auch jene große Tradition des Sicherheitsempfindens von Bedeutung, das man ja bis zum Ende der reichs- oder landständischen Autonomie in diesem Jahrhundert entwickelt hat? Gab es Stimmen aus der Bürgerschaft, die aus diesen genannten Gründen strikt gegen Entfestigung waren, oder war zur Zeit Lindahls diese städtische Tradition bereits völlig weggewischt?

Wagner: In Würzburg gab es schon auch Leute, die nicht für die Entfestigung eintraten. Ein Teil der Bevölkerung und auch ein Teil der Presse waren überrascht, als plötzlich die Entfestigung durchgeführt wurde. Vor allem als dann die Tore abgerissen und die Wachen abgelöst und aufgehoben waren, wurde den Einwohnern langsam klar, daß man jetzt eine offene Stadt war, das heißt, Tag und Nacht konnte die Stadt von jedem betreten und verlassen werden, ohne daß eine Kontrolle möglich war. Zu den Gründen, die die Bevölkerung beziehungsweise die Presse gegen Lindahl aufgebracht haben, ist noch zu sagen, daß sie in erster Linie finanzieller Art waren: Er würde zuviel Geld für die Neugestaltung der Anlage verbrauchen. In der Tat haben diese Maßnahmen viel gekostet. Der zweite Vorwurf an Lindahl bestand darin, daß er einer augenblicklichen, momentanen Mode nachgehe, indem er eine gewellte Landschaft und Seen gestalte. Man glaubte eben, daß diese Mode nach 20 bis 30 Jahren wieder obsolet wäre. Ein weiterer Punkt war, daß schon ein Stadtwald mit großen alten Bäumen vorhanden war; Lindahl hat sehr viele dieser alten Bäume fällen lassen. Gerade dies hat viel Unwillen erregt.

Ay: Bei den beiden Referaten von Herrn Bauer und Herrn Wagner habe ich eine Beobachtung gemacht, von der ich nicht weiß, ob sie nur auf einem statistischen Zufall beruht oder einer gewissen Regelhaftigkeit entspricht. Vielleicht bietet diese Diskussion hierfür näheren Aufschluß: In beiden Fällen, München und Würzburg, ist die Anlage der großen Parkanlagen offenbar mit heftigen kommunalen Konvulsionen verbunden. Ist dies eine übliche oder eine häufige oder gar eine Ausnahme-Erscheinung? Wie war das anderswo? Ich weiß zum Beispiel nicht, ob die Anlage des Stuttgarter Schloßgartens von ähnlichen Konflikten begleitet war. Meine Frage richtet sich also darauf, ob die Bürgerschaften verschiedener Städte auf große Bau- und Umgestaltungsvorhaben in ihren Gemeinden, wie die Anlage von Parks es ja waren, womöglich in regelhafter Weise reagierten, etwa indem sie sich von vornherein dagegen wehrten oder indem sie nur die jeweilige Konzeption des Vorhabens ablehnten.

Wagner: Ich kann für die Verhältnisse außerhalb Würzburgs wenig beisteuern, meine aber, daß im 19. Jahrhundert der Wunsch nach einer Entfestigung der Städte bei den Bürgerschaften allgemein vorhanden war.

Hirschmann: Ich möchte mich hierzu kurz äußern, weil Nürnberg ja derjenige Fall ist, wo die Stadtmauer nicht beseitigt wurde. Insoweit herrschten noch mittelalterliche Verhältnisse und eine andere Situation, als man dort einen Stadtpark anlegte. Dies geschah Mitte des 19. Jahrhunderts auf einer großen Freifläche außerhalb, im Nordosten der Stadt, am sogenannten Judenbühl. Dort ist 1855 ein großer Stadtpark entstanden, der nach König Max benannt wurde, mit Weihern und Anlagen. Dies geschah mit Wunsch und Absicht der Bevölkerung, er dient bis heute als Nürnberger Stadtpark; dem Stadtteil ist der Name Maxfeld geblieben.

Wagner: Ich will zuerst zu der Frage von Herrn Ay etwas sagen. Natürlich hat es hier Schwierigkeiten gegeben, weil man ja versucht hat, dieses Terrain der Bürgerschaft wegzunehmen, zumindest es der bürgerlichen Jurisdiktion zu entziehen. Deswegen gab es immer wieder Konflikte mit der Bürgerschaft, weil deren Kompetenz gemindert wurde. Daß die Bürgerschaft aber grundsätzlich an einer Entfestigung interessiert war, ist sicherlich schon für das 18. Jahrhundert aus den angeführten Gründen feststellbar. Ähnliches gilt für das 19. Jahrhundert. Die Festung ist in München schon zu Anfang des 19. Jahrhunderts aufgegeben worden, und das liberale Bürgertum hat die Entfestigung ständig gefordert. Hier sehe ich also weniger Zaudern. Sicherlich hat es immer Stimmen gegen eine Entfestigung gegeben, aber das Gros der Bürgerschaft war seit dem 18. Jahrhundert dafür.

Zur Frage von Herrn Ay darf ich ferner anmerken, daß der Streit mit der Bürgerschaft ein häufiges Phänomen war – gerade über die Anlage von Parks. In Konstanz war es zum Beispiel so, daß dort das Mauerwerk der Stadtmauer dazu benutzt wurde, um im See ein Gelände aufzuschütten, das Gebiet des späteren Stadtparks. Die Stadt wollte es parzellieren; das war sogar bereits vorgesehen. Ohne und gegen den Beschluß des Stadtrats hat dann der Bürgermeister in einer Nacht- und Nebel-Aktion oder durch Verschleppung durchgesetzt, daß dort ein Stadtpark angelegt werden soll, den es noch heute gibt. Eigentlich ist dies ein Problem des sogenannten großen Oberbürgermeisters. Heute geht man davon aus, daß die Oberbürgermeister diese Städte geprägt haben. Ein weiteres Beispiel hierfür gibt es ja in Würzburg. Diese Bürgermeister hatten – damals dachte man: aus Profilierungssucht – eben große Konzeptionen. Ob das Moden, ob das Notwendigkeiten waren, ist schwierig zu unterscheiden. In der Literatur – soweit es um Biographien geht – sind es dann die großen Persönlichkeiten der Oberbürgermeister, die weitsichtig nicht nur Parks angelegt, sondern auch Häfen gebaut oder ein Theater, Schulen oder ähnliches errichtet haben. Immer wird es mit den großen Oberbürgermeistern in Verbindung gebracht, die durch eine weitgehende Verschuldung – die erst durch die Inflation abgelöst worden ist – solche Anlagen geschaffen haben. Jedenfalls haben diese Stadtoberhäupter die Möglichkeit gehabt, weitgehend selbstherrlich einzugreifen und zu gestalten. Wie das Phänomen zu erklären ist, ist eine andere Sache.

Ennen: Als Rheinländerin möchte ich die Oberbürgermeister etwas in Schutz nehmen. Ich glaube, die Kölner sind Adenauer für den Grüngürtel außerordentlich dankbar. Die Kölner haben im 19. Jahrhundert, vor allem nach 1870/71, dringend die Entfestigung gewünscht. Köln war noch unter preußischer Herrschaft Festung; die Kölner waren sowohl über die von Preußen verordnete altmodische Schreibung ihres Stadtnamens mit C wie auch über die Beibehaltung der Festung sehr ungehalten und haben es begrüßt, daß die veralteten Festungswerke geschleift wurden. Köln war in der späten reichsstädtischen Zeit im 17. Jahrhundert eine moderne Bastionenbefestigung geworden; im 17. Jahrhundert hatte das einen Sinn, Köln konnte sich die Neutralität in den Kriegen Ludwigs XIV. leisten. Aber im späten 19. Jahrhundert wollten die Kölner unbedingt die Entfestigung. Übrigens wollte man damals allgemein aus der Enge der alten Mauern und der die Stadt abschließenden Tore herauskommen. Heute bedauern wir es in Bonn sehr, daß die schönen alten Stadttore wie das Kölntor vollkommen abgetragen wurden, aber kein Oberbürgermeister, sondern ein Gelehrter, nämlich August Wilhelm von Schlegel, hat diesen Abbruch sehr begrüßt. Er wünschte sich eine freie, offene Stadt. Wir wären jetzt froh, wenn wir wie in Köln die mittelalterlichen Torburgen noch hätten; die Kölner nutzen unter anderem die Eigelsteintorburg oder die Hahnentorburg zu Ausstellungen. In Bonn hat man das Sterntor abgebrochen und einige Teile anderswo funktionslos aufgebaut, was eine schlechte Lösung ergibt. Ich denke in diesem Zusammenhang auch daran, daß Frau Rat von Goethe froh war, als sie nicht mehr im »Goethehaus« wohnte, sondern in einer offeneren Gegend der Stadt. In Bonn waren die Bürger schon im 17. Jahrhundert sehr ungehalten, daß sie durch die neue Bastionenfestung Gartenland verloren. Sie mußten dann ja auch erleben, daß die neue Festung ihnen nichts einbrachte außer monatelanger Belagerung und Zerstörung.

Specker: Ulm ist ja mehrfach angesprochen worden, wobei Ulm jedoch insofern einen Sonderfall darstellt, als es zweimal zur Festungsstadt ausgebaut wurde. Nachdem die 1617–1622 von Johann van Valckenburg vor der mittelalterlichen Stadtmauer angelegte Bastionärbefestigung ab 1800 auf Befehl des Generals Moreau hatte geschleift werden müssen, konnten auf diesem Gürtel um die Stadt relativ früh Grünanlagen entstehen. Später wurden hier auch Verkehrswege, die Vorläufer der heutigen Ringstraßen, angelegt. Weiträumig die mittelalterliche Stadt einschließend wurden dann 1842–1859 die Verteidigungswerke der vom Deutschen Bund errichteten Festung ausgeführt, die einen bis in die Gegenwart weithin geschlossen erhalten gebliebenen zweiten Grüngürtel um die Stadt legten.

Von Herrn Wunder wurde vorher die Frage nach Parks in neu angelegten Stadtteilen angesprochen. Soweit ich die seit etwa der Mitte des 19. Jahrhunderts entworfenen Ortsbaupläne und die späteren Generalbebauungspläne kenne, waren solche Parkanlagen zwar ursprünglich häufig konzipiert, wurden dann aber bei der Realisierung wegen der hohen Erschließungskosten für neue Wohngebiete im Zuge der Bodenspekulation nicht selten auf kleine begrünte Plätze reduziert. Eine ähnliche Erscheinung begegnet uns auch in den mittelalterlichen und frühneuzeitlichen Stadtkernen. Mit den Friedhöfen bei den Pfarrkirchen hatte es dort – modern gesprochen – kleine Grünoasen gegeben, bis die Begräbnisstätten, weil der Platz in der Innenstadt zu eng geworden war, vor die Mauern verlegt wurden. Zumindest Teile der aufgehobenen alten Friedhöfe wurden dann auch gepflastert und u. a. für Marktzwecke genutzt. Bei der Anlage neuer Stadtviertel im 19. Jahrhundert wurden zumindest entlang der Haupterschließungsstraßen zunächst Alleen gepflanzt, die dann freilich häufig dem wachsenden Verkehr und der Verbreiterung der Straßen wieder zum Opfer fielen.

Unbestritten ist der auch hier betonte große Einfluß bedeutender Oberbürgermeister auf die Stadtentwicklung und in unserem Zusammenhang besonders auf die Grünplanung. Aber auch die Stadtoberhäupter bedurften zur Durchsetzung ihrer Vorstellungen überzeugender Argumente. Eines davon war der medizinische Aspekt, die Schaffung gesunder Umweltbedingungen für die Einwohner, kurz: das Einbringen der Hygienebewegung in die Stadtplanung, mit der sich auch die Anlage von Grüngürteln begründen ließ.

Als weiterer Gesichtspunkt wäre schließlich auch die Privatinitiative mit zu berücksichtigen. Zu denken ist hier beispielsweise an die Verschönerungsvereine, die zwar in aller Regel nicht großflächig, aber doch punktuell einzelne Partien, etwa Teile eines ehemaligen Festungsglacis oder Aussichtspunktes zu Grünanlagen und kleinen Parks umgestaltet haben. Die Stadt unterstützte diese Maßnahmen häufig durch Überlassung des entsprechenden Geländes. Ähnlich entstanden durch Initiative von Freizeit- und Sportvereinen stadtnahe grüne Erholungsstätten, die sich – die bayerischen Biergärten sind ja dafür bekannt – zu kleinen sommerlichen Zentren entwickeln konnten, für die auch die Friedrichsau in Ulm ein bis heute signifikantes Beispiel darstellt.

Schadt: Ich glaube, daß die Entfestigung der Städte einem neuen Lebensgefühl des 19. Jahrhunderts entsprach, einem Freiheitsdrang, der sich vor allem zunächst im Bürgertum und dann auch in der Arbeiterschaft artikuliert hat. Dieses Gefühl kam auch in einem Wandel des Gesundheitsbewußtseins zum Ausdruck; es zeichnet sich ja wohl schon in der Vorromantik ab, etwa in der

Seebäderbewegung. Die entsprechenden Einrichtungen entstanden erstmals an der Wende vom 18. zum 19. Jahrhundert, und diese Bewegung pflanzt sich von den Oberschichten in die Unterschichten fort, so daß das gestiegene Hygienebewußtsein immer wieder nicht nur in der Stadt, sondern auch auf dem Lande faßbar wird.

Wagner: Kurz noch einige Erläuterungen zum Verschönerungsverein, den Herr Specker angesprochen hat. Eine solche Initiative gab es in Würzburg auch, nur hat sie sich erst Ende des Jahrhunderts, also nach dem Entfestigungsprojekt, gebildet. Dieser Verschönerungsverein hat außerhalb der Stadt sehr viel Gelände, unter anderem große Flächen auf dem Nikolausberg, gekauft und sie im Sinne moderner Parkanlagen durchgestaltet. Auch heute noch ist der Würzburger Verschönerungsverein aktiv; am Projekt der Landesgartenschau im nächsten Jahr (1990) beteiligt er sich sehr engagiert.

Fuchs: Ich habe bis jetzt vermißt, daß die Mittel- und Kleinstädte behandelt oder genannt wurden. Es gibt ja viele dieser Städte, die auch Befestigungen hatten. Unter diesen Städten hatte Villingen eine besonders starke und schöne dreifache Anlage, die aufgefüllt und mit Bäumen bepflanzt wurde. Die innere Mauer, rund 2,3 km lang, ist zu 85 % erhalten geblieben. Der bereits genannte Autor Bernatzki hat Villingen in seine Untersuchung, eine Dissertation über Ringanlagen deutscher Städte, einbezogen. Vor etwa zehn Jahren haben wir ihn gebeten, in Villingen über dieses Thema einen Vortrag zu halten. Er hat acht deutsche Städte mit den bemerkenswertesten Ringanlagen verglichen. – In Villingen hatte man ferner das Glück, daß alle Türme und Tortürme außer dem Niedertor, das 1847 einem badischen »Bezirksstrafgericht« gewichen ist, stehenblieben und daß sie darüber hinaus ihre mittelalterliche Form behielten (zähringisch und staufisch). Besucher, auch aus dem Ausland, bewundern die Anlage mit ihren vielen und großen Bäumen, von denen die ältesten jetzt 180 Jahre alt sind. In den Ratsprotokollen ist seit über 150 Jahren, das heißt etwa von 1830 an, vermerkt, daß Maurermeister und Kleinunternehmer Anträge zum Abbruch der mittleren Mauer gestellt haben, die 8 m stark war und eine Zinnenmauer hatte.

Wagner: Ihren Bemerkungen zum Forschungsstand kann ich nur zustimmen. Nach meiner Kenntnis gibt es eben lediglich spezielle Untersuchungen über einzelne Städte; eine Überblicksarbeit oder vergleichende Arbeiten fehlen.

Schadt: Wir haben ein Thema noch ausgelassen. Wir sprachen von den großen Oberbürgermeistern und von den Gartenarchitekten dieser Zeit; von jenen, die die Parks angelegt haben, haben wir nicht gesprochen. Ein oder zwei Namen sind gefallen, Siesmayer etwa, der in Frankfurt, aber auch in Mannheim tätig war. Es ist wohl das Verdienst der Arbeit von Herrn Wagner, daß er eine dieser Persönlichkeiten aus dem Dunkel an das Licht geholt hat. Man möchte sich wünschen, daß er diese Arbeit im nächsten Jahr fertigstellt und noch ausbaut.

DISKUSSION ZUM VORTRAG SCHADT

Kirchgässner: Ich freue mich, daß die Diskussion unter den Kollegen von Tagung zu Tagung an Intensität zunimmt; für den Vorsitzenden ist es nicht immer leicht, dieses so fruchtbare Gespräch zu unterbrechen, doch muß ein gewisses Kontinuum der Vorträge und ihrer Diskussionen gewahrt bleiben.

Wesoly: Wie ist das mit der Eigenleistung der Siedler gewesen? Es gibt andere Bewegungen, etwa die Siedlergemeinschaften im katholischen Bereich oder die Arbeitersiedlungsgenossenschaften, bei denen die Eigenleistung eine ganz wesentliche Rolle gespielt hat, und zwar einerseits, um die Kosten zu senken, aber auch, um ein Gemeinschaftsgefühl zu schaffen. Welche Rolle spielte die Eigenleistung bei der deutschen Gartenstadtbewegung?

Schadt: In der Regel hatte der Genosse oder das Mitglied der Genossenschaft einen Anteil von 200 Mark zu übernehmen (Anfrage von hinten: Goldmark? Antwort Schadt: Ja).

Wesoly: Ich meinte Eigenleistung nicht im Sinne von Geld, sondern von Arbeit.

Schadt: Arbeit ja, ich wollte aber zunächst auf die Finanzierung eingehen. Diese 200 Mark waren der Anteil. Das machte bei den Bauvorhaben etwa 10% aus; man trat an die Förderung durch den Staat heran, wo die Landesversicherungsanstalten Hypotheken bis zu etwa 75 v.H. übernommen haben. Das restliche Geld wurde durch die Sparkassen aufgebracht, die Kredite gaben; viele dieser Gartenstadtgenossenschaften hatten eigene Sparkassen. Des weiteren war der Baubund, den ich vorhin erwähnte, auch Kreditgeber. Eigenleistungen waren tatsächlich vorgesehen, wie überhaupt die Mitbestimmung bei der Durchführung der Bauten und bei der Planung ein Prinzip der Gartenstadtgenossenschaft war. Mitbestimmung bedeutete nicht nur Wählen und Teilnahme an der Genossenschaft, sondern auch Mitbestimmung im Planungsprozeß der Wohnungen.

Rausch: Für mich ist die sehr gute österreichische Komponente der Gartenstadtbewegung ein wenig zu kurz gekommen. Es wurde einmal jener Name erwähnt, der eigentlich am Anfang der Gartenstadtbewegung stand, und das war Camillo Sitte. Er war Professor an der Akademie in Wien und ist eigentlich auch der Begründer des Jugendstils, denn alle bedeutenden Jugendstilarchitekten sind seine Schüler gewesen. Ich vermute, daß auch der nach Wien zurückgekehrte Kampfmaier unter Umständen ein Schüler von Sitte gewesen ist. Camillo Sitte ist jener österreichische Architekt gewesen, der in England die Gartenstadtbewegung wesentlich beeinflußt hat. Das ist mir bei englischen Tagungen wiederholt gesagt worden; ich selber wußte es nicht, war aber bei diesen Stadtplanungstagungen anwesend.

Wie kommt nun Camillo Sitte auf die Gartenstadt? Er hat in Wien die Großstadt-Situation gesehen, wo Zinskasernen gebaut wurden, die sogenannten Mietskasernen, und wo Not und Elend der Leute noch durch die Erbauer der Mietskasernen ausgenutzt worden sind. Man hat für ganz kleine Wohnungen enorm viel Geld verlangt, und hier bedurfte es einer Abhilfe. Nur war in Wien eine Gartenstadtbewegung leider überhaupt nicht durchführbar, denn die einzige Gartenstadtbewegung in Wien war in der zweiten Hälfte des 19. Jahrhunderts das sogenannte Cottage-Viertel, eine von der Oberschicht außerhalb der Stadt angelegte und mit schönen Gärten und Parks durchsetzte Siedlung. Camillo Sitte wollte aber für die weniger begüterten Leute Gartenstädte bauen. Daraufhin hat sich in England – ich könnte mir auch gut vorstellen hier in Deutschland – ein entsprechender Einfluß durchgesetzt. Ich weiß freilich nicht, ob er von Camillo Sitte direkt ausging oder über England zu uns gekommen ist; das müßte man noch untersuchen. Sicher aber ist, daß Camillo Sitte einer der ersten war, der Stadtplanung vorgeschrieben hat. Sicher ist ferner, daß er den Stadtplan und den Flächenwidmungsplan gefordert hat. Erst dieser ermöglichte dann die Anlage von autarken (ich sage bewußt: autarken) Großstadtsiedlungen, weil Sitte ganz im Sinne des späteren Jugendstils ein Gesamtkonzept besaß. Das Bauwerk des Jugendstils bildet ein Gesamtkonzept, auch die Gartenstadt, wie sie Kampfmeyer gefordert hat und wie sie hier in Deutschland feststellbar war, bedeutet ein Gesamtkonzept. Man möchte die Infrastrukturen haben, man will, ja man soll sogar nicht aus der Gartenstadt herausgehen. Die englische Gartenstadt hat überdies bis hin zum Spital all das, was man sich idealerweise vorgestellt hat. Es war natürlich schön, daß Kampfmeyer nach Wien gegangen ist, denn dort hatte er die Möglichkeit, das zu sehen, was unter dem Titel »Das Bauwesen des roten Wien« in der Welt bekanntgeworden ist. Er hat auch bei den Sozialbauten der Gemeinde Wien nach dem Ersten Weltkrieg mitgewirkt. Diese Sozialbauten sind zwar keine Gartenstädte, wie man sich das vorstellen könnte, weil es mehrgeschossige Gebäude sind, aber sie wurden mit voller Infrastruktur errichtet, wie sie auch die Gartenstadt hatte. Diese Zusammenhänge sind meines Erachtens hochinteressant. Ich danke deshalb für den Vortrag.

Schadt: Ich möchte noch einmal zurückfragen: Wann hat Camillo Sitte in Wien gewirkt?

Rausch: In den neunziger Jahren des 19. Jahrhunderts; er war Professor und steht ganz sicher am Anfang; es wird auch von der englischen Stadtplanung hervorgehoben, daß Sitte (1843–1903) derjenige war, der die Gartenstadtbewegung in England beeinflußt hat. Ich bin zwar kein Architekt, aber ich will der Sache jetzt natürlich ganz genau nachgehen. Was ich hier dazu sagen konnte, ist aus dem Allgemeinwissen, das man als Historiker haben soll, herausgewachsen. Wichtig scheint nur, daß Sitte eben eine wirklich bedeutende Rolle auch im Hinblick auf die Jugendstilbewegung spielte, und ich glaube, in diesem Punkt ist Wien eine führende Stadt gewesen.

Schadt: Ich vermute, daß die Entwicklung in Wien im späten 19. Jahrhundert zu sogenannten Gartenstädten geführt hat, die Villenstadtteile und durchgrünt gewesen sind. Diese Entwicklung darf man nicht mit der Entwicklung der deutschen Gartenstadtgesellschaft gleichsetzen, die ein ganz anderes Konzept hatte, zumal sie genossenschaftlich organisierten Wohnungsbau betrieben hat, bei dem die Spekulation ausgeschlossen sein sollte. Das Ziel war hier, Obereigentum an Land durch eine Genossenschaft zu begründen; das war also insofern etwas ganz anderes. Ich glaube auch, daß all die Reformbestrebungen, die die Gartenstadtbewegung vertreten hat, in diesen frühen Siedlungen des 19. Jahrhunderts noch nicht feststellbar sind; hier muß man wohl begrifflich unterscheiden.

Rausch: Hierzu möchte ich noch etwas beitragen: Ich glaube, ich bin mißverstanden worden. Ich möchte unterstreichen: Camillo Sitte hat die Gartenstadt deshalb als Modellfall geprägt, weil ihm die Entwicklung in dem sogenannten Cottage-Viertel nur für eine bestimmte Oberschicht bewußt wurde und er dann für die Minderbemittelten tätig werden wollte; er hat noch keine Genossenschaft gegründet. Es gab in Österreich das Genossenschaftswesen gewissermaßen erst in sekundärer Form. Es ist völlig klar, daß das Genossenschaftswesen in Deutschland den Ausgang genommen hat und zu uns erst mit Verzug, das heißt erst 15 bis 20 Jahre später gekommen ist. Camillo Sitte hat aber das Modell der Gartenstadt, wie es später die englische Gartenstadt geworden ist und wie Sie sie hier in Deutschland im genossenschaftlichen Modell haben, wesentlich vorgeplant, und das haben die Engländer übernommen. Dies wird auch von englischer Seite nicht bestritten; ich bin sehr darüber erfreut, daß Kampfmeyer nach Wien zurückgegangen ist.

Kirchgässner: Ich freue mich, daß wir mit unserer Thematik offensichtlich wieder einmal in ein Vakuum vorgestoßen sind. Natürlich stehen wir am Anfang, und was Herr Schadt sagte, ist nun auch wieder neu; das müssen wir erst einmal aufarbeiten. Ich glaube aber, daß es wiederum dem Arbeitskreis und insbesondere seinen Referenten zur Ehre gereicht, in Neuland vorgestoßen zu sein.

Naujoks: Während dieser Vorträge ist bei mir der Wunsch aufgetaucht, daß man auch die anderen Bewegungen, die gegen die Industrialisierung – und das ist der Hauptanstoß gewesen – gerichtet waren, ebenfalls kennenlernen sollte, die gewissermaßen Rivalen gewesen sind. Das erste ist ja genannt worden, es ist die Frage der englischen Bewegung, die naturgemäß nicht immer eine Gartenstadtbewegung, sondern eine Vorgängerbewegung gewesen ist, aber auch gegen die krassesten Mißstände der Industrialisierung zunächst zu kämpfen hatte. Das war aber die englische politische Bewegung, die auch eine Fülle von Inhalten aufgenommen hatte, die nicht in der Gartenstadtbewegung zu subsumieren sind. Das andere ist die zweite Frage, die nun gedanklich damit zusammenhängt, ob und wieweit es zur Gartenstadtbewegung parallele oder ähnliche Bewegungen gegeben hat, abgesehen von den rein politischen Bewegungen, die wir hier ausklammern müssen; sie sind auch genannt worden.

Cordes: Ich darf für Württemberg ergänzen, daß es hier durchaus Pläne für Gartenstädte gegeben hat. So ist u. a. eine große Waldstadt im Gelände der Solitude bei Stuttgart zu nennen, die wohl vom Großkapital, das heißt also den Haus- und Grundbesitzern, wahrscheinlich aber auch vom königlichen Hof (also der Hofkammer) zu Fall gebracht wurde. In Eßlingen gab es zwei Gartenstädte, die unter wesentlicher Förderung der Kommune entstanden sind, einesteils durch den Eßlinger Oberbürgermeister Dr. von Mülberger, Mitglied der Deutschen Partei, also der Nationalliberalen, andererseits im späteren Eßlinger Stadtteil Obereßlingen, das seinerzeit noch selbständig war, durch den ebenfalls nationalliberalen Bürgermeister und späteren Eßlinger Stadtpfleger Deuschle. Angesprochen wurden in den Satzungen bei beiden Fällen Minderbemittelte. Tatsächlich haben aber dann in den beiden Gartenstädten Eßlingens, wie in den badischen Beispielen auch, qualifizierte Arbeiter, kleine Beamte und kleine Selbständige gewohnt. Das hat zu gewissen Einwänden seitens der Sozialdemokratie geführt, die erklärt hatte, es sei ein Witz, wenn man für Minderbemittelte billiges und im Besitz der Stadt befindliches Bauland zur Verfügung stelle zum Quadratmeterpreis von in einem Falle 2 Mark, im anderen von 40 Pfennig. Die Sozialdemokratie hat sich also gegen diese Siedlungen in Eßlingen gewandt, weil man billiges Bauland zur Verfügung gestellt und dann doch nicht Minderbemittelte genommen habe, sondern Besserverdienende. Von der Kapitalbasis her mußte, wie in den badischen Beispielen auch, ein Grundbetrag eingezahlt werden in Höhe von 300 Mark. Beim Bau der Häuser mußte dann ein Viertel der Baukosten als Eigenkapital von vornherein eingebracht werden. Gerade das war aber das Moment, das die Sozialdemokraten in der ganzen Angelegenheit angefochten haben.

Andere Beispiele in Württemberg sind Zeppelindorf in Friedrichshafen und das von Ihnen genannte Gmindersdorf in Reutlingen, beide Siedlungen übrigens von Bonatz beziehungsweise von Theodor Fischer geplant und entworfen, also von Architekten ersten Ranges, was in Eßlingen nicht der Fall war. Beide Siedlungen sind vollständig von Unternehmern – im Fall Reutlingen von einem Textilunternehmer (Gminder), im anderen Fall von Zeppelin – gebaut, getragen und auch bezahlt worden. Bei Zeppelin hat die nationale Komponente noch eine erhebliche Rolle gespielt. Er hat nach meiner Erinnerung dies so ausgedrückt, daß nicht unbedingt eigene Scholle, aber doch schon Erbmiete sozusagen das nationale Bewußtsein der Bewohner ausdrücklich stärke. Ein Hintergedanke bei Zeppelin war ferner, daß bei schlechtem Geschäftsgang der Firma Zeppelin zumindest ein Teil des Lebensunterhalts aus diesen Siedlerstellen erbracht werden könne. Deshalb haben alle Häuser im Zeppelindorf Ställe gehabt, während sonst der Charakter der Siedlung eher an bessere Wohnhäuser gemahnt.

Bauer: Mir ist aufgefallen, daß beide Referate abrupt mit der Weimarer Republik enden. So wäre jetzt die Frage anzuknüpfen: Wie hat sich der Nationalsozialismus zu dieser Gartenstadtbewegung gestellt? Er war ja zunächst sehr stadtfeindlich; in München gibt es eine Siedlung in einer Art genossenschaftlicher Form in Ramersdorf, die man sich 1934 als nationalsozialistische Errungenschaft »unter den Nagel gerissen« hat, obwohl sie schon früher geplant worden war. Gibt es hierzu irgendwelche Kenntnisse? Eine Zusatzfrage gilt dem Problem, wie die Gründung von Schrebergärten mit dieser Bewegung zusammenhing. Ist hier überhaupt eine Verbindung da, wie ich mir das vorstellen könnte?

Hirschmann: Ich möchte doch nun Nürnberg wieder erwähnen. Dort ist die Situation so, daß die entsprechende Siedlung bis heute Gartenstadt heißt und auch auf Genossenschaftsbasis errichtet worden ist. Sie hatte den Schwerpunkt nach dem Ersten Weltkrieg, aber vorher wurde neben der Gartenstadt eine weitere Siedlung gleicher Form errichtet, und zwar durch die Firma Cramer-Klett. Sie wurde nach dem entscheidenden Direktor der MAN Johann Ludwig Werder »Werderau« benannt. Das waren und sind bis heute von der SPD geprägte Siedlungen. Vermißt habe ich im Referat Hinweise auf die Grünanlagen und die Nutzungen durch Garten- und Feldanbau. In Nürnberg gehörten teilweise große Grundstücke dazu.

Kirchgässner: Ich darf hier einflechten, daß firmenbezogene Siedlungen ausdrücklich ausgeblendet bleiben sollten, denn das wäre ein Thema für sich. Eigene Archivarbeiten haben etwa bei großen Bergbaufirmen starke Aktivitäten in dieser Richtung erkennen lassen, wiederum mit erheblicher Eigenleistung. Bei einem der großen saarländischen Unternehmen war etwa ein Drittel der Bergarbeiter mit eigenem Haus begabt. Wenn wir aber mit diesem Thema anfangen, kommen wir in eine weitgespannte Materie hinein, die in einem einzelnen Referat kaum abzudecken ist.

Schadt: Ich glaube, daß Nürnberg ein sehr schönes Beispiel für die Ziele der Deutschen

Gartenstadtgesellschaft ist. Es ist übrigens die einzige Siedlung in Süddeutschland, die auch Gemeinschaftseinrichtungen aufweist; ich bin im einzelnen hierauf nicht eingegangen. Natürlich hat es auch noch andere Formen, die Herr Naujoks ansprach, gegeben. Es gab den von Fabrikunternehmern ausgehenden Werkwohnungsbau, es gab auch Gründungen von Städten, die Baugenossenschaften ins Leben gerufen haben und diesen dann die Erschließung ganzer Stadtteile überließen; sie alle hatten minderbemittelte Schichten als Zielgruppe im Auge. Die Stellung der Sozialdemokratie war in der Tat nicht immer ganz einheitlich, hier gibt es erhebliche lokale Unterschiede. Der große Kommunaltheoretiker der deutschen Sozialdemokratie, Hugo Lindemann, ein Stuttgarter OB-Kandidat vor dem Ersten Weltkrieg, hat sich dieser ganzen Bewegung gegenüber zunächst sehr zurückhaltend geäußert. Er sah eben, daß sie systemkonform in einem kapitalistischen System arbeitete; die Genossenschaften konnten hiergegen nichts tun, sie änderten nichts am Kapitalismus. Er hat dann jedoch eine Kehrtwendung vollzogen, wie überhaupt in der Sozialdemokratie – zumindest in der badischen Sozialdemokratie – auch Gedanken aus der Schweiz oder aus Westeuropa aufgenommen worden sind. Deshalb wurden ja auch die Genossenschaftsidee und kommunale Sozialisierungsprojekte besonders stark vorangetrieben, und so hat man die Gartenstadtidee als eine große Chance gesehen, den Zukunftsstaat innerhalb der bestehenden Gesellschaft vorwegzunehmen. Bei den badischen Sozialdemokraten traten aber dann noch andere Erscheinungen zutage, so etwa bei Ludwig Frank, die Jugendbewegung, der Zug aufs Land, die Naturfreundebewegung und ähnliches mehr. Das waren alles Strömungen, die den Ausschlag gaben, daß die badischen Sozialdemokraten sich positiv dieser Entwicklung zuwandten. Was Schrebergärten angeht, habe ich die Satzung von Karlsruhe zitiert. Gartenbau sollte betrieben werden; das war ein sehr wesentliches Element. In den Gartenstädten dominierte als Typ das Einfamilienhaus und das Einfamilienreihenhaus. Jedes dieser Häuser war von etwa 200 bis 300 qm Gartenfläche umgeben, die hauptsächlich zur Nutzung vorgesehen war. Es gab außerdem Vorgärten, die eher als Ziergärten angelegt waren, aber die Masse des Grundstücks sollte gärtnerisch genutzt werden. Das nahm Elemente der Schrebergartenbewegung auf, aber sie war unabhängig und zuvor schon in den Städten feststellbar. In der Weimarer Republik ging die Entwicklung weiter. In Mannheim zum Beispiel wurde nach der eigentlichen Gartenstadt vor dem Ersten Weltkrieg eine zweite Gartenstadt angelegt, der heutige Almenhof, daneben übrigens auch eine auf privater Spekulationsbasis errichtete Gartenstadt, Neuostheim. In der Weimarer Republik ging es zwar weiter, aber doch sehr beschränkt. Man gewinnt den Eindruck, daß die Ziele der Gartenstadtbewegung nun in der Gesellschaft verbreitet werden, aufgenommen werden von Städtebauern und Städteplanern, die dann Elemente der Gartenstädte übernommen haben, so etwa Zizler in Mannheim. Die Nationalsozialisten haben dies natürlich aufgegriffen; Herr Kirchgässner hat ebenfalls darauf hingewiesen. In der Gartenstadtbewegung sind sehr viele ziemlich diffuse Strömungen zusammengekommen, sie war nicht nur eine linksgerichtete Bewegung. In Baden waren es zahlreiche gesellschaftliche und politische Gruppierungen auch der Rechten, die daran Anteil nahmen; der politische Antagonismus fand sich auch im Leben der Gartenstädte. In Mannheim wirkten ganz verschiedene politische Gruppierungen; das habe ich mir von einigen älteren »Gartenstädtern« erzählen lassen. Ende der zwanziger und Anfang der dreißiger Jahre sollen sich dort sogar Straßenschlachten abgespielt haben.

SCHLUSSDISKUSSION

Kirchgässner: Zunächst habe ich die traurige Pflicht, Sie an den Tod von Wolfgang Leiser zu erinnern (die Anwesenden erheben sich zum Ehrengedenken). Es ist schwer, auszudrücken, was für unseren Arbeitskreis, aber auch für mich selbst, der Verlust dieses hochgeachteten Gelehrten bedeutet. In den überaus schwierigen Übergangszeiten, als der Arbeitskreis um seine Konsolidierung und sein Selbstverständnis rang, war Wolfgang Leiser der ruhende Pol in der Erscheinungen Flucht. Sein besonnener Rat, der sich in den trockenen Paragraphen unserer Satzung und des Verlagsvertrags niedergeschlagen hat, war ebenso wie seine auf Ausgleich bedachte Hilfestellung für uns alle von großer Wichtigkeit. Darüber hinaus war er von einer geradezu stupenden Belesenheit und hatte die Fähigkeit, in der Diskussion Dinge auf das Wesentliche zurückzuführen oder – wo sich Sackgassen auftaten – den Gang der Aussprache von neuem zu beleben. Es ist außerordentlich schwer für uns, auf den klugen Rat dieses erfahrenen Juristen zu verzichten. Die meisten von Ihnen haben ihn gekannt und geschätzt über all das hinaus, was man bei derartigen Gelegenheiten zu hören bekommt; wir werden ihm ein ehrendes Gedenken bewahren.

Spies: Ich möchte zu dem Referat von Herrn Hirschmann und der Frage, die Herr Wunder über die Funktion der Gärten aufgeworfen hat, einige Anmerkungen aus dem nördlichen Bereich machen, und zwar zunächst zu Göttingen. Von Göttingen ist ja bekannt, daß der Physikprofessor Lichtenberg einen Garten außerhalb der Stadt hatte, den er nicht nur aufsuchte, wenn er Auseinandersetzungen mit seiner Frau wegen diverser Liebschaften hatte (was oft genug vorkam), sondern daß er sich dort auch zurückgezogen hat, um wissenschaftlich zu arbeiten. Er hat Gelehrte aus ganz Europa dort empfangen, also gewissermaßen so etwas wie einen Salon dort geführt, wenn man so sagen darf. Ähnliche Beispiele kenne ich aus Lübeck, wobei man manche Sachen aus publizierten Tagebüchern weiß, manches auch aus unpublizierten Quellen als Ergänzung kennt. Zwei der bekanntesten deutschen Mailieder sind im Zusammenhang mit diesen Gärten entstanden, einerseits von Bürgermeister Christian Adolph Overbeck das Lied »Komm lieber Mai«, wobei ich nicht weiß, ob er es im Garten geschrieben hat, und das Lied von Emmanuel Geibel »Der Mai ist gekommen«. Hier weiß ich genau, daß er es auf dem Weg zu einem bestimmten Landgut gedichtet hat. Zum Abschluß noch ein Beispiel, wo wirklich eine Staatsaktion in einem Garten stattgefunden hat: Außerhalb Lübecks haben in einem Garten des Michael Fester vor dem Burgtor 1629 anläßlich des Friedensschlusses zwischen Dänemark und dem Kaiser die Verhandlungen hier stattgefunden. Generell sollte man zu der Frage »Gärten und Parkanlagen« als wichtige Quelle Reiseberichte heranziehen, aus denen man in der Regel noch sehr viel herausholen kann. Allerdings ist die Suche nach derartigen Belegen recht mühsam, da selbst die gedruckten Reiseberichte nur selten durch ein Register – geschweige denn durch ein gutes Register – erschlossen sind.

Kirchgässner: Gerade die eindrucksvollen Bilder, die uns Herr Hirschmann gezeigt hat, haben eigentlich den Verdacht nahegelegt, die Annahme wäre absurd, man habe in diesen Häuschen nur die Rekreation gepflegt. Hier ist mit Sicherheit gesellschaftlicher Kontakt unterhalten worden, und daß bei solchen informativen Veranstaltungen oft wichtigere Entscheidungen als in den offiziellen Gremien fallen, ist uns allen ja nicht ganz unbekannt.

Richter (Stuttgart): Ich möchte mich zur Gesamtthematik nochmals melden. Es war eine sehr eindrucksvolle Tagung, die uns mancherlei Einblicke in die vielfältigen Aspekte des Verhältnisses von Stadt und Natur vermittelt hat. Ich glaube aber, daß das Thema Wald dabei etwas zu kurz gekommen ist; ich möchte meinen, man könnte in nicht allzu ferner Zeit vielleicht gerade dort weitergehen. Mich hat sehr beeindruckt, in dem Abendreferat vom Freitag zu erfahren, wie die Stadtbürger an den Waldergebnissen beteiligt waren. Dr. Schultis hat uns ja vorgetragen, daß sie Brennholz bekommen haben; wenn ich es mir recht gemerkt habe, haben sie aber darüber hinaus auch Geldbeträge erhalten, und der Rest floß in die Stadtkasse. Ich weiß auch, daß hier in Nagold – wie uns gesagt wurde – der Wald zusätzlich eine Rolle auf dem Gebiet der Flößerei gespielt hat. Dies fällt natürlich dort weg, wo kein Fluß vorhanden ist; es würde mich interessieren, inwieweit Stadt und Wald bis in die Gegenwart hinein ihre unterschiedliche Rolle je nach örtlicher Begebenheit spielen. Wie wurden Städte, die keinen oder nur wenig eigenen Wald hatten, eigentlich mit ihrer Brennholzversorgung fertig? Ich selbst bin weder Waldhistoriker noch Stadthistoriker, möchte aber anmerken, daß bei aufmerksamem Zuhören während dieser Tagung doch Fragen gekommen sind, die man gerne beantwortet hätte. Wir haben ja erlebt, daß vor einigen Jahren das Holz angeblich nicht mehr viel brachte und diejenigen, die Waldbesitz hatten, auf bestimmte Einnahmen nicht mehr rekurrieren konnten. Jetzt ist auf einmal der Wald wieder mehr wert, das Holz wird wieder mehr gesammelt, soweit ich richtig informiert bin; es gibt also auch hier Schwankungen. Wie wird aber dann eine Stadt damit fertig, wenn Einnahmen ausfallen, die man angesetzt hatte?

Kirchgässner: Es ist sicher eine Erscheinung, die uns noch oft begegnen wird, daß nach einer solchen Tagung mehr Fragen offenbleiben als beantwortet werden konnten. Dies ist freilich auch ein Kompliment an unsere Referenten und an die Diskutanten. Wir sollten in der Tat nicht vergessen, daß der Wald sehr oft neben dem Spital, sofern man ein solches besaß, im Grunde genommen eine der Sparkassen für so manche Stadt gewesen ist.

Schultis: Ich wollte noch einmal auf den Vortrag von Herrn Lorenz eingehen. Er hat die gesamte Frage der klimatischen Komponente angeschnitten; Frau Ennen war so freundlich und hat meinen Kollegen Flohn als Klimageographen erwähnt; ich habe zu Hause die Literatur noch einmal in die Hand genommen, um den neuesten Forschungsstand nachzulesen und Sie informieren zu können, weil Sie ja in der geographischen Literatur nicht zu Hause sind. Der Bonner Klimageograph Flohn hat 1985 eine Publikation veröffentlicht, »Das Problem der Klimaänderung in Vergangenheit und Zukunft«. Sie ist in der wissenschaftlichen Buchgesellschaft in Darmstadt 1985 erschienen, in diesem Werk ist der neueste Stand der Wissenschaft dargestellt. Es wird für Sie von allgemeinem Interesse sein, daß darin die regionale Klimageschichte Europas für jedes Jahr seit etwa 1200 bis zum Ende dieses Jahrtausends aufgestellt ist, so daß man über verläßliche Daten verfügt. Es wäre jetzt zu weitschweifend, auf die einzelnen Methoden einzugehen, aber die Pollenstatistik muß man natürlich erwähnen, auch die Eisschildbohrungen gerade in der Antarktis haben entsprechende Aufschlüsse über die Witterungslagen gegeben. Zum anderen gibt es auch außereuropäische exakte Darstellungen, vor allem aus dem indisch-tibetanischen Gebiet, das man langsam erschließt und in die Untersuchungen einbezieht.

Herr Dr. Richter hat einen Punkt angesprochen, den ich am Freitag schon gerne ausgeführt hätte, es aber aus zeitlichen Gründen nicht tun konnte: Die Bedeutung des Waldes für eine Stadt gerade in der heutigen Zeit. Auch in unserer Stadt hat natürlich nach dem Krieg immer wieder der eine oder andere Sonderhieb eine Rolle gespielt. Besonders im Hinblick auf die Zellerschule hat man mir erklärt, daß man nach dem Krieg einen Sonderhieb vorgenommen hat und damit die Schule finanzieren konnte. Heute kämen wir, das kann Herr Forstdirektor Löffler bestätigen, damit über eine Eingangshalle nicht hinaus! Es wäre darüber hinaus in der gesamten Entwicklung des Waldes – wenn man diese bis in die Neuzeit verfolgt – interessant, nachzuvollziehen, welche gewaltigen Auswirkungen die Sonderhiebe während des Dritten Reiches, die sogenannten Herrmann Göring-Hiebe, oder nach dem Zweiten Weltkrieg die Franzosen-Einschläge hatten. Die Bedeutung des Waldes, auch im Atmosphärischen, mag man daraus ersehen, daß unser Gemeinderat jedes Jahr eine Waldbegehung macht, die natürlich einen erfreulichen Ausklang in der städtischen Waldhütte findet, was nicht verschwiegen werden soll. Aber auf diese Art identifiziert man sich mit dem Wald, indem man unter der Leitung von Herrn Forstdirektor Löffler immer wieder anschaut, wie es etwa aussieht, welche Probleme sich stellen und ähnliches mehr; ich möchte nur an die schwierige Situation mit dem Borkenkäfer, aber auch an das Waldsterben erinnern. Wald hat für uns demnach einen hohen Stellenwert, auch der Kultur- und Nutzungsplan wird im Gemeinderat immer besonders diskutiert; wie sehr wir an unserem Wald festhalten, mag auch dadurch zum Ausdruck kommen, daß wir eigene städtische Förster haben. Wir sind freilich unter Aufsicht des staatlichen Forstamts, weil wir nur 2000 Hektar Wald haben und nicht 5000, sonst hätten wir wahrscheinlich sogar ein eigenes Vollforstamt. Der Gemeinderat denkt jedenfalls überhaupt nicht daran, diese Verhältnisse zu ändern.

Von ihrer Thematik her anzusprechen wären auch die Auswirkungen der Verwaltungsreform, die heute eine große Verzerrung bringen. Viele Gemeinden, die vorher nie einen Wald oder auch nur eine zu kleine Gemarkung hatten, haben jetzt erst durch die Verwaltungsreform größere Waldflächen erhalten; ich denke etwa an unsere Nachbarstadt Calw, die aus anderen Urmarkungen herausgeschnitten ist, es gibt auch noch viele andere Beispiele. Ich kenne im Elztal die Stadt Elzach, während Nagold schon immer einen großen Waldbesitz hatte. Das müßte man in die weiteren Überlegungen einbeziehen.

de Longueville: Herr Schultis hat eben auf die atmosphärische Bedeutung des Waldes für den politischen Willensbildungsprozeß der Stadt hingewiesen. Wir sollten nicht vergessen, daß heftige Auseinandersetzungen vor allem im 19. Jahrhundert, aber auch noch später, sich am Waldbesitz dingfest machen lassen. Zum Beispiel hatten die Bürger ganz bestimmte Waldnutzungsrechte, während die nichtbürgerlichen Personen diese nicht hatten, und man hat vor allem im 19. Jahrhundert in Württemberg immer wieder große Hürden errichtet, damit nicht immer noch mehr Leute in den Genuß des Waldnutzungsrechtes gekommen sind. Das gilt nicht nur im Hinblick auf die wichtige Brennholzversorgung mit dem einfachen Sammelrecht; für viele kleinere Gemeinden kenne ich es noch für die Zeit bis nach dem Zweiten Weltkrieg, daß die Leute auch ein Einschlagrecht für den privaten Wohnungsbau hatten; dieser Aspekt sollte nicht vergessen werden.

Ein zweites wichtiges Phänomen ist das Bewußtsein oder ganz allgemein das Verhältnis zum Wald. Wenn wir heute von Wald reden, denken wir nur an Hochwälder, doch das ist nicht immer so gewesen. Wir haben in der Geschichte lange Phasen gehabt, wo der Wald so übernutzt war, daß am Schluß nur noch relativ kleine, bescheidene Bäumchen übriggeblieben sind und die aufkommenden Forstverwaltungen um jeden Baum gekämpft haben. Diese Übernutzung des Waldes wird in Gegenden deutlich, wo sehr viel Holzkohle gebraucht wurde; etwa die Nürnberger Gegend im Spätmittelalter oder auch das System der Hauberge im Siegerland zeigen eine Waldnutzung, von der wir heute feststellen müssen, daß in diesen Köhlereien oft nur armdicke Bäume verkohlt wurden, die sonst keiner anderen Nutzung mehr zuzuführen gewesen wären. Wald hat aber darüber hinaus auch für die übrige Versorgung der Bevölkerung einen hohen Stellenwert gehabt; von der Waldmast, die auch innerhalb der Bürgerschaft erheblich umkämpft war, angefangen bis zu der Auseinandersetzung, wer jetzt etwa die Eichen schälen durfte und damit den oft lukrativen Handel mit dem Ausgangsmaterial für die Lohgerberei führen konnte. Das sind alles Dinge, die das Innenleben einer Stadt erheblich beeinflußt haben.

Kirchgässner: Ich darf eine persönliche Erinnerung anfügen: Der Bezug des »Bürgernutzens« oder Allmendholzes war ein ganz wesentlicher Bestandteil bürgerlichen Selbstverständnisses; ich danke Herrn de Longueville für diesen Hinweis. Ich erinnere mich an eine Erzählung meiner Mutter, daß meine Großmutter ihr sagte, wenn sie – meine Mutter – einen Beamten heiraten und auch noch nach Karlsruhe ziehen wolle, müsse sie sich daran gewöhnen, daß sie nicht mehr eigenes Bürgerholz feuern könne, sondern sich an die schmutzige Kohle gewöhnen müsse. Kohlefeuer war damals, das heißt kurz nach der Wende vom 19. zum 20. Jahrhundert, für selbstbewußte Angehörige eines mittelbadischen Städtchens eine Angelegenheit, die eigentlich unter ihrem Stande war.

Löffler: Ich darf mich an die Mitglieder dieses Arbeitskreises wenden, die sich mit stadtgeschichtlicher Forschung beschäftigen. Ich möchte Sie bitten, diese Forschung auch in die Öffentlichkeit durch populäre Artikel in Zeitungen usw. hineinzutragen, damit das Verständnis für die eigene Stadt bei vielen Mitbürgern wieder wächst. Darüber hinaus möchte ich darauf hinweisen, daß in unserem Fluß, der Nagold, jetzt sogar wieder eßbare Forellen schwimmen; ich möchte Sie auffordern, bald wiederzukommen, denn unsere Wälder sind so schön, daß man Sie alle herzlich einladen darf. Hinweisen möchte ich freilich darauf, daß wir Forstleute bedenken müssen, was früher war, denn nur so kann man die heutige Zeit verstehen. Wir müssen aber auch voraussehen oder vorausdenken; hierfür nur ein Beispiel: 1843 hat das schwedische Kriegsministerium dem schwedischen Reichsforstaufsichtsamt den Auftrag erteilt, Eichen anzupflanzen, weil damals Not an Eichen für den Schiffsbau herrschte. Das schwedische Reichsforstaufsichtsamt hat diesen Wunsch befolgt und Eichen angepflanzt – 1983 hat es dem schwedischen Verteidigungsministerium gemeldet: Die Eichen für den Schiffsbau sind fertig!

Flachenecker: Ich wollte noch Anmerkungen zum bürgerlichen Selbstverständnis und dem Wunsch nach Waldbesitz am Beispiel des Hochstiftes Eichstätt machen. Mir fällt auf, daß einige Stiftsstädte in der ersten Hälfte des 15. Jahrhunderts erfolgreich versucht haben, Waldungen von den Bischöfen, die seit dem Ende des 9. Jahrhunderts über königliche Forstbannrechte verfügten, zu erwerben. So gelang es Greding im Jahre 1400, gegen einen Jahreszins von Bischof Friedrich Wälder übertragen zu bekommen, ebenso Beilngries 1429 von Bischof Johann II. Die Stadt Eichstätt kaufte 1420 von ihrem Bürger Willibald Pirckheimer beziehungsweise von Ulrich

Hammerlein, dem damaligen bischöflichen Kastner in Spalt, eine Holzmark in unmittelbarer Nähe der Stadtmauer. 1427 folgte ein weiterer Waldkauf, der allerdings mit dem Erwerb eines Ziegelstadels gekoppelt war. Der Rat gab dafür insgesamt 258 rheinische Gulden aus – mehr als die Hälfte des jährlichen Stadtsteuerbetrags von 500 rheinischen Gulden. Erklärbar ist dies mit der existentiellen Notwendigkeit für eine mittelalterliche Stadt, Bau-, Werk- und Brennholz in ausreichender Menge und zu erschwinglichen Preisen für ihre Bewohner bereitzustellen, da die Kohlefeuerung lediglich eine marginale Rolle spielte. Für Eichstätt ist die Verwendung von Kohle für die Beheizung des Rathauses aus dem Eid des Hausknechts bekannt. Waldbesitz bildet auch für sogenannte Landstädte, sofern sie es sich finanziell erlauben konnten, einen Bestandteil ihrer städtischen Freiheiten, welche sie eifersüchtig gegenüber ihrem Stadtherrn zu wahren beziehungsweise auszubauen trachteten.

Für die Verwaltung der städtischen Wälder beschäftigte Eichstätt einen kommunalen Forstbeamten, der 1466 belegt ist und dem mehr polizeiliche als waldhegende Maßnahmen auferlegt waren. Interessant ist ein abschließender Blick auf die benachbarte Reichsstadt Weißenburg mit ihrem großen Anteil an Königsforsten, die aus den Schenkungen Ludwigs IV. 1338 und Karls IV. 1350 resultierten. Wegen ihrer herausragenden Bedeutung für die städtische Wirtschaft beschäftigte der Rat einen Oberforstmeister, zwei Förster, drei Feldmeister und zwei Flurhüter. Schließlich wären Vergleiche mit württembergischen Beispielen lehrreich und könnten zu einer differenzierten Zusammenschau beitragen (Quellen: Diözesanarchiv Eichstätt, Heuslersche Sammlung; Stadtarchiv Eichstätt WB 50–56 v, 58–59, ferner SA 33/12 r, – vermutlich Mitte 15. Jahrhundert – und SA 63/9 r; ferner J. N. Köstler, Der Weißenburger Stadtwald, in: Festschrift Uuizinburc-Weißenburg 867 bis 1967, Weißenburg 1967, S. 124 ff. und P. F. Haberkorn, Weißenburg: Die städtische Verwaltung im Spätmittelalter, in: R. A. Müller (Hg.), Reichsstädte in Franken, München 1987, Bd. 1, S. 309 ff.).

Kirchgässner: Natürlich bleibt eine ganze Reihe von Fragestellungen offen, die zusätzliche Referate nötig machen. Denken wir hier nur an den Zusammenhang von Wald und Jagd, hier vor allem der Niederjagd, oder den inneren Bezug von Waldrecht und Bergrecht. Man kann in einer solchen Tagung immer nur Anregungen geben; manches zusätzliche wird sicherlich in den schriftlichen Beiträgen zu lesen sein.

Richter (Fürth): Ich möchte dafür eine Anregung weitergeben: Die Stadt Fürth ist selbst Besitzer eines umfangreichen Gemeindewaldes, der zum Teil wahrscheinlich noch auf den Wald des karolingischen Königshofes zurückgeht, zur anderen Hälfte 1968 von dem Grafen von Pückler-Limpurg erworben wurde. Seit Mitte der fünfziger Jahre wird der Gemeindewald ausschließlich aus Naherholungsgründen betrieben, das heißt alle forstlichen Maßnahmen, die der städtische Förster unter Aufsicht der staatlichen Forstverwaltung trifft, dienen nur dazu, den Bestand zu erhalten und den Stadtwald für die Naherholung der Fürther Bürger und dann natürlich auch für Personen aus dem Großraum Nürnberg-Erlangen zu bewahren, nicht aber für die kommerzielle Holzgewinnung.

Rausch: Eine Frage an die städtischen Waldbesitzer: Gab es aus dem Ertrag der Wälder Zuwendungen an einen Stadtbanco? Von den italienischen Städten, wo es zwar keine Wälder, wohl aber Weiden gab, wissen wir, daß das Geld, das man aus der Weide eingenommen hat, in einen Stadtbanco gegeben wurde. Von dort wurde es dann wieder an Bürger verliehen, um so der Stadt eine neue Einnahmequelle zu sichern. Ich habe gehört, daß das Geld sozusagen aufgeteilt und zu einem Teil für das städtische Budget verwendet wurde. Nun wissen wir ja, wie es um die städtischen Budgets im Mittelalter bestellt war. Es waren keine Budgets im heutigen Sinne; man gab die Ämter zur Verwaltung, und was nach der Abrechnung übrigblieb, wurde in der Regel dem Baumeister gegeben, also dem Stadtbau zugeführt. Aus dem Stadtbaumeister wird dann interessanterweise nicht selten der Finanzdirektor der Stadt. Mich würde deshalb interessieren, ob es auch hier die Erscheinung gibt, daß das Geld aus dem Wald genutzt wird, um für die Stadt Geldgeschäfte zu machen.

Eine weitere Frage: Ich habe mit einigen Freunden darüber gesprochen, seit wann es die

Bezeichnung »Silva nigra« gibt, beziehungsweise warum und vor allem seit wann es die Bezeichnung Schwarzwald gibt. Wenn ich mich recht erinnere, könnte das aus der Karolingerzeit stammen. Ich frage dies vor allem deshalb, weil ich immer der Meinung war, daß ein »Schwarzwald« ein Nadelwald sein müßte. Wir haben aber jetzt sehr häufig gehört, daß der Nadelwald – zumindest was die Fichte anbelangt – erst im 13. Jahrhundert entstand.

Lorenz: Aus der Beschäftigung mit den Arbeiten von Burkhard Frenzel kann man einige Hinweise erschließen: Nigra silva – Herr Rausch hat da völlig recht – wird erstmals im 9. Jahrhundert faßbar; die Untersuchungen von Herrn Frenzel zeigen, daß man Buchen- und Tannenwald als dunklen Wald aufgefaßt hat. Die Buche ist ein Schattenholz, das wenig Licht durchläßt. Generell waren die Wälder im Mittelalter wesentlich lichter als heute. Herr Frenzel hat aufgrund seiner pollenanalytischen Untersuchungen freilich auch für den nördlichen Hochschwarzwald – von dem man lange gemeint hat, er sei gewissermaßen ein undurchdringlicher Dschungel und ein Eldorado für Jäger gewesen – nachweisen können, daß es ein sehr lichter Wald gewesen ist. Alle die Kräuter und Sträucher, die dort gestanden haben, verdanken ihre Existenz diesem lichten Wald, und dies gilt für andere Regionen Deutschlands wohl noch viel mehr.

Im eigentlichen Schwarzwald standen gelegentlich 40 %, in einigen Lagen sogar 60 % Tannen, so daß es schon vom Nadelholz her dunkel gewesen sein mag, wenn man gegen Abend dahin blickte. Man muß zudem sehen, daß der Schwarzwald sich dem Betrachter doch sehr verschieden darbietet. Kommt man von der württembergischen Seite her, so merkt man auch heute kaum, daß man in den Schwarzwald hineinkommt. Das Gelände steigt sachter an, etwa 2 bis 5 v. H. Auf der anderen Seite, von der oberrheinischen Tiefebene her, ist es eine schroffe Höhe mit Steigungen von 20 bis 30 v. H.

Fuchs: Die alte Stadt Villingen hat einen sehr alten und unverhältnismäßig großen Wald von 4200 ha. Karl Siegfried Bader, mit dem ich mich früher schon über die Frage des Allmendwaldes unterhalten habe, hat gegen die These eines alemannischen Allmendwaldes Bedenken gehabt. Dieser große Gemeindewald am Ostrand des Schwarzwaldes ist freilich nicht der Grund meiner Wortmeldung, ich wollte vielmehr auf die vierjährige Hallstattgrabung auf Villinger Gemarkung hinweisen, die 1970–1973 den größten Fürstengrabhügel einer Gesamtuntersuchung unterzogen hat. Prof. Schweingruber aus Zürich, der mit der Untersuchung von Gletscherhölzern begonnen hatte, hat für den Villinger Grabhügel 32 Holzarten definiert. Hier ist die Esche am stärksten vertreten; zahlreiche Tierarten, darunter Bären und Luchse, sind gleichfalls belegt. – Zur Frage der »Nigra silva«, des dunklen Waldes, wollte ich bemerken, daß einige antike Autoren von diesem dunklen und gefährlichen Wald sprechen. Die römischen Soldaten sollten ihn meiden, zumal die Fische der Waldbäche auch schwarz und giftig seien.

Schultis: Ich darf noch einmal auf den Beitrag von Herrn Rausch eingehen. Soweit die Quellen bei uns aufgearbeitet sind, wissen wir nichts von einer Bankfunktion der Stadt, wobei man freilich hinzufügen muß, daß für den mittelalterlichen Bereich in Nagold wenig Quellen existieren; vielleicht muß im Hauptstaatsarchiv noch einiges nachgearbeitet werden. Von der Neuzeit liegen natürlich weitgehend die Bürgermeisterrechnungen vor, so daß man nachvollziehen kann, wie die wirtschaftlichen Vorgänge verliefen. Einer der Verantwortlichen der Stadtverwaltung war praktisch immer, der städtische Bürgermeister auch gelegentlich für den Forst zuständig. Dies war stets ein besonderer Schwerpunkt städtischer Verwaltung; es ist mir aber nicht bekannt, daß ein Banksystem entwickelt worden ist.

Kirchgässner: Eine Frage an Herrn Hirschmann: Ist eigentlich vom Nürnberger Reichswald etwas in den Banco publico geflossen?

Hirschmann: Hierüber ist mir nichts bekannt.

Bischoff: Ich möchte hier auf die verschiedenen Arten von Waldrechten im fränkischen Großraum Erlangen – Nürnberg hinweisen. Bau-, Brenn- und gewerbliches Nutzholz erhielten die Waldberechtigten von den reichsstädtisch nürnbergischen Waldämtern gegen Zahlung des sogenannten Pfandes, also gegen Geldgebühren. Nur die Altstadt Erlangen besaß eigene Wälder (Meilwald, Stubenlohe), nicht dagegen die südlich davon seit 1686 neugeschaffene Neustadt »Christian-Erlangen«. Deren Bauholz wurde zum großen Teil aus weit entfernten markgräflichen Wäldern bis in die Gegend von Neustadt an der Aisch herbeigeholt. Die Bürger der Altstadt Erlangen wurden 1765 je nach dem Alter ihres Hauses in die zwei Klassen der »Althausbesitzer« und der »Neuhausbesitzer« geschieden. Nach der Vereinigung der zwei Städte (1.4. 1812) in bayerischer Zeit wurde 1823 das hauptsächlich aus Wald bestehende Gemeindevermögen der Altstadt – 1896 noch 237 Hektar, 826 Ar mit 181 hauptberechtigten »Althäuslern« – unter eine besondere Verwaltung (die »Altstädter Privatgemeinde«, volkstümlich »Altstädter Kommune« genannt) ausgeschieden und erst am 1. März 1928 zum Gesamtstadtvermögen hinzugezogen. Die Aktenbestände sind auch für die Hausgeschichtsforschung der Altstadt von Interesse. Die Stadtverwaltung mußte in diesen 105 Jahren für die Abhaltung der bekannten »Erlanger Bergkirchweih« das dafür nötige Gelände am Fuße des Burgbergs durch die Altstädter Kommune an die Schausteller und Markthändler verpachten lassen, hatte also nur bedingtes Recht an der Vergabe.

Kurz angeklungen sind hier auch die Beziehungen zwischen Natur und Dichtung. Als Jean Paul Friedrich Richter (1763–1825) in Coburg lebte, wanderte er in die Natur, zu einem Häuschen auf dem Adamiberg. In Bayreuth war es die »Rollwenzelei« weit außerhalb der Stadt, die ihm Schaffen und Arbeiten in der Natur ermöglichte. Gartenaufenthalte erachteten die Dichter und Denker als lebensnotwendig – Friedrich Rückert (1788–1866) verließ seine Professur in Berlin und zog sein Gartenhaus auf dem Goldberg in Neuses bei Coburg vor.

Ennen: Ich möchte vom Wald nochmals zum Garten: ich nehme sehr viele Anregungen aus dieser wohlgelungenen Tagung dankbar mit nach Bonn. Was mir hier besonders imponiert hat, ist die Darstellung der kulturschöpferischen Leistung der Nürnberger, des Stadtadels, aber auch der Ehrbarkeit auf dem Gebiet des Kunstgartens, des Barockgartens. Wir haben zwar in der Gegend von Bonn eine Fülle großartiger Barockgärten, vor allem bei der kurfürstlichen Sommerresidenz Brühl; bei Brühl ist er noch erhalten und wird weiter restauriert. Die Bonner Barockgärten liegen vor den kurfürstlichen Schlössern und in der Innenstadt, sie sind nicht erhalten. Kurköln, dessen Hauptstadt Bonn war, besaß eine landständische Verfassung (bis 1794); die zweite Ständekurie stellten Grafen und Herren. Zu den städtischen Adelspalais der Metternich und der Belderbuscher gehörten Barockgärten, die sich von der Innenstadt zum Rhein erstreckten. Diese hochadeligen Herren zogen in die Stadt, nicht um in der kleinen Stadt Bonn in der Selbstverwaltung tätig zu sein, dafür waren sie sich viel zu gut. Im Stadtrat zu sitzen, überließen sie den Bonner Kaufleuten und den gelehrten Räten der kurfürstlichen Collegien. Sie wollten aber in der Hauptstadt des Kurstaates anwesend sein und hier das Land gegenüber dem Landesherrn vertreten. Freiherr Caspar Anton von Belderbusch war Staatsminister, Freiherr August Wilhelm Wolf Metternich zur Gracht Intendant der kurfürstlichen Bauten.

Ich wüßte aber nicht, daß die Reichsstadt Köln irgendwo moderne Barockgärten vorzuweisen hätte. Die Besiedlungsdichte innerhalb der Mauern nahm mit der schwindenden Bedeutung Kölns im 18. Jahrhundert ab. Es gab wohl immer innerhalb dieser Stadtmauern Kölns Gärten, aber das waren Nutzgärten, Gemüse- und Baumgärten. Es wurde auch die Frage nach innerstädtischen Gärten in Nürnberg aufgeworfen, diese muß man sich wohl so wie die Gärten in Köln vorstellen. Die Gartenkunst insgesamt läßt in der kulturschöpferischen Leistung ebenfalls ein Übergewicht der oberdeutschen Reichsstädte erkennen. Den Nürnberger Barockgärten vergleichbare Anlagen haben in Kurköln nur der Landesfürst und der Adel geschaffen. Darin sehe ich auch einen wichtigen allgemeinwissenschaftlichen Ertrag dieser Tagung, daß diese Leistung Nürnbergs auf einem bisher wenig beachteten Gebiet so schön herausgestellt worden ist.

Ich möchte mich zum Schluß noch bedanken – es war wunderschön in Nagold, und es war außerordentlich lehrreich und interessant bei dieser Tagung.

Kirchgässner: Ich glaube, wir können es bei diesem schönen Schlußwort belassen. Wir dürfen hier noch einmal den Dank an alle Beteiligten aussprechen, vor allem an den Herrn Oberbürgermeister, der die erste Anregung zu dieser Thematik gegeben hat. Sie wissen, daß es das Bestreben des Arbeitskreises ist, Städte unterschiedlicher Größe zu besuchen, die ihr eigenes kulturelles Leben haben und somit eine eigene Atmosphäre als Hintergrund der Tagung bieten; dies hat sich immer als fruchtbringend erwiesen. Dank also für alles, was die Stadt und ihre Bediensteten an Vorarbeit und Durchführung auf den unterschiedlichsten Ebenen der städtischen Verwaltung für uns geleistet und jetzt im Laufe der Tagung zur Verfügung gestellt haben. Danken darf ich auch den Firmen, die ihre Unterstützung für das Zustandekommen dieser Tagung gewährten, denn für eine Stadt von der Größenordnung Nagolds ist ein solches Vorhaben gewiß keine einfache Sache. Dank schließlich auch an den Hausherrn, den Herrn Dekan – in einer nun einmal so verfaßten und traditionsgesättigten Landschaft ist es nicht selbstverständlich, daß man am Sonntagmorgen ein kirchliches Haus nutzen kann. Das war ein Entgegenkommen, das wir dankbar zu schätzen wissen.

Die Stadtführung hat nicht zuletzt deutlich gemacht, daß städtisches Selbstbewußtsein auch in Gemeinden gerade dieser Größenordnung lebendig ist; das Experiment mit den Fußgängerzonen mag hier nur als Beispiel genannt werden, dem man ja anfänglich doch mit einer gewissen kritischen Distanz gegenüberstand, während sie jetzt wieder Leben in die Innenstädte gebracht haben. In der Unterstützung derartiger Identifikation sehe ich ebenfalls eine Wirksamkeit unserer Arbeit; man soll diese Dinge freilich nicht über-, aber auch nicht unterbewerten. Daß in der Mannigfaltigkeit unserer Kommunen gerade im oberdeutschen Raum vielerlei unterschiedliche Dinge zur Sprache kommen, die man oftmals gar nicht auf einen einzigen Nenner bringen kann, empfinde ich als Bereicherung. Darüber hinaus ist es gerade für uns Hochschullehrer unbedingt wichtig, Entwicklungen aufgezeigt zu bekommen, die von der berühmten »großen Linie« erheblich abweichen. Das gibt der Individualität und damit dem Selbstverständnis unserer Städte Profil – dies herauszuarbeiten, war nicht zuletzt ein Motiv unserer Tagung, wofür auch unseren Referenten und allen Diskutanten der gebührende Dank abgestattet sein soll. Es ist in beträchtlichem Umfange gelungen, das Gespräch zwischen einzelnen Städten, zwischen Hochschulen und Kommunen, zwischen Hochschulen und Stadtarchiven oder ganz allgemein zwischen einer großen Zahl derjenigen, die an der Stadtgeschichte interessiert sind, zustande zu bringen. Mit der Befriedigung über dieses Ergebnis darf ich deshalb die Tagung in Nagold schließen.

VERZEICHNIS DER VERFASSER UND DISKUSSIONSTEILNEHMER

Dr. Kurt ANDERMANN, Stutensee-Blankenloch
Dr. Karl-Ludwig AY, Puchheim
Dr. Wolfgang BAER, Augsburg
Dr. Richard BAUER, München
Johannes E. BISCHOFF, Uttenreuth
Dr. Günther CORDES, Esslingen
Dr. Michael DIEFENBACHER, Nürnberg
Prof. Dr. Edith ENNEN, Bonn
Dr. Helmut FLACHENECKER, Eichstätt
Dr. Josef FUCHS, Villingen-Schwenningen
Prof. Dr. Kristina HARTMANN, Braunschweig
Dr. Gerhard HIRSCHMANN, Nürnberg
Prof. Dr. Bernhard KIRCHGÄSSNER, Mannheim
Dr. Rudolf KIESS, Stuttgart
Friedrich-Franz KOENEMANN, Heidelberg
Jochen LÖFFLER, Nagold
Hans-Peter DE LONGUEVILLE, Stuttgart
Prof. Dr. Sönke LORENZ, Tübingen
Prof. Dr. Eberhard NAUJOKS, Tübingen
Prof. Dr. Wilhelm RAUSCH, A – Linz
Prof. Dr. Gregor RICHTER, Stuttgart
Dr. Helmut RICHTER, Fürth
Dr. Jörg SCHADT, Mannheim
Prof. Dr. Joachim B. SCHULTIS, Nagold
Prof. Dr. Hansmartin SCHWARZMAIER, Karlsruhe
Prof. Dr. Hans Eugen SPECKER, Ulm
Dr. Hans-Bernd SPIES, Aschaffenburg
Dr. Ulrich WAGNER, Würzburg
Dr. Kurt WESOLY, Bonn
Dr. Wolfgang WÜST, Augsburg
Paula WUNDER, Schwäbisch-Hall
Prof. Dr. Bernd WUNDER, Konstanz

ORTS- UND PERSONENNAMEN

bearbeitet von Matthias Stuhlinger